全球海洋治理：机遇与挑战

薛桂芳　徐向欣　陈鹏宇　编著

海洋出版社

2023年·北京

内容提要

本书内容涵盖“全球海洋治理与中国方案”“极地事务与深海治理”“海洋前沿议题与最新动态”三个议题，以期分享专家学者对于海洋治理、海洋命运共同体理念等问题的关注与思考。

本书所收录的论文尝试对处于发展进程中的海洋问题提出中国方案并进行相关阐释，希望对于相关人士了解和把握海洋治理规则与构建等议题能够提供多维度、多视角的参考与启迪。同时，期冀本书能够助力中国在新时代以负责任大国的身份深度参与全球海洋治理，提升和增强中国在全球海洋治理体系变革中的话语权和影响力。

图书在版编目（CIP）数据

全球海洋治理：机遇与挑战／薛桂芳，徐向欣，陈鹏宇编著. —北京：海洋出版社，2023.1
ISBN 978-7-5210-1078-7

Ⅰ.①全… Ⅱ.①薛… ②徐… ③陈… Ⅲ.①海洋学-研究-世界 Ⅳ.①P7

中国国家版本馆 CIP 数据核字（2023）第 030574 号

责任编辑： 赵麟苏
责任印制： 安 淼

海洋出版社 出版发行
http://www.oceanpress.com.cn
北京市海淀区大慧寺路 8 号 邮编：100081
鸿博昊天科技有限公司印刷
2023 年 1 月第 1 版 2023 年 2 月北京第 1 次印刷
开本：710mm×1000mm 1/16 印张：20.75
字数：302 千字 定价：128.00 元
发行部：010-62100090 邮购部：010-62100072
总编室：010-62100034 编辑室：010-62100038
海洋版图书印、装错误可随时退换

前　言

2021年是我国国民经济和社会发展“十四五”规划的开局之年，是向第二个百年奋斗目标进军的开启之年，也是中国共产党建党100周年。党的十九大报告明确指出：坚持陆海统筹，加快建设海洋强国。新的全球海洋治理形势为中国带来了新的机遇和挑战。如何在当前纷繁复杂的国际环境中提高运用海洋法规则的能力，更好地服务于建设海洋强国的战略目标；同时，在“海洋命运共同体”理念的指引下，为建立更加有效和包容的全球海洋治理体系贡献中国智慧，是国际法、海洋法学者需要认真思考和研究的重大命题。

上海交通大学极地与深海发展战略研究中心暨上海高校智库“国家海洋权益与战略研究基地”自成立以来，以海洋法律与政策研究为基调，开展海洋领域文理学科交叉相关问题的研究，整合校内的优势学科，如船舶设计、海洋科学、海洋技术、海洋工程、国际关系、人文史地等研究力量，形成海洋政策与海洋战略、极地与深海资源利用及环境保护、海洋权益维护与海洋争端解决、海洋法治与海洋管理等特色研究领域。通过多年来坚持不懈的努力，在政府有关部门、研究机构以及校内外专家学者的竭诚帮助下，取得了诸多成绩，影响力逐步扩大。该中心于2013年入选上海高校智库，成为首批10个智库中唯一的海洋类智库；2018年12月22日入选中国智库索引（CTTI）来源智库；2019年被列为《2018中国智库报告——影响力排名与政策建议》政法类智库专业影响力第八位；2022年，智库建设案例《服务海洋强国建设，打造一流海洋“品牌”智库》获CTT1年度智库建设“标杆案例”。

在国际社会共同关注全球海洋治理体系变革的大背景下，上海交通大学极地与深海发展战略研究中心携手上海高校智库“国家海洋权益与战略研究基地”举办了第四届“全球海洋治理与海洋法治新进展”学术研讨会，邀请来自中国政法大学、复旦大学、上海交通大学、浙江大学、华东政法大学、上海财经大学、大连海事大学、宁波大学、江南大学、中国太平洋学会、上海政法学院、上海国际问题研究院等单位的专家学者与青年学子，共同交流研讨我国全球海洋治理的最新态势与发展，从不同视角探讨国际海洋法规则制定的最新进展及其带来的机遇与挑战。

本书收录了本次研讨会的部分论文，内容涉及全球海洋治理与中国方案、极地与深海治理、海洋治理最新发展等议题，凸显了国内学者对于全球海洋治理所带来的挑战与机遇及中国因应等问题的关注。这些论文从不同视角对全球海洋治理问题进行了阐释，对于了解和把握发展进程中的海洋法律规制与体系构建提供了多维度的分析，对中国参与全球海洋治理的路径与方案也进行了讨论，期冀有助于中国全面参与国际海洋法治建设，深度参与全球海洋治理。

目　录

第一篇　全球海洋治理与中国方案

第二篇　极地事务与深海治理

第三篇　海洋前沿议题与最新动态

第一篇

全球海洋治理与中国方案

全球海洋治理视域下的蓝色伙伴关系之构建

程保志[①]

摘　要：治理主体的多元化和治理系统的复杂性导致当前的全球海洋治理存在诸多短板与不足；而中国所倡导的打造蓝色伙伴关系、构建"海洋命运共同体"对于全球海洋治理进程具有多重价值意蕴。本文结合国内外政策实践的最新发展，提出了构建蓝色伙伴关系较为可行的六大合作对象及主要合作领域；并从海洋经济发展、海洋科技创新、海洋生态文明建设、海洋法制保障等方面探讨了发展蓝色伙伴关系的多元驱动因素。随着全球海洋治理实践的深入开展，我国所倡导的蓝色伙伴关系的国际认可度和存在感必将得到极大的提升。

关键词：全球海洋治理；蓝色伙伴关系；法制保障

海洋是人类从事经济社会活动的重要平台和有力支撑，为生产要素和资源的优化配置提供了广阔空间。在"百年变局"和新冠肺炎疫情交织的背景下，如何构筑全球海洋新秩序、完善全球海洋治理体系，已成为世界各国及人民需要共同思考的时代命题，并直接影响到未来的全球和平、安全与繁荣。作为当前全球治理进程中的重要驱动性力量，中国创造性地提出打造蓝色伙伴关系、加强双、多边海洋领域合作的倡议，对于构建"海洋命

---

① 程保志(1974—　)，男，湖北武汉人，上海国际问题研究院全球治理研究所副研究员，中国海洋发展研究中心兼职研究员，法学博士，研究生导师，主要研究方向：国际法与全球治理。本文为中国海洋发展研究会2018年度基金项目"'一带一路'背景下构建中欧蓝色伙伴关系若干战略问题研究"(CAMAJJ201805)、中央社会主义学院统一战线高端智库课题"人类命运共同体理念与中国世界秩序观的转型"(ZK20210162)的阶段性成果。

运共同体”①，提升国际海洋治理能力具有十分重要的现实意义。

一、全球海洋治理的勃兴及其所面临的困境

“国际治理”话语作为一种国际秩序的理念或价值取向源于16世纪的国际法学，而全球治理则是一种广义的国际治理，至多是一种延伸的国际治理；② 如果将全球治理概念或思想置于国际秩序或国际治理的历史长河之中进行考察，则其兴起应该与近代国际关系和国际法理论的形成是同步的。与国际治理相对照，全球治理的特点是减少国家在规则制定过程和遵守监督中的重要性，增强国际组织、科学家团体以及非政府环保组织等非国家行为体在其中的作用。

（一）“全球治理”兴起的表征

在国际事务的治理中，无论是在国际组织或国际制度规范下的互动，还是针对特定议题所进行的治理行为，国家之间都免不了进行一场“观念博弈”，以使本国核心利益最大限度地融入共同规范之中。虽然最后的结果不能满足所有的行为体，但却是主要国家妥协之下的产物，符合大多数国家的偏好与利益。冷战结束后，全球治理与国际法均进入了“国际共同体时代”，追求人类共同利益的价值取向成为这一时代的突出特征。《联合国千年宣言》确立了21世纪国际关系最基本的价值，即自由、平等、团结、容忍、尊重大自然和共同责任，2005年世界首脑会议成果文件再次重申了这些基本价值。要实现这些价值必须应对三大领域的全球性问题的挑战，即和平与安全、发展、人权和法治。

在国际格局深刻转型和全球化不断扩展的大背景下，全球治理和国际法正悄然发生变化，主要表现为国际规制突出全球人类共同利益的价值取向；全球治理主体呈多元化；国际规制工具呈“法律复合主义”（legal

① “推动构建海洋命运共同体（2019年4月23日）”，见习近平著：《习近平谈治国理政》（第三卷），外文出版社，2020年，第463-464页。

② 曾令良：《全球治理与国际法的时代特征》，见《中国国际法年刊》，法律出版社，2013年，第11页。

pluralism)的趋势，既包括国内层面的法律规范和国际层面的条约、国际习惯、一般法律规则、国际司法判例、国际仲裁等“硬法”，还包括国际或区域组织规制跨国活动、处理全球性问题的一系列“软法”；国际规则的遵守机制更加灵活；通过协商解决问题和化解分歧成为国际关系和国际法实践中的通行做法。

从治理的角度来看，海洋与其他环境问题的交叉影响，意味着海洋环境退化的减缓和控制须更多地依赖于温室气体减排、塑料垃圾控制、生物多样性保护等其他部门的管理行动。进入21世纪以来，海洋治理已成为各国政府、国际组织、非政府环保组织以及科学家团体广泛关注的热点问题；而面对海洋环境的持续性退化，全球海洋治理研究的一个中心问题则是如何发现和剖析现有治理机制的不足，以加强国际团结协作、共同应对挑战。

(二)全球海洋治理面临的困境与变革

相关研究认为，尽管《联合国海洋法公约》(以下简称《公约》)提供了在全球范围内规范和管理海上活动的框架规则，通过规定沿海国、船旗国、内陆国的权利和义务，在一定程度上实现了保护和利用海洋资源之间的平衡，但以《公约》为主体的全球海洋治理体系仍然存在明显缺陷。一是体系不完整，在一些具有全球重要性的问题上存在治理缺位。例如，尽管关于国家管辖外海域生物多样性(BBNJ)保护和可持续利用问题的国际协定正处在紧密磋商阶段，但截至目前，谈判各方对该协定的实质要素仍然存在明显的意见分歧，未就基本管理框架和机制达成完全一致。二是既有国际规则得不到有效实施，重要承诺和目标得不到落实。例如，2002年约翰内斯堡世界可持续发展峰会提出的“保护和恢复鱼类种群以在2015年实现最大可持续渔获量”的目标，至今仍未实现。过度捕捞问题仍然普遍存在，2015年全球33%的鱼类种群处于过度捕捞状态。三是以国际组织为主体开展的部门管理之间缺乏协调。比如，同是以控制海洋污染为目标的国际法工具，《公约》关于“海洋环境保护和保全”的第七部分、1972年《防止倾倒废物及其他物质污染海洋的公约》(简称《1972伦敦公约》)以及《国际防止船舶造成污染公约》在相关规定和措施上缺乏协调。而跨领域、跨部门管理——如渔业管理、生物多样性保护和野生动植物贸易管理之间的协调则更为困难。四是规范领域存在局限性，不能满足对海上风能、深海采矿等新兴产业的管理需求。[①] 概而言之，《公约》是国际海洋法律规则的集合，是不同利益集团妥协的产物，无法兼顾不同利益集团和所有国家的利益，存在一些显而易见的不足。[②] 既有的国际海洋法规则既无法全面有效地管理全球海洋事务，特别是在跨国性海洋事务管理机制方面存在一些问题，更不能反映海洋权利结构的变化，尤其是中国和广大新兴发展中国家的群体性崛起。国际海洋秩序的改革和重构无疑将是一项漫长而复杂的历史进程。

面对不断显现的问题和挑战，在有关主管国际组织和相关国家的推动下，全球海洋治理规则体系也处在动态调整和渐进完善之中。作为国际海洋法领域最重要的立法进程，在经历了 11 年特设工作组会议和 2 年预备委员会的前期准备后，国家管辖外海域生物多样性保护和可持续利用问题政府间谈判于 2018 年正式启动，各国就制定“具有法律约束力的国际文书”[③]的实质性问题开展磋商。国际海底的管理得到进一步规范。在国际海底管理局的主管下，“区域”内矿产资源开发规章的单一文本草案于 2017 年 8 月首次发布，将促进“区域”矿产资源承包者从勘探向开采转变。极地治理体制处在变革之中，以 200 海里外大陆架划界案为代表的国家实践正在突破南极条约体系。北极理事会则已公布了多个有拘束力的国际协定，北极治理存在着“软法”硬化的趋势。[④] 海洋保护区问题备受关注，自 2010 年始，《生物多样性公约》秘书处组织在全球主要海域划定“具有重要生态和生物意义的海洋区域”，或将对国家管辖外海域生物多样性保护和可持续利用问题谈判要素之一——公海保护区管理体制产生重要影响。

尽管保护海洋的意识持续加强，国际社会推进海洋治理的行动仍然面

---

① 朱璇，贾宇：《全球海洋治理背景下对蓝色伙伴关系的思考》，载《太平洋学报》，2019 年第 1 期，第 52-53 页。

② 薛桂芳：《〈联合国海洋法公约〉与国家实践》，海洋出版社，2011 年，第 27 页。

③ 该文书被视为《联合国海洋法公约》“第三个执行协定”。

④ 程保志：《试析北极理事会的功能转型与中国的应对策略》，载《国际论坛》，2013 年第 3 期，第 46-47 页。

临很多困难，尤其是受到不利国际政治环境的影响。以特朗普政府为代表的美国极端保守势力公然质疑全球治理规则，导致“逆全球化”危机甚嚣尘上。美国接连退出多个国际公约和国际组织、逃避国际责任的一系列“退群”行为，如退出《跨太平洋伙伴关系协定》《巴黎协定》、联合国人权理事会、联合国教科文组织、世界卫生组织、《关于伊朗核计划的全面协议》《中导条约》与《开放天空条约》，并扬言退出世贸组织，猛烈抨击北约甚至联合国，最终使全球治理进程发生逆转。尽管拜登政府上台后，一再声明美国将重回“多边”，但在美国将中国视作最大竞争对手，并纠集其盟友试图对中国进行战略“围堵”之时，其他国家面临“选边站队”问题，国际多边合作的氛围已大不如前，美国等西方国家的个别人士更是叫嚣所谓“中美新冷战”，这对联合国等多边国际组织在包括海洋问题在内的全球治理领域发挥积极作用无疑构成较大的限制性因素。此外，自联合国 1970 年确定 0.7%的官方发展援助目标(发达国家向发展中国家提供国民生产总值的 0.7%用于发展援助)以来，实际援助额从未达到过这一标准，用于提供公共品的国际融资存在较大困难。①

全球海洋治理面临的另一个困境是如何实现分散化治理主体之间的有效沟通和合作。全球海洋治理的问题涉及环境、经济、安全等多个维度，治理规则的制定和实施涉及国家政府、地方管理者、行业活动主体和其他利益相关者。实际上，全球海洋治理主体组成了一个松散的超大组织谱系。全球海洋治理主体的多元化和治理系统的复杂性导致全球海洋治理存在多重复合博弈。由于缺乏信息、治理意愿和信任，治理主体呈现不合作和低水平无效合作状态，严重影响治理的供给水平和供给效率。因此，在多元治理主体之间构建多层次、宽领域的沟通渠道与伙伴关系乃是提升国际海洋治理水平的当务之急；而伙伴关系正是构建国际、区域、国家、地方多层级联动的，政府、非政府主体积极互动的一体化海洋治理的关键途径。“伙伴关系”的内涵正在于国家之间建立全方位、多层次、多元主体参与的

① 黄超：《2030 年可持续发展议程框架下官方发展援助的变革》，载《国际展望》，2016 年第 2 期，第 91-92 页。

综合合作机制，合作的发起方是政府，但旨在鼓励政府、国际组织、非政府组织、企业等多元主体通过友好合作实现共同的海洋治理目标。作为一种合作范式，“伙伴关系”本身不排除任何国际行为体的参与。总之，未来的全球海洋治理将是国家行为体与非国家行为体并存的、跨越蓝色边界而辐射全球海洋的多元治理体系。这其中，需要中国以负责任大国的姿态进一步引领海洋秩序向更公平、正义的方向发展，推动全球性海洋问题的解决和全球海洋治理体系的变革。

二、“蓝色伙伴关系”在全球海洋治理进程中的内涵与定位

面对逆全球化及民粹主义思潮泛滥、国际关系进入深刻转型阶段的新形势，中方不断提出新的合作倡议，开拓新的合作平台。“一带一路”倡议、中国—中东欧“16+1 合作”，以及打造中欧和平、增长、改革、文明四大伙伴关系等均是中方首先主动提出的新型合作方案。在这一大背景下，随着近年来全球海洋治理问题的日益突出，蓝色伙伴关系倡议应运而生。

（一）“蓝色伙伴关系”与《2030 年议程》的密切关联

早在 20 世纪 90 年代，公私伙伴关系已在学界和商界得到较为普遍的研究和践行，但主要集中在公共服务领域，并未上升到国际政治层面。1992 年里约环境与发展峰会首次使用了“可持续发展全球伙伴关系（Global Partnerships for Sustainable Development）”的表述，主要强调应加强非政府组织对可持续发展事务的参与，例如，在政策制定中增加非政府组织咨询机制。2012 年联合国可持续发展会议（“里约+20”峰会）以来，多利益攸关方伙伴关系成为国际社会高度重视的发展途径。以联合国为主的国际组织发起了缔结各类伙伴关系的倡议和行动，为多元治理主体尤其是非政府行为体提供了参与全球治理的途径和机会。

2015 年联合国通过的《变革我们的世界：2030 年可持续发展议程》（以下简称《2030 年议程》），把海洋列为 17 个全球可持续发展目标之一（目标 14），进一步反映出海洋议题在可持续发展进程中的主流化和固定化。2017 年 6 月，为了推进关于海洋的可持续发展目标 14 的实施，联合国海洋大会

召开，这是联合国首次针对可持续发展目标单目标的实施召开高层级政府间会议，代表着海洋治理与可持续发展的高度融合，标志着海洋可持续发展理念的进一步巩固和发展；海洋治理越来越多地与减贫、增长和就业等国际治理核心议题相联系，逐步向可持续发展的核心议题靠拢。伙伴关系是《2030 年议程》的核心精神和重要组成要素，是该议程提出的 5P 要素——人类（People）、地球（Planet）、繁荣（Prosperity）、和平（Peace）以及伙伴关系（Partnership）之一。《2030 年议程》将“重振可持续发展全球伙伴关系”作为第 17 个可持续发展目标，强调“恢复全球伙伴关系的活力，有助于让国际社会深度参与，把各国政府、民间社会、私营部门、联合国系统和其他参与者召集在一起，调动现有的一切资源，执行各项目标和具体指标”。[①]

在全球海洋治理动力不足的情况下，作为负责任的发展中大国，中国积极承担国际责任，提出构建蓝色伙伴关系的倡议。2017 年以来，中国与葡萄牙、欧盟、塞舌尔就建立蓝色伙伴关系签署了政府间文件，并与相关小岛屿国家就建立蓝色伙伴关系达成共识。中国提出的蓝色伙伴关系倡议是在海洋这一全球治理的具体领域践行构建海洋命运共同体的有力举措，也是促进在海洋领域落实联合国可持续发展目标的重要途径。蓝色伙伴关系具有开放包容、具体务实和互利共赢的特点，与联合国所倡导的可持续发展伙伴关系在内涵和理念上高度契合。2017 年 6 月，中国代表团在联合国海洋大会期间举办题为“构建蓝色伙伴关系，促进全球海洋治理”的主题边会，提出“我们主张国家不论强弱，国际组织不论大小，有关各方都能够在推动全球海洋治理的进程中平等地表达关切”“我们会特别倾听发展中国家特别是小岛屿国家的声音，使得蓝色伙伴关系的建立，切实适应并服务于全球海洋治理要素和主题的多元化”。[②] 中国所倡导的蓝色伙伴关系紧密切合《2030 年议程》所提倡的“不让任何一人掉队”和“尽力帮助落在最后面

---

① 《变革我们的世界：2030 年可持续发展议程》（A/RES/ 70/1），联合国网站，https：//documents-dds-ny. un. org/doc/UNDOC/GEN/N15/291/88/pdf/N1529188. pdf。访问时间：2022 年 1 月 10 日。

② 参见中国代表团于 2017 年 6 月 5 日在联合国海洋大会主题边会上的主旨发言——《构建蓝色伙伴关系，促进全球海洋治理》。

的人”的精神和理念，切实服务于建立更加公正、合理和均衡的全球海洋治理体系。

（二）“蓝色伙伴关系”的功能定位及价值意涵

“蓝色伙伴关系”作为“伙伴关系”理念在海洋领域的扩展与引申，是一个含义丰富、层次分明的集合性概念，具有“开放包容、具体务实、互利共赢”的特点。蓝色伙伴关系倡议的理论基础源自我国于20世纪80年代初期确立的“不结盟”原则。中国愿本着对话而不对抗、结伴而不结盟的思路，与各国建立平等、开放、合作的伙伴关系，这也是对我国奉行的“独立自主和平外交政策”在思想理念上的继承与创新，打造更加紧密的全球伙伴关系网也是中国特色大国外交的重要组成部分。①

从性质上来看，蓝色伙伴关系是我国健全海洋治理体系与提升海洋治理能力现代化的一种制度性安排。在海洋强国战略的指引下，构建蓝色伙伴关系有助于全面推进“五位一体”②的海洋治理体系，也是我国作为陆海复合型国家获得更高水平海洋治理能力③的重要保障。从本质上来看，蓝色伙伴关系是我国开展多层次、多主体、多领域综合互动的一种海洋合作机制。就功能而言，蓝色伙伴关系是在全球海洋治理的感召之下应运而生的一种新型海洋治理模式。考察蓝色伙伴关系的实践发展，对于全球海洋治理的重要意义与价值主要体现在以下三个方面。④

1. 探索全球海洋治理的新范式

蓝色伙伴关系的建立旨在打造一个包容、开放的合作平台，创造一种新型的国际海洋合作模式，在已有合作基础上增强海洋战略对接和优势互补，既满足中国“经略海洋”进一步对外开放的意愿和要求，同时也满足伙

① 侯丽维，张丽娜：《全球海洋治理视阈下南海“蓝色伙伴关系”的构建》，载《南洋问题研究》，2019年第3期，第62页。

② 具体指海洋政治、海洋经济、海洋安全、海洋文化、海洋生态等五个方面。

③ 具体包括全球海洋秩序的建构能力、海洋公共产品的供给能力、全球海洋治理的议题设置能力和海洋人才的培育能力等。

④ 同①，第62-63页。

伴方的发展需要，堪称中国国家发展战略和对外战略紧密衔接的创新之举。一直以来，中国极力寻求应对全球性海洋问题的治理模式，而蓝色伙伴关系作为对全球海洋治理新模式的积极探索，也是中国倡导以合作共赢为核心的新型国际关系的客观需求和必然选择。健全并加强蓝色伙伴关系机制和能力建设，不仅为全球海洋治理体系改革提供了全新范式和经典样板，而且为世界各国开辟了国际海洋合作的新道路，更是中国积极参与全球海洋治理贡献的新思路与新方案。

2. 贡献全球海洋治理的新型伙伴理念

全球治理体制变革离不开理念的引领，蓝色伙伴关系作为伙伴关系理念在海洋领域的细化与延伸，是全球海洋治理框架下的海洋特色外交战略，也是中国积极响应《2030 年议程》中所提出的“重振可持续发展全球伙伴关系”的有力举措。从加强伙伴关系的顶层设计来看，党的十八大报告指出“建立更加平等均衡的新型全球发展伙伴关系”，党的十九大报告也强调“中国积极发展全球伙伴关系”。这些党中央会议的整体精神为蓝色伙伴关系的产生和发展奠定了基石，更将伙伴关系提升到新的战略高度。进入新时代，中国的伙伴关系数量进一步增加，并继续深化升级原有伙伴关系，构建起各具特色、各有侧重的伙伴关系网络。截至 2018 年年底，中国已经同 100 多个国家和国际组织建立了不同形式的伙伴关系，实现对大国、周边和发展中国家伙伴关系的全覆盖。蓝色伙伴关系网络的持续推进，既拓展了中国特色大国外交道路，对推动构建新型国际关系、构建海洋命运共同体具有举足轻重的意义，还为“共商、共建、共享”的全球治理理念注入了全新的蓝色活力，贡献了中国智慧，更为开创全球海洋治理新局面提供源源不断的动力。

3. 丰富全球海洋治理的实质内涵

目前，中国所提出蓝色伙伴关系倡议的重点合作领域包括“海洋经济发展、海洋科技创新、海洋能源开发利用、海洋生态保护、海洋垃圾和海洋酸化治理、海洋防灾减灾、海岛保护和管理、海水淡化、南北极合作以及与之相关的国际重大议程谈判”。[①] 蓝色伙伴关系的合作领域覆盖了海洋环保、防灾减灾和极地事务等全球海洋治理的重要问题，伙伴关系的构建将切实增进伙伴方对于全球海洋治理问题的理解和共识，并为开展联合治理行动提供支撑。随着海洋治理在全球层面的进一步推进，蓝色伙伴关系的实质内涵也会日益丰富。

（三）“蓝色伙伴关系”的构建方向与路径

作为我国深度参与全球海洋治理的重要抓手和践行路径，构建最广泛的蓝色伙伴关系旨在充分实现各方共同利益的最大化，妥善处理和协调在全球海洋治理进程中各国之间的博弈与政策分歧，从而最大限度地增进全球海洋治理的平等互信。2017 年 9 月，中国—小岛屿国家海洋部长圆桌会议在福建平潭召开，作为其会议成果的《平潭宣言》指出，中国及岛屿国家将“推动宽领域、多层次的海洋合作，并致力于提升合作水平，巩固合作关系，构建基于海洋合作的‘蓝色伙伴关系’”。2017 年 11 月 3 日，国家海洋局与葡萄牙海洋部签署《中华人民共和国国家海洋局与葡萄牙共和国海洋部关于建立“蓝色伙伴关系”概念文件及海洋合作联合行动计划框架》。2018 年 7 月 16 日，中国与欧盟签署《中华人民共和国和欧洲联盟关于为促进海洋治理、渔业可持续发展和海洋经济繁荣在海洋领域建立蓝色伙伴关系的宣言》。[②] 2018 年 9 月 1 日，中国自然资源部与塞舌尔环境、能源和气候变化部签署《中华人民共和国自然资源部与塞舌尔共和国环境、能源和气候变化部关于面向蓝色伙伴关系的海洋领域合作谅解备忘录》。2018 年召开的第 21 次中国—东盟领导人会议鼓励建设中国—东盟蓝色经济伙伴关系。2019 年，中国—东盟蓝色经济伙伴关系对话会在中国湛江召开，双方以“蓝色经济伙伴关系”为主题，探讨蓝色经济领域合作事宜。[③] 主题为“蓝色机遇，共创未

① 朱璇，贾宇：《全球海洋治理背景下对蓝色伙伴关系的思考》，载《太平洋学报》，2019 年第 1 期，第 58 页。

② 该文件也是欧盟与其他国家签订的第一份海洋伙伴关系协议。

③ 张春宇：《蓝色经济赋能中非“海上丝路”高质量发展：内在机理与实践路径》，载《西亚非洲》，2021 年第 1 期，第 76-77 页。

来”的首届中国海洋经济博览会（以下简称海博会）于 2019 年 10 月 14 日至 17 日在深圳举行。为促进海洋经贸合作交流，海博会还特别设置了蓝色经济企业家国际论坛，同样将主题聚焦蓝色经济。该论坛旨在组织中外涉海知名企业家探讨大力拓展蓝色经济空间，科学开发利用海洋资源，有效保护海洋生态环境，推动海洋经济高质量发展的技术装备、实施路径、政策措施。此次论坛上，还专门成立了蓝色经济国际联盟。①

从目前来看，中国所倡导的“蓝色伙伴关系”主要有以下较为可行的六大合作方向：

1. 中国—欧盟蓝色伙伴关系

充分利用中国—欧盟蓝色伙伴关系协议，共同参与改进全球海洋治理架构，利用双方在国际和区域机制中的地位，确保现有规则得到实施并填补治理空白。对接欧盟先进理念和技术，开展海洋科技、海上清洁能源、海洋生态环保合作，探索建设一批中欧蓝色产业园区。共建海洋环境监测站、海洋大数据中心、海洋产业公共技术平台，开展虚拟海洋技术、海洋通信与网络技术、海洋信息处理与系统集成技术等方面的合作。

2. 中国—东盟蓝色伙伴关系

积极推进南海海上合作和共同开发，扩大并用好中国—东盟海上合作基金，从海洋环保、海洋科研、海上搜救、防灾减灾等低敏感领域入手，促进海洋生态系统保护和海洋资源可持续利用，开展海洋科技、海洋观测合作。在《公约》框架下，积极探索地区海洋治理合作，为全球海洋治理提供亚洲经验。

3. 中国—太平洋岛国蓝色伙伴关系

扩大“中国气候变化南南合作基金”的太平洋岛国覆盖面，在能力建设、政策研究、项目开发等领域为太平洋岛国应对气候变化提供更多支持，向

① 蓝色经济国际联盟是由中外海洋领域的知名企业、企业家和海洋科研院所、知名专家自愿参加并组成的国际性、综合性、非营利性、非法人的蓝色伙伴关系合作平台，旨在搭建海洋企业、科研院所的交流、合作、共享平台，打造蓝色经济伙伴关系，以可持续的方式科学开发海洋资源，推动蓝色经济的高质量发展，建设海洋命运共同体。

岛国提供节能环保物资和可再生能源设备，开展地震海啸预警、海平面监测等方面合作。发挥比较优势和企业力量，鼓励渔业企业积极创新全产业链发展模式，带动捕捞、养殖、加工、渔港、冷库及物流体系全产业链建设。加大太平洋岛国远洋渔业综合性经营管理人才培养、培训力度。逐渐打通中国通往太平洋岛国的各路航线以及南太平洋区域内的水、陆、空交通线，继续组织太平洋岛国定期参加中国国际旅游交易会，加强太平洋岛国旅游宣传，鼓励有条件的中国企业到太平洋岛国进行旅游投资。

4. 中国—北极国家蓝色伙伴关系

进一步推动北极理事会在北极治理机制中的核心定位，增强非北极国家在理事会的影响力和参与度，同时号召参与国分担更多的项目经费，为北极工作小组提供更多的帮助。与各方共同开展北极航道综合科学考察，合作建立北极岸基观测站，重点建设中、日、韩北极科研信息中心，共同提升北极科研能力，促进和完善中、日、韩三国就北极事务的对话机制。支持俄罗斯等北冰洋周边国家改善北极航道运输条件，鼓励中国企业参与北极航道的商业化利用。[①]

5. 中国—南美国家蓝色伙伴关系

以新西兰提出的“建设南部连接”构想为契机，促成新西兰发挥其地缘优势，建设中国与南美的贸易、供应链以及人员交流中转枢纽。支持南美国家在“一带一路”框架下提出更多符合本地区特点的合作模式，以“蓝色伙伴关系”体现中国与南美国家合作的开放性、包容性和连通性。

6. 中国—非洲国家蓝色伙伴关系

双方应进一步加强在海洋渔业、海洋基础设施、海上互联互通和海洋资源开发等方面的合作，加快实现双方在海洋经济中的互利共赢。可将海上安全打造为中非“蓝色伙伴关系”的重点领域，促进双方在海洋非传统安

---

① 白佳玉，冯蔚蔚：《以深化新型大国关系为目标的中俄合作发展探究——从“冰上丝绸之路”到“蓝色伙伴关系”》，载《太平洋学报》，2019 年第 4 期，第 60 页。

全、共同打击海盗、海上通道安全等方面展开更加密切的合作。[①] 重点合作对象国包括埃及、南非、吉布提、尼日利亚、毛里求斯等。

考虑到当前国际形势的变化，蓝色经济与科技合作、海洋气候变化与生态保护、海洋垃圾和海洋酸化治理，以及南北极事务合作等应是中国与相关伙伴方打造蓝色伙伴关系的优先重点合作领域。当然，针对不同的伙伴方，也应采取不同的实施策略，例如，与欧盟的合作，除港口经济与蓝色产业合作外，如何协同应对气候变化、加强生态多样性维系也是重点合作领域；[②] 南太平洋岛国因为特殊的地理位置和国情，海洋环保问题是关乎其核心利益的重要议题，而开展务实的海洋环保合作是我国深化同该地区国家关系的有利切入点。中国与东盟双方在海洋交通运输、海洋资源能源、滨海旅游、海洋渔业、海洋科技服务等诸多领域存在广阔的合作空间。在海洋交通运输业方面，东盟国家中的印度尼西亚、菲律宾、越南等国家主要依靠沿海航运进行国内的贸易运输，港口基础设施建设比较落后，尤其是港口通关、仓储、通信和集疏运设施等配套设施严重制约了这些国家海洋经济的发展。我国应鼓励拥有技术和资本优势的中资企业“走出去”，参与东盟国家相关港口基础设施建设。在海洋资源能源领域，东盟国家拥有丰富的石油、天然气、海底可燃冰等海洋能源资源，随着我国沿海地区经济的发展，对能源的需求不断增强，资源能源短缺问题已成为制约我国经济转型升级的瓶颈，可以将我国沿海发达地区的资本、技术与东盟丰富的资源能源相结合，协助东盟国家开发海洋资源能源，从而带动当地经济社会发展。至于涉北极事务，尤其是北方海航道利用及俄属北极地区经济社会发展则应是新时代中俄全面战略伙伴关系的重要涵盖事项。在南极事务合作上，则可将其纳入与智利、新西兰等南半球国家的蓝色伙伴关系架构之中。

---

① 贺鉴，王雪：《全球海洋治理视野下中非“蓝色伙伴关系”的建构》，载《太平洋学报》，2019年第2期，第79页。

② 程保志：《从欧盟海洋战略的演进看中欧蓝色伙伴关系之构建》，载《江南社会学院学报》，2019年第4期，第37页。

三、“多元驱动”、协同推进蓝色伙伴关系持久发展

习近平主席在致 2019 年中国海洋经济博览会的贺信中指出，要加快海洋科技创新步伐，提高海洋资源开发能力，培育壮大海洋战略性新兴产业。要促进海上互联互通和各领域务实合作，积极发展“蓝色伙伴关系”。要高度重视海洋生态文明建设，加强海洋环境污染防治，保护海洋生物多样性，实现海洋资源有序开发利用，为子孙后代留下一片碧海蓝天。[①] 可见，构建蓝色伙伴关系已成为各国海洋经济可持续发展、海洋科技进步与创新、海洋生态文明建设以及海洋资源有序开发利用的有机纽带和关键环节。

（一）加快海洋产业高质量发展，打造蓝色经济新高地

海洋产业与蓝色经济合作是打造蓝色伙伴关系、践行海洋命运共同体理念的关键环节。2017 年 6 月，国家发展和改革委员会与国家海洋局联合发布的《“一带一路”建设海上合作设想》中特别指出，共创依海繁荣之路，要发挥各国比较优势，科学开发利用海洋资源，实现互联互通，促进蓝色经济发展；要加强海洋资源开发利用合作，与沿线国合作开展资源调查、建立资源名录和资源库，协助沿线国编制海洋资源开发利用规划，并提供必要的技术援助，引导企业有序参与海洋资源开发项目。

当前，中国已将“积极发展蓝色伙伴关系”写入《国民经济和社会发展第十四个五年规划和 2035 年远景目标纲要》，将继续在“一带一路”框架下，本着共商、共建、共享精神，与各方深化海上互联互通和务实合作，促进以海洋为载体和纽带的经贸、人文、科学交流，与各国人民共享海洋经济发展成果。[②] 我国已决定先后在广东深圳、上海浦东建设中国特色社会主义先行示范区、引领区，在海南建立“自由贸易港”；天津、青岛、大连、宁波等省市也有意参与“全球海洋中心城市”的竞争，这为沿海发达地区发挥

① 参见《习近平致 2019 中国海洋经济博览会的贺信》，中国政府网，http：//www. gov. cn/xinwen/201910/15/content_5440000. htm。访问时间：2022 年 1 月 10 日。

② 参见《耿爽大使在〈联合国海洋法公约〉第 31 次缔约国会议上的发言》，中国常驻联合国使团网站，http：//chnun. chinamission. org. cn/chn/hyyfy/t1886347. htm。访问时间：2022 年 1 月 12 日。

先行优势，在促进商品、服务、人员、资本的跨境自由流动及数据的快速联通方面出台新的符合国际高标准的政策法规，从而在“双循环”新发展格局①中争创世界经济与中国发展的战略链接枢纽提供了难得的机遇。可以预期，不久的将来，海洋工程装备、海洋电子信息、海洋生物制药、海洋可再生能源等战略性新兴产业也将在关键技术上取得突破性进展。

(二)引领蓝色科技创新，促进海洋生态文明

创新是驱动海洋经济发展的第一动力，建立海洋经济创新体系，要以海洋科技创新体系为支撑，促进海洋科技成果转化，深化海洋经济试点，创新海洋人才体制机制，拓展海洋蓝色经济空间。习近平总书记强调，要依靠科技进步和创新，努力突破制约海洋经济发展和海洋生态保护的科技瓶颈。② 突破海洋科技瓶颈，关键举措是构建海洋科技创新体系，支撑海洋经济发展。就国内而言，“海洋科学研究—海洋技术创新—海洋科技成果转化—海洋科技产业”的发展路径是迅速培育和发展海洋新兴产业的必然选择；就国际而言，深化海洋科技对外交流合作，共同搭建全球海洋科技创新网络。主动参与全球海洋开发与合作的规则与标准制定，深度参与和积极发起国际海洋大科学计划和工程，全方位优化网络系统、数据库系统等信息化基础设施，打造数字化海上丝绸之路。

蓝色经济的核心要义就是可持续发展，而与全球海洋治理对海洋生态系统的维系是一脉相承的。海洋生态系统是自然生态系统的子系统，强调海洋生态文明并非只是简单地改善环境治理，而是以海洋经济发展的繁荣成果来维护海洋环境的生态平衡，以海洋生态环境的良性循环为海洋经济的发展提供更大的空间。简而言之，蓝色经济发展模式符合我国具体国情，其实质就是在发展海洋经济的全过程贯彻绿色发展理念，注重海洋生态文

① 在这个大的背景下，粤港澳大湾区、海南自由贸易港以及长三角一体化国家发展战略的顺利实施，对于这一新格局的形成具有指标性的意义。参见程保志：《跨海基建破除“瓶颈”，粤港澳大湾区和海南自贸港区域互联可期》，南方财经网，https：//m. 21jingji. com/article/20200709/herald/2e507f3fec5ca787d975fbae301f3cc9. html。访问时间：2022 年 1 月 5 日。

② 习近平在中共中央政治局第八次集体学习时，强调进一步关心海洋、认识海洋、经略海洋、推动海洋强国建设不断取得新成就，载《人民日报》，2013 年 7 月 31 日，第 01 版。

明建设，实现生态环境与经济社会的协调发展，最终促进人与自然的和谐共生。

（三）夯实各国民意认同，推动蓝色伙伴关系行稳致远

“国之交在于民相亲”，国际关系的重要基础在于各国民众之间的了解与友谊。实现各国文化间的交融互鉴是我国提出“一带一路”倡议的愿景与初衷。民意在国家文化交流中作为文化的沟通桥梁，为蓝色伙伴关系构建在文化上起到承接的作用。

首先，民意交流相对其他正式的交流渠道更具有自发性，以人民群众对蓝色伙伴关系的认同感为基础，自发地与其他国家人民进行文化的互融互通，民心的认同感正是蓝色伙伴关系构建的精神支柱。其次，民意交流的渠道丰富、主体多元。蓝色伙伴关系构建过程中，以经济合作为主的同时促进文化的互融互通，各大小企业以不同的经营特色为独特的发展模式，打通贸易渠道的同时推动双方企业文化的交流，借助各自发展优势以及区位地理优势，与多元主体建立合作关系。蓝色伙伴关系的构建不局限于企业与企业之间，还可以与国际政府间组织、非政府间组织、个体等多元主体进行友好往来，在主体多元的同时，民意交流的渠道也更加多样化，这将进一步增强蓝色伙伴之间的文化交流与合作。[①] 最后，在互联网时代，网络成为民意交流的主要模式。要积极发挥新媒体作为文化传播渠道的优势作用，促进各国以蓝色伙伴关系为基础进行文化交流与传播。网络对于民意交流具有传播速度快、成本低、传播面广等优点，充分利用网络新媒体的传播优势，针对蓝色海洋文化创建多个网络平台，在网络平台上发布官方文化交流信息，引导各国网友参与评论，尤其应为“一带一路”倡议以及蓝色伙伴关系的文化交流开办长期持久的网络论坛，实时更新当下热点话题，从而进一步推动蓝色通道的建立与疏通。

（四）完善国际、国内的法制保障，发展和维系蓝色伙伴关系

在当前大变局、大博弈的宏观背景下，蓝色伙伴关系的构建将是一个

① 姜秀敏，陈坚，等：《“四轮驱动”推进蓝色伙伴关系构建的路径分析》，载《创新》，2020年第1期，第8页。

长期目标，不可能一蹴而就，而是要从点滴做起，要锲而不舍、久久为功，逐步扩大双方高层共识和必要的民意基础。有鉴于此，完善的国际及国内法制将为蓝色伙伴关系的发展与维系提供坚实的基础与保障。

就国际法制而言，为促进蓝色伙伴关系的持续发展，沿海国应积极参与国际海洋法规的制定，保障相应的海洋权利，制定针对不同方向的法律规范，对贸易融通、产业合作等进行详细规定，对海洋争议的处理制定相应的法律机制，为蓝色伙伴关系的构建保驾护航。① 在相应法律文件出台后，法律的执行以及监管最为关键。各国政府、国际组织及非政府组织应积极参与海洋相关法律的实施与监督。政府作为蓝色伙伴关系的主要主体，对于本国海洋权益的保护以及海洋发展责无旁贷。在官方机构中，应积极调动多个司法部门对蓝色伙伴关系构建中涉及的法律问题进行全面关注以及监管，保证蓝色伙伴关系构建的权威性。同时，非政府组织的作用不可忽视，通过非政府组织提供多样的法律服务，不断完善法律体系，从而提高蓝色伙伴关系构建的有效性以及法律的可行性。

就国内法制而言，要使推进蓝色伙伴关系发展、构建海洋命运共同体在地方得到落实，一个可行路径是在现有制度框架内充分调动地方的科学决策、专门立法、政策配套和高效执行的主动性和积极性，同时通过科学、严格和配套完善的监督体系和机制，严明生态环境保护责任制度，强化地方绿色发展职责的问责机制，以此构建能够强化地方主体性的海洋经济绿色发展地方法治保障体系。增强地方在海洋经济立法和决策上的能动性并强化监督机制，关键在于增强地方法治工作中的协同性、科学性和民主性。在地方海洋保护和开发利用人大立法中，需要着重考虑的创新内容和程序新制是：采用整体性和全局性视角，按照海洋功能区划而不是行政管理的逻辑来确定立法的调整范围和对象，让经济与环境部门共同参与，在现有制度框架内实现经济、环境、社会、文化、法律等多领域专家共同参与立法论证，听取利益相关主体和一般公众的意见等。这些创新内容和程序新

---

① 姜秀敏，陈坚，等：《“四轮驱动”推进蓝色伙伴关系构建的路径分析》，载《创新》，2020年第1期，第9页。

制，有助于对海洋经济和海洋生态环境保护问题进行通盘考虑。此种制度优化方案也适用于行政立法和行政决策程序。① 在行政决策方面，应当按照《重大行政决策程序暂行条例》提出的专家论证和公众参与的具体举措安排工作，包括其中的非强制性和倡导性规定，从而有助于形成刚柔并济的蓝色经济发展的综合性法治保障体系。

总之，在国内外形势发生巨大变化的背景下，推进蓝色经济与科技合作，积极打造蓝色伙伴关系，对于"海洋命运共同体"的构建以及我国新发展格局的形成，都具有某种指标性的意义。一方面，蓝色伙伴关系的广泛构建有利于全球战略稳定和世界和平发展；另一方面，蓝色经济所代表的新兴战略产业方向正是当下中国长远发展急需的"增长器""助推剂"。可以预见，随着全球海洋治理实践活动的深入开展，国际海洋合作的广度和深度定会得到进一步拓展，我国所倡导的蓝色伙伴关系的国际认可度和存在感也必将得到极大的提升。

The Building of a Blue Partnership under the Perspective of Global Ocean Governance

CHENG Baozhi

Abstract: The diversity of governance bodies and the complexity of governance systems have led to several deficiencies and omissions in global ocean governance; whereas China's advocacy for building a blue partnership and building a "community with a shared future for the ocean" has multiple implications for current global ocean governance process. Based on the latest developments in domestic and foreign policy practices, this article proposes six feasible cooperative orientations and main areas of cooperation for the development of a blue partner-

① 莫菲：《海洋经济绿色发展的地方法治保障》，载《中国社会科学报》，2020 年 3 月 31 日，http://news.cssn.cn/zx/bwyc/202003/t20200331_5107896.shtml。访问时间：2022 年 1 月 2 日。

ship, and probes into multiple impetus for the blue partnership from the aspects of marine economic development, marine scientific and technological innovation, marine ecological civilization construction, and maritime legal protection. With the development of global ocean governance practices, the international influence and recognition of the blue partnership advocated by China will surely be greatly enhanced.

Key words: global ocean governance; blue partnership; legal protection

全球海洋治理制度化权利的优化配置与中国的角色转换

郑志华[1]

摘　要：在全球海洋治理面临深刻变迁、转型的背景下，全球海洋治理机制需要进行系统性变革，制度性权利和责任应当重新优化与组合，中国的角色地位也亟须重新定位。改革和优化全球海洋治理的核心内容是平衡包容性的利益和排他性的利益安排，以适应中华民族伟大复兴、人类共享发展的需求。中国作为一个新兴的海洋利用大国，亟须致力于改革优化全球海洋治理机制。我们需要对于海洋治理行为主体、行动策略与价值导向进行重新归纳与梳理，并且反思全球海洋治理发展的演化逻辑与经验教训，总结全球海洋治理的政治话语、经济理念和利益偏好，探索全球海洋治理中缺乏集体行动能力的主要原因与障碍，并进一步探讨提升我国参与全球海洋治理能力的方案与路径。

关键词：海洋治理；制度化权利；优化配置；中国角色

一、问题的提出

随着人类开发利用海洋的广度和深度不断拓展，如何规范人类的海洋活动，保护海洋生态系统和促进可持续发展，是全人类共同面临的重大课题。首先，为实现这个目的，以《联合国海洋法公约》（以下简称《公约》）为

---

① 郑志华（1976—　），男，汉族，浙江台州人，上海交通大学日本研究中心副研究员，主要研究方向：国际海洋法。本文为薛桂芳教授主持的2020年度国家社会科学基金重大研究专项（20VHQ008）阶段性成果。

代表的全球海洋治理体系已初步成型，为保护海洋和有序利用海洋做出了重要贡献。特别是自20世纪70年代以来，国际海洋规则及治理经历了深刻的全球化变革，国际海洋秩序不断演化、发展与重构，以民族国家为边界的传统海洋治理机制受到了前所未有的挑战，国际涉海事务纠纷与冲突层出不穷。有专家认为，“主体上看，新兴海洋大国崛起冲击原有力量格局，传统西方海洋强国地位下滑，非国家行为体的角色和作用有所加强，全球海洋治理呈现主体多元化、分散化的趋势。客体上看，新兴问题不断涌现，包括海上恐怖主义、公海生态保护区、海洋垃圾及酸化，极地、深海资源勘探开发等成为海洋治理新疆域。手段上看，已经从原先的以军事、安全为主演变为现在的以法规、技术为主，围绕议题设置、规则制定、技术发展等方面的博弈加剧。上述变化使旧的治理机制失灵、治理错位、治理缺位等问题突出。”①这种变化为发展中国家深度参与国际海洋治理提供了历史机遇。

其次，新自由主义的全球治理理论与实践遭遇严重危机。20世纪冷战结束以来，全球化开始朝着前所未有的深度和广度发展，人类的相互依存变得越来越紧密。但新自由主义试图通过把西方国内社会的特征外化到国际制度和其他跨国行为体，强制性的治理手段和干预不仅背离了当代国际关系的主权平等原则，而且也遭到新兴国家的抵制。② 新兴国家和发展中国家参与全球治理的自觉性和主动性日益增强，提出各自的关切、倡议和方案，推动全球治理体系变革。目前，新兴国家和发展中国家的合理化诉求尚未得到满足，美国和欧洲等西方发达国家又以自身利益被损害为由，提出了更为彻底的变革主张。③ 当前超越民族国家边界的全球气候变化、生态环境恶化、对人权的关切、非法移民、恐怖主义、跨国犯罪等问题凸显。

---

① 楼春豪：中国参与全球海洋治理的战略思考，载《中国海洋报》，2018年2月14日第2版。

② Khan, Muhammad Adeel, Manzoor Ahmad Naazer, et al. “Challenges to globalization and its impact on prevailing international liberal order.” Liberal Arts and Social Sciences International Journal (LASSIJ), 2021, 5(1): 372-385.

③ Acharya, Amitav. “After liberal hegemony: The advent of a multiplex world order.” Ethics & international affairs, 2017, 31(3): 271-285.

海洋领域同样如此，海洋酸化、非法的不报告的和不受管制的捕鱼问题、公海的海洋生物多样性养护和利用、向海洋倾倒垃圾排污等问题进一步恶化。[①] 未来全球海洋治理变革走向何方，不仅取决于各方利益上的调和，更取决于各方能否在政治上实现妥协，由此才能避免“公域悲剧”的进一步加剧。毫无疑问，各个利益攸关方如果跳不出现实主义的思维，摆脱不了国家主义的束缚，全球海洋治理将面临严重的挑战。

最后，当前全球海洋治理客观上存在着日益严重的碎片化趋势，具体表现为在海洋治理领域存在各种相互冲突和不相容的规则、原则、机构及机制。[②] 尽管，一定程度的碎片化对于海洋治理不无正面意义。譬如，海洋治理涵盖领域从航行、捕鱼、采矿等传统领域到海上石油污染、人命安全、生物多样性保护、深海资源开发等细分领域，海洋治理的分工日趋专业化与精细化。再如，参与主体具有多元性，包括各种国际组织、国家甚至民间的私人组织和团体，有助引起国际社会对于海洋治理问题的重视，调动不同群体参与海洋治理的积极性和能动性，便于满足不同群体的利益诉求。此外，各国管辖的海域情况千差万别，给予各沿海国充分的自由裁量权，有助于其因地制宜进行治理。但在另一方面，必须认识到这种碎片化也产生许多负面影响，比如，不少国际海洋规则之间存在不同程度的冲突、国际涉海机构之间管辖权重叠或规制盲区、国家间海洋权益争端频繁出现等，这些都给全球海洋治理造成了许多困境和阻碍。一定程度上，全球海洋治理的碎片化使得海洋治理方原先存在的问题更加恶化，同时也衍生出一些新的问题和挑战。比如，随着经济发展的需要，全球对自然资源的渴求愈发迫切，使得各国对海洋资源的开发和利用需求不断提升。一方面，人类的衣食住行方方面面增加了对海洋资源的摄取；另一方面，人类活动的广度和深度的增加也造成了海洋生物资源急剧减少和多样性的下降，人类正

---

① Alf Håkon Hoel，Are K. Sydnes，Syma A. Ebbin. “Ocean governance and institutional change”. A Sea Change：The Exclusive Economic Zone and Governance Institutions for Living Marine Resources. Springer，Dordrecht，2005：3-16.

② 崔野，王琪：《全球公共产品视角下的全球海洋治理困境：表现、成因与应对》，载《太平洋学报》，2019 年第 1 期，第 62 页。

在把海洋推向危险边缘，却缺乏有效的应对治理方案。此外，缺乏整合治理、协同治理的观念，也导致不同国家以及其他行为体各行其是。

在全球海洋治理面临深刻变迁、转型的背景下，全球海洋治理不进行系统性的变革，制度性权利和责任不进行优化与重组，中国的角色不进行重新定位，很难想象可以应对如此复杂、严重又如此紧迫的挑战。本文旨在抛砖引玉，尝试对海洋治理行为主体、行动策略与价值导向进行初步的归纳与梳理，反思全球海洋治理发展的演化逻辑与经验教训，归纳全球海洋治理的政治话语、经济理念和利益偏好，探索全球海洋治理中缺乏集体行动能力的主要原因与障碍，探讨提升我国参与全球海洋治理能力的方案与路径。

二、全球海洋治理实践发展与历史分期

如果我们回顾海洋治理的演变历史，其实不难发现全球海洋治理建构过程中就一直存在“自由”与“控制”、“开放”与“封闭”、“分享”与“独占”，以及“利用”与“保护”之争，并且此消彼长、此起彼伏，至今都未平息，最终形成了“公海自由”以及沿海国对其沿岸特定海域行使排他性管辖权的二元结构。[①] 领海与专属经济区制度代表排他性利用的制度安排，公海制度代表包容性分享设计理念。在狭窄的领海范围内，为了方便沿海国行使专属性权利，国际社会的包容性使用的权利受到限制，虽然非沿海国享有无害通过权，但没有使用领海资源的权利。反之，公海则提供给所有国家分享性的权利，允许他们自由通行与使用资源。历史上，海洋自由以供包容性使用与锁闭海洋以供排他性使用之间的紧张关系一直不断持续，与此相对应，全球海洋治理一直处于不断互动、不断出现需求与回应需求的过程之中。在这个动态的建构过程中，不同的国家根据其自身的政治理念、自然地理环境以及经济技术发展水平等因素，对海洋利用与保护提出不同的主

① Allison, Edward H, John Kurien, et al. “The human relationship with our ocean planet.” Howell, Kerry L, et al. “A Blueprint for an inclusive, global deep-sea ocean decade field program.” Frontiers in Marine Science, 2020, 7: 999.

张与制度构想。[①] 可见，海洋治理的1.0时代是从“海洋封闭论”迈向“海洋自由论”的时代；海洋治理的2.0时代是当今以《公约》为代表的海洋自由与封闭排他并存的二元论时代。当今时代的发展日益呼唤海洋治理从传统海洋治理二元论迈向更高层级的包容性海洋治理，从而全面进入海洋治理的3.0时代。[②]

全球海洋治理演化历程

海洋治理1.0版	一元之争	海洋封闭→海洋自由	海洋自由胜出	单数正义
海洋治理2.0版	一元结构→二元结构	自由+排他	公海自由为主、领海排他管辖为辅	复数正义
海洋治理3.0版	二元结构→多元结构	自由+排他抑或包容性秩序	海洋区域的多元化、海洋治理的一元化(生态系统、整合管理)趋势并存	复数正义

三、全球海洋治理的治理逻辑与主要矛盾

目前，全球海洋治理主要采取的是“分区主义”与“功能主义”两种治理路径。[③] “分区主义”路径将海洋划分为领海、内水、专属经济区与大陆架等国家管辖海域，以及公海与国际海底作为国家管辖外的海域。领海、内水、专属经济区与大陆架等国家管辖内的海域在很大程度上受到其第一责任人“沿海国”的国内法调整，虽然这些水域在某些方面也受到国际法的规制，但是“全球治理”的特征不够显著。而公海与国际海底作为“全球公域”对于全球治理，特别是对于全球善治的需求要远远超出国家管辖范围内的水域。“功能主义”路径是依照海洋对于人类有哪些功能，再根据这些功能分门别

① 郑志华：《中国崛起与海洋秩序的建构——包容性海洋秩序论纲》，载《上海行政学院学报》，2015年第3期，第95页。

② 郑志华：《2014：探索中国特色海洋新秩序之路》，载《法制日报》，2015年2月17日，第10版。

③ Bennett，Nathan J，et al. “Blue growth and blue justice.”Institute for the Oceans and Fisheries，University of British Columbia，Vancouver，Canada，2020：27.

类地逐一规制，譬如：港口、航运、渔业资源、矿产资源、旅游、海洋科学研究、海水资源、风能、潮汐能和海洋生态保护等领域。正如格哈德哈夫纳所说，虽然“部门主义和分区主义是国际合作的有力动因，但对国际法的发展却不一定为完全的幸事”①。这种以主权国家为基础，对海洋进行人为的分区，以区域边界作为治理边界，忽视了海洋生态系统具有整体性和系统性，忽视了全球海域是一个联动的、统一的整体，彼此关联，相互影响。

总体而言，海洋治理条块分割比较严重，存在着众多的涉海国际组织，有的功能重叠、职能交叉、界限模糊，有的领域又存在空缺，缺乏海洋不同利用方式之间的功能协调，相互之间兼容性较差，造成有效的海洋治理公共产品供给不足。

人类对于全球治理一直存在两种不同目标，一种是乐观主义的(威尔逊主义)，一种是悲观主义的。乐观主义者认为，人类社会应该追求一个最佳的国际公共秩序，建构一个康德式的永久和平的世界。悲观主义者则侧重现实主义的考量，认为人类如果能够避免因相互残杀而沦于覆灭已属万幸，所以应该确保最低限度的国际公共秩序，而不敢奢求最佳秩序。因此，作为具有典范意义的公海与国际海底全球治理的成功与否，是一块检验人类集体理性的试金石，也可以在一定程度上预示人类社会能否走出威斯特伐利亚式的主权国家陷阱，迈向更完善、更高级的治理形态。②

四、制度化权利与责任的重新组合与优化配置

倡议在中国成立“世界海洋组织”(WOO)重新配置制度化权利与责任，优化《公约》的履约机制，提高缔约国的履约意愿和履约能力，以及积极发

① Hafner G, Risks Ensuing from Fragmentation of International Law//Report of the International Law Commission on its 52nd Session, U.N. GAOR, 55th Sess., Suppl. 10, U.N. Doc. No. ILC(LII)/WG/LT/INFORMAL/2(2000). https://legal.un.org/ilc/publications/yearbooks/english/ilc_2000_v2_p2.pdf。访问时间：2022年1月14日。

② 张文显：《推进全球治理变革，构建世界新秩序——习近平治国理政的全球思维》，载《环球法律评论》，2017年第4期，第6-8页。

挥非政府组织在海洋治理中的作用。从整体性上优化专门性、功能性涉海国际组织的职责和功能。

（一）成立世界海洋委员会作为过渡机构

《公约》在一定意义上强化了治理主体与治理手段单一和海洋治理问题超越国界之间的矛盾。排他独享、以邻为壑不能适应海洋治理发展的需要，应当积极探索建构一个更为包容的全球海洋治理模式，推动构建更加公正、合理和均衡的海洋治理机制。国际社会可以优先发起建立世界海洋委员会（World Oceans Council）、世界海洋大学（World Oceans University），作为筹备世界海洋组织的先导性机构。世界海洋委员会可定位成“论坛性国际组织”，主要从时代背景、海洋现状、治理原则、框架思路、合作机制等方面对世界海洋组织的可行性和必要性进行探讨，以凝聚共识，形成合力。

（二）成立世界海洋组织协调全球海洋治理

世界海洋组织建立的目标并不是为了取代现有的涉海国际组织，而是将碎片化的涉海国际组织整合起来，优化全球海洋治理。世界海洋组织根据需要协调的领域，可成立海洋航行委员会、海洋环境委员会、海洋安全委员会、海洋资源开发委员会以及海洋科学研究委员会五个专门委员会。海洋航行委员会的主要职能是协调全球海洋治理中关于船舶航行，或者由船舶航行产生的问题，比如，协调国际海事组织、国际海道测量组织等与航行相关的职能；海洋环境委员会协调全球海洋治理中涉及海洋环境污染、防污染、改善、治理等的问题，特别是有关国际涉海环境公约的协调与执行；海洋安全委员会的主要职能是协调全球海洋治理中事关海洋安全的事项，包括海盗、海上执法冲突等传统与非传统安全问题；海洋资源开发委员会协调处理海洋资源勘探、开发、采集的方案供各成员国参考，并提交大会讨论；海洋科学研究委员会的职能在于协调全球海洋科学研究的政策。另设海洋争端解决专家小组，用以处理各成员国、各涉海国际组织之间争端。世界海洋组织的主体机构包括大会、秘书处与常设理事会，其中理事会下辖上述五个专门委员会。

(三)优化区域性国际组织的职责与功能

正如有的学者指出:“一个恰当、大范围适用的海洋管理办法,必须建立在不同国际组织共同行动的基础之上。”①区域性的国际组织虽然是某个区域的主权国家参与的、共同达成的治理智慧,但是即便同属于一个区域,区域性国际组织之间的宗旨和目的大致相同,仍然可能出现无法发挥作用的情况。在区域性海洋治理方面,欧盟在2007年设立了综合海事政策(IMP)试图解决与海洋有关的一系列环境、社会和经济问题,并促进了监视和信息共享。综合海事政策(IMP)还与邻近的合作伙伴一起在北极、波罗的海和地中海等地制定综合海洋政策。欧盟与15个政府合作建立的保护东北大西洋海洋环境机制(OSPAR)是针对废物倾倒的《奥斯陆海洋倾倒公约》与针对陆源污染的《巴黎公约》升级的更为全面的区域性公约,体现了对海洋环境进行更综合性和全面性保护的思路。然而,在同一区域性公约下,对不同成员国提出相同的义务和责任是否合适?不同区域之间也需要加强协调与合作,进一步优化区域性的国际组织的职责与功能。

(四)优化专门性、功能性国际组织的职责与功能

在相同的管辖领域、管辖事项下,国际组织之间的职权分配很容易形成权力的交叉。一旦权力发生交叉,可能造成的只有两种情况,一是机构之间相互推诿,谁都不愿意对管辖事项负责;二是国际组织之间都主张对事项拥有管辖权,从而出现管辖冲突。在不同的管辖领域和管辖事项下,也有可能出现国际组织的职能交叉的情况,即某一国际组织的管辖事项涉及其他国际组织的管辖事项。比如,世界贸易组织(WTO)的很多案例已经涉及与贸易有关的海洋环境保护问题。在世界贸易组织1997年印度等诉美国海虾海龟案中,就涉及保护环境与世界贸易组织多边贸易体制的矛盾与冲突。各专门国际机构的设立都有自己的宗旨和目的,即便宗旨和目的大致相同,在操作层面和实现路径上也可能有很大的不同。组织职能与功能

---

① [意]马可·科拉正格瑞:《海洋经济——海洋资源与海洋开发》,高健,陈林生等译,上海财经大学出版社,2011年,第16页。

的竞合不代表就能得到“1+1>2”的积极效果。根据不同机构的职责与功能行使的行动可能是此消彼长的。单个国际组织的专门行动不代表必然对其他国际组织的行动造成积极的影响，也可能带来效率低下的后果。在强调全球海洋治理的整体性和协同性的前提下，对某个生物的具体保护看似是保护了生物的多样性，但实际上此物种的增长可能会对彼物种的生存带来消极影响。因此，需要在整体性的视角上优化专门性、功能性国际组织的职责和功能。

(五)优化履约机制、提高缔约国的履约意愿和履约能力

首先，需要优化海洋治理相关公约的履约机制。《公约》的第15部分是争端解决机制也是监督履约的机制，但是效果有限，可设立履约和遵约促进机制管理委员会，其职责是协助缔约方遵守公约规定的义务，并帮助、促进、监测和保障《公约》规定义务的执行和遵守。[①] 目前仍在谈判中的公约，面对一些新规制的领域，或者像世界海洋组织这样初创的机构，可以采取促进遵守的履约机制来吸引更多的缔约国参与。随着机构的发展成熟，再逐渐过渡到带有强制性的履约机制。其次，部分发展中国家之所以履约意愿不强，许多时候是因为权利、义务设置得不对等，被迫通过暂时牺牲环境来换取经济发展，这对强化能力建设而言十分关键。可持续和一体化的海洋和沿岸区管理制度比以往任何时候都更为需要提高沿海国家海洋治理体系的能力与效率。最后，在全球海洋治理中除了发挥政府间国际组织、缔约国的作用，也需要充分调动非政府组织和民间的力量。解决全球海洋问题的方法并非仅依靠强制性的规制与命令，而是更多地通过各主体间的协商、谈判、互动与合作来达成最佳方案，并在自愿的基础上共同付诸实施，这也符合善治的要求。[②] 非政府组织往往具有广泛的公众基础，可以动员最广大的公众参与。以往海洋治理的实践也表明，非政府组织在开展协

---

① 可以参考《巴塞尔公约》执行手册附件一，在清单中列入缔约国必须或应该经立法(法律或法规)执行的义务条款，协助缔约国全面履约。

② 王琪，崔野：《将全球治理引入海洋领域——论全球海洋治理的基本问题与我国的应对策略》，载《太平洋学报》，2015年第6期，第19页。

作和信息交换方面发挥着重要的作用。各国政府、有关的国际组织应加强和非政府组织的合作，充分调动民间的力量，通过社区推动迈向可持续发展。

五、重新定位中国的角色与地位

2019 年 4 月，习近平主席在青岛集体会见应邀出席庆祝中国人民解放军海军成立 70 周年多国海军活动的外方代表团团长时，首次提出构建海洋命运共同体的理念。这一理念对于我们思考和研究全球海洋治理与我国海洋强国建设之间的关系，以及我国应当如何参与全球海洋治理、我们的立场和主张应该如何定位等问题都有着重要的指导意义。他指出，我们人类居住的这个蓝色星球，不是被海洋分割成了各个孤岛，而是被海洋连结成了命运共同体，各国人民安危与共。[①] 这事实上反映了我国对于海洋、对于安全以及对于人类所面临的各种挑战的一种全新的理解。海洋是一个有机的相互依存的整体，迫切需要采用一种更为整合的治理策略。不把人类主导的全球治理视为全球治理的唯一主体，而是强调还有整个生态系统和人类社会自组织系统的自发的进化和调节。[②]

庞大的人口基数与快速的经济发展，日益造成中国社会的资源瓶颈与对于海洋资源的渴求。所以尽管中国是一个海陆兼备的国家，但也是一个海洋地理相对不利国和新兴的海洋利用大国。中国参与全球治理的立场阐述应当根据这个基本国情。中国作为一个快速发展中的海洋利用大国，同时又是海洋地理相对不利国，无疑急需安全的航道、充足的海洋资源、健康的海洋生态、安全的海洋环境，同时又能维护自身海防安全，避免近代以来的海疆危机。而中国也需要反躬自问：自身可以贡献什么？如何回应不同国家对于海洋的不同认识？如何提高海洋财富的可欲求的最大化，以及更合理、公平地分配海洋资源？如何回应其他国家，特别是弱小邻国对

---

① 《习近平谈治国理政》(第三卷)，外文出版社，2020 年，第 463 页。

② 姚莹：《“海洋命运共同体”的国际法意涵：理念创新与制度构建》，载《当代法学》，2019 年第 5 期，第 144-147 页。

于海洋安全的关切？等等。以便使得这种海洋秩序具有道义与规范基础，既可以凝聚国际社会的共识，又能够充分反映中国崛起的利益诉求。这需要中国寻找相互利益的交汇点、规范的共识之处。

所以，一方面需要保持开放的心态，多角度、立体地展示建构包容性海洋秩序的必要性、可行性，客观、理性地设计我国深度参与国际海洋治理、提升制度性话语权的路线图；另一方面，需要全面完善我国国内海洋法律体系，为参与全球海洋治理提供国内法支撑。

（一）未雨绸缪

设立各类具有前瞻性的议题以及成立相应的工作组，广泛参与各类国际重大议题的前期工作组（working group），积极参与国际规则的形成与制定。中国要提高全球海洋治理中的话语权，应做到以下几个方面。

第一，不断提高国家经济和科学技术水平。对于技术开发加大资金投入，采用新技术来提高自身的适应能力，促进各种高新技术的不断发展和创新，同时吸收发达国家技术开发的优点，综合利用国家资源，将高校、研究所和相关公司的资源相结合，促进合作协调、共同开发创新。

第二，不仅要在事后博弈中发出声音，更要在事前博弈中积极参与。多年以来，中国在参与国际公约的进程中大多采取的是事后博弈的方式，即由发达国家主导制订游戏规则，中国扮演一个参赛选手的角色。这样一来，难免被既定的规则、评委和监督者牵着鼻子走，不能最大限度地获取国家利益。在今后的国际活动中，中国需要做的不仅仅是在事后补救措施中发挥聪明才智，更要在事前博弈中分一杯羹，拿出高质量的提案，同样也可以学习发达国家的做法，从自身优势出发提出某些相关的提案，或以点带面，一步步实现自身的利益诉求，展现国家科技水平、经济实力，贴合话语对象，把握过程导向。

第三，借鉴发达国家提升话语权的做法，尽可能团结同一战线的其他国家。对于中国而言，可以与部分发展中国家寻求国家利益上的一致性，共同提出某些议案。或者参考欧盟、七十七国集团等某些做法。以七十七国集团为例，这是一个政府间国际组织，目的是扭转发展中国家在国际贸易中的被动地位。中国虽不是七十七国集团成员，但是一贯支持该组织的正义主张与合理要求。因此，参考该集团，可以寻求结成区域性的联盟，凝聚共识，形成合力，作为交流信息、交换技术、合作创新的一个平台，在应对国际问题上共同进退。

第四，中国话语权的提升需要有国际思维，不能走入误区。所谓国际思维，即思考问题的起点不能总是从本国出发，依据不能仅仅来自国内法，需要未雨绸缪，考虑到其他国家的关切，并且制定预案回应这种关切。目前，国家谈判中的一个软肋是仅从国内思维出发，以国内法为依据，进行国际谈判。由国内法推导国际法，试图将国内法规定推演到国际法中，这很难行得通。因此必须转变思维，既有国际视野又有中国关切，从国际法出发，才能拿出能够被国际社会普遍认可的提案和建议。

（二）完善我国国内海洋法律体系，夯实我国在全球海洋治理中的国内基础

从治理、发展和维权三个层面，完善我国海洋法律体系，革新海洋治理体制机制。根据“海陆统筹”的原则，充分利用“区域主义路径”“整合性路径”“功能性路径”的各自特点与优势，形成一个体系合理、结构科学、内容完备、国内治理与国际协作均衡、统合符合时代发展需求、具有前瞻性的海洋法律体系，提升我国在全球海洋治理中的话语权。

我国现有的海洋法律基本上是以部门立法、功能主义进路为主，以区域性立法进路为辅。条块分割比较严重，缺乏海洋不同利用方式之间的功能协调，兼容性较差。现存的海洋法律体系包括海洋综合类法律，海洋生态与环境保护法律，海洋资源开发与保护法律，海洋运输、海事、海商类法律，海洋科学研究以及其他涉海法律。这一体系具有一定的陆权导向以及自生自发的色彩。

首先，现有的海洋法律体系是在缺乏统一规划的情况下，由各个政府职能部门在不同的历史时期分别立法所自然形成的法律体系。这一法律体系外部结构缺乏合理性和逻辑关系，既存在利益重叠，又存在规制真空；内部缺乏法学理论支撑，立法存在一定的随意性。

其次，现有涉海相关法律受制于传统陆权思维，造成我国海洋法律边缘性和从属性，缺乏体系性和科学性，难以适应我国经济转型和建设海洋强国的需求。在国家提出“海陆统筹”的大战略背景之下，重新审视海洋法律体系，对于我国具有重要的现实意义。我国正在进一步深化改革，现有海洋法律在诸多方面不能满足国家目前的发展需要。

再次，现有海洋法律体系与落实“全面依法治国”的要求落差较大。完善我国海洋法律体系是“全面深化改革”的需要。现有法律在以往社会实践中已经出现了一些问题，需要对其中的法律制度、法律规范、法律体系进行调整和完善。在海洋领域全面推进依法治海、加快建设法治海洋，是全面贯彻落实依法治国的具体体现，是建设海洋强国的根本保证。①

最后，完善海洋法律体系也是我国参与和引领国际海洋游戏规则、提高自身软实力与话语权、保障国家海洋权益的需要。当今世界即将迎来第三次贸易革命，海洋治理、海洋开发与利用，特别是以海上运输为核心的国际运输，都将面临一场革命。这为我国海洋法律的发展和提升国际话语权提供了宝贵的机遇。

总之，完善海洋法律体系必须与我国国民经济整体发展相适应，与最大发展中国家这个身份相匹配，同时又要立足于引领未来全球海洋法律发展，积极承担相关国际义务，提供与自身实力相称的海洋公共产品，提升我国在国际海洋事务中的话语权和影响力。

海洋经济发展、海洋治理与海洋维权以其独有的交互性、开放性、国际性特点，对于法治化、规范化的需求十分强劲。全面为海洋经济发展、海洋治理与海洋维权提供法治保障，设计具有针对性的法律规制措施，需要海洋法律基本理论的创新，提升我国在全球海洋规则制定中的话语权。

---

① 贾宇：《改革开放40年中国海洋法治的发展》，载《边界与海洋研究》，2019年第4期，第8-12页。

六、结语

从中国的视角出发，改革和优化全球海洋治理的核心内容是平衡包容性的利益和排他性的利益安排以适应中华民族伟大复兴、人类共享发展的需求。中国作为一个新兴的海洋利用大国，亟须致力于改革优化全球海洋治理机制。但是应当指出，改革和优化全球海洋治理应该坚持体系导向进路与问题导向进路相结合。完善全球海洋治理问题，原则上是一个体系建构与优化的问题。换言之，它更注重的是演绎推理，而不仅仅是面向问题、面向实践所作的实证提炼与归纳。这二者必须加以平衡与综合。保持开放的心态，坚持问题导向关照事实，而又能超越陈规。

On Optimizing the Mechanism of Global Ocean Governance and Enhancing China's Role

ZHENG Zhihua

Abstract: The global ocean governance mechanism needs to be reformed systematically, institutional rights and responsibilities should also be optimized and reassembled, meanwhile the role of China should be re-positioned under the background of the profound changes and transformation in ocean governance. The core of reforming and optimizing global ocean governance is to balance inclusive interests and exclusive interests to meet the needs of the rejuvenation of the Chinese nation and the shared development of mankind. As an emerging power, China is in urgent need of reforming and optimizing the global ocean governance mechanism. The actors, strategies, aims and value of ocean governance shall be rediscovered in order to reflect on the evolution logic of ocean governance. Its time to summarize the political discourse, economic concept and interest preference of global ocean governance, to explore the main reasons and obstacles for the lack of collective action capacity in global oceans governance, and to further explore the scheme and path to enhance China's ability to participate in global marine governance.

Key words: Ocean governance; Institutionalized rights; Optimize configuration; China's role

全球海洋环境治理法治面临的挑战与应对

郝会娟①

摘　要：人类对海洋的开发与利用正向着更广、更深领域发展，如何有效促进海洋可持续发展、规范人类海洋活动，成为海洋环境治理的重大课题。有效的海洋环境治理得益于凝聚全球共识的国际规则和司法程序，《联合国海洋法公约》、相关国际协定以及海洋习惯法为全球海洋环境治理法律体系的形成与发展做出了重要贡献。但近年来，海洋环境法治面临严峻的挑战：国家管辖范围外的海底区域自然环境不断恶化，生物多样性遭到破坏，部分国家不顾他国，单方面排污造成严重的海洋污染等问题愈发复杂，这与全球海洋环境成文法局限性、国家治理海洋环境的意愿，以及缺乏主导力有很大关系。要构建更加健全的全球海洋环境法治体系，需要加强《联合国海洋法公约》等成文法的修订，推动速成海洋习惯法的确认，发挥大国以及联合国等国际组织、机构作用，构建蓝色伙伴关系，聚凝全球海洋环境治理共识，提高各国依法治理海洋环境的实力。

关键词：全球海洋环境治理；《联合国海洋法公约》；海洋习惯法；意愿；能力

海洋环境的特性决定了海洋环境法治建设要求各国共担责任，共享发展成果。有效的海洋环境治理需要全球认同的国际规则和程序，需要基于

---

① 郝会娟(1988—　)，女，汉族，山东潍坊人，宁波大学法学院讲师，宁波大学东海战略研究院东海海洋治理研究中心研究员，法学博士，主要研究方向：国际海洋法。本文受国家社科基金青年项目：中日韩岛屿和海洋权益争端解决机制研究(20CGJ035)的资助。

共同原则的区域行动以及国家法律框架和政策。[①] 因此，《联合国海洋法公约》(以下简称《公约》)在序言中便提出，应将各类海洋问题看作一个整体来考虑，海洋秩序要照顾全人类的利益和需求。[②] 但目前全球范围内海洋环境问题频发，海洋环境管理机制的缺陷也日益突出，逐渐成为各国经济社会发展进程中的潜在风险与阻碍。

《公约》第12部分主要涉及海洋环境保护的条款，以法律形式对海洋环境保护做了规定，《执行1982年12月10日〈联合国海洋法公约〉有关养护和管理跨界鱼类种群和高度洄游鱼类种群的规定的协定》(以下简称《联合国鱼类种群协定》)为国家管辖范围内生物资源的养护和发展做出了重要贡献。但随着全球海洋环境的新变化，《公约》等成文法的弊端也日益显露，海洋环境治理主体的多元化且治理能力的不平衡，不仅破坏了海洋环境的保护和保全进程，也不利于海洋可持续发展。[③]

2021年7月3日，墨西哥湾水下天然气管道泄漏，引发海上大火；[④] 2020年，毛里求斯漏油事故千吨燃油泄漏造成巨大的生态灾难。[⑤] 2021年4月13日，日本单方面宣布决定将福岛核污水排入大海，可能给全球海洋及人类生命安全带来巨大威胁。但现有的国际司法机制能否作为有效的工具遏制并惩治日本政府不负责任的决定及后续行动，需全面考量现有的国际法原则及义务、相关条约规范、国家责任制度，以及争端解决机制等一系列实体和程序问题，并结合国际司法实践加以评估。目前尚缺乏具体的成文法的规定。

海洋环境治理是全球关注的焦点问题，也是全球海洋环境治理的重要

---

① See Robert L. Friedheim, "Ocean Governance at the Millennium: Where We Have Been-Where We Should Go", Ocean & Coastal Managememt, 1999, 42(9): 748.

② 傅崐成：《海洋法相关公约及中英文索引》，厦门大学出版社，2005年，第1页。

③ 付玉，邹磊磊：《国际海洋环境保护制度发展态势分析》，载《太平洋学报》，2012年第7期，第74页。

④ 童黎：《墨西哥湾水下天然气管道泄漏，引发海上大火》，观察者网，https://www.guancha.cn/internation/2021_07_03_596847.shtml? s=zwyzxw。访问时间：2022年1月3日。

⑤ 王昕然：《千吨燃油毁了曾经的天堂：毛里求斯海域漏油影响"极其可怕"》，澎湃新闻，https://www.thepaper.cn/newsDetail_forward_8705852。访问时间：2022年1月3日。

组成部分。国内外学者对海洋环境治理的研究成果也非常多。但从现有文献来看，多倾向从政策体制创新角度、功能融合的视角以及系统变革等对海洋环境的各个层面问题进行研究。在法治体系方面，大多倾向于根据相关海洋事件或者某种类别研究的成果。比如，近两年随着各国对国家管辖范围以外区域生物多样性（Biodiversity Beyond Areas of National Jurisdiction，BBNJ）的关注，围绕 BBNJ 的养护和可持续利用国际协定的谈判，也取得了不少成果。再如，对于油污泄漏探讨损害赔偿问题，以及对于日本福岛核污水排放涉及的相关国际法规制等。

本文并没有就某一个问题进行深入的研究，而是探究这些研究成果以及目前海洋环境治理的更深层次的问题。从综合的海洋成文法和习惯法的不足、各国际行为体的治理意愿、目前面临的经济和科技困难和主导国际组织及大国发挥的作用因素，在战略层面提出面临的挑战，并提出应对之策。

海洋环境保护和保全的法律面临严峻挑战，影响全球海洋环境治理的推进，关系到全人类的共同命运，需要各行为体凝聚共识、通力合作，共同承担海洋环境管理责任，履行海洋环境保护义务，健全海洋环境法治规则与司法处理程序，实现海洋资源的有序合理利用，使海洋发展成果能够为全人类所共享。

一、全球海洋环境治理对海洋法治的需求

作为全球海洋环境治理的重要组成部分，全球海洋环境治理包括国家或非国家行为体通过协议、规则、机构等对主权国家管辖或主张管辖之外的公海、国际海底区域的海洋环境、生物多样性等进行的保护和保全。① 作为全球化的产物，全球海洋环境治理的实践过程主要依靠区域主义和全球

① IUCN，“International ocean governance”，https：//www. iucn. org/theme/marine - and - polar/our-work/international-ocean-governance。访问时间：2022 年 1 月 2 日。

主义两条路径。[①] 在本文中，全球主义路径主要指通过联合国或非联合国全球法律框架来实现，即借助《公约》、全球性条约以及海洋习惯法的规范来主持和推进治理。区域主义路径主要指地理上临近、联系密切以及有文化认同感的国家或者国际组织通过区域内的双边或多边条约的规范，对本区域的海洋环境问题开展治理合作。[②] 无论是全球主义路径，还是区域主义路径，作为主要治理主体的国家或国际组织起到了重要的作用。尤其是作为全球性的国际组织，联合国及其下属的国际组织以及区域性的涉海国际组织对全球海洋环境治理发挥了重要的作用。

（一）全球主义路径对综合性、权威性海洋条约和习惯法的需求

1. 对全球性海洋公约的需求

海洋环境法作为国际海洋法的重要组成部分，规定了国家在保护和保全海洋环境方面的义务，对海洋环境污染、航运损害、过度捕捞、海上倾倒、深海采矿等相关方面提出了规范性的原则和规定。

约占全球一半以上的人口生活在沿海地区，海洋环境的保护和保全对海洋的开发和利用以及人类生活具有重要作用。但海洋环境问题的治理需要各个国际行为体的共同努力。全球海洋环境治理的目的是维护全人类的共同利益，各国共同承担责任，共享发展成果，像《公约》这样具有权威性和综合性的成文法律体系则为其实现提供了规范和保障。

海洋环境的保护和保全关系全人类的共同命运。《公约》以各国充分对话和协商为前提，本着以互相谅解和合作的精神解决与海洋法有关的一切问题的愿望，将各类问题作为一个整体来考虑。[③] 关于海洋环境的保护和保全方面，在鱼类资源养护方面，《公约》第 61 条第 3 款规定，缔约国有义务

① 吴士存：《全球海洋环境治理的未来及中国的选择》，载《亚太安全与海洋研究》，2020 年 9 月 10 日网络首发。

② Steven C，Roach Martin Griffiths Terry O'Callaghan，International Relations：The Key Concepts，2nd Edition，Routledge ，2007：280-282.

③ 《公约》序言。

考虑到鱼类资源的相关关系；对捕鱼活动的物种影响[①]、脆弱生态系统和稀有或濒危物种的生态环境保护问题[②]也均有涉及。在海洋污染方面，《公约》也规定了海洋环境保护的义务。这些都符合全球海洋环境治理的目标与要求，都为海洋法制的发展与健全做出了努力，《公约》中有关区域的相关规定、国际海底管理局设立等内容，也为海底资源的开发和管理做出了规范。

《公约》以各国承担相应的环境保护和生物资源养护义务为前提，将开发资源的行为约束在一定范围之内，这是人们认识到人类命运与海洋开发利用、海洋环境治理之间关联性的体现。作为全球主义路径下的综合性、权威性海洋条约，《公约》为防治海洋环境污染、生物多样性的养护和发展的综合治理提供了方案和参照。

除《公约》外，其他多边条约、海洋条约也应在全球海洋环境治理的推进中发挥规范作用。但随着人类利用海洋能力的提升，一些新的问题日益浮现，已经成文的法律规则在实践过程中也会时常遇到特例或意外。此外，《公约》的达成是各国折中和妥协的产物[③]，其本身存在着很多缺陷和不足，具体适用上也需秉持理性、务实的态度。《公约》的性质决定了只能对部分海洋行为进行约束，类似国家管辖区域外生物多样性的养护和利用、渔业资源分配等新问题则未予以明确。目前，该类问题已成为联合国海洋法会议讨论的热点，在仅依靠《公约》已经无法进行有效管理的情况下，各国通过多边协商，订立诸如《生物多样性公约》《1972 年伦敦倾废公约》《粮农组织负责任渔业行为守则》《濒危野生动植物种国际贸易公约》《港口国措施》等法规对新出现的海洋问题予以规范，因此更为全面、有效地保护海洋环境和生物资源多样性，应对非法捕捞等渔业问题挑战的诉求日益高涨。《公约》和这些环境公约确立了保护和保全海洋环境的全球性法律框架。但由于部分公约过于原则性，以及相关的条款措辞模糊，对于解决目前面临的海

---

① 《公约》第 61 条第 4 款，第 119 条第 1 款(a)(b)。

② 《公约》第 194 条第 5 款。

③ 杨泽伟，刘丹，等:《〈联合国海洋法公约〉与中国》(圆桌会议)，载《中国海洋大学学报(社会科学版)》，2019 年第 5 期，第 2 页。

洋环境问题依然存在很大困难。因此，需要对这些公约进一步修订。

2. 对海洋习惯法的需求

条约的广泛批准仅仅是一种现象，还必须根据实践中的其他因素(尤其是那些未加入该条约的国家实践)来加以判断。① 因此，海洋习惯法和条约法以各自不同的方式相互补充、相互促进，发挥着调解海洋法治的作用。一些长期反复实践并得到认可的国家实践是海洋习惯法渊源的证据所在。《联合国国际法院规约》第38条第1款第2项中已将国际习惯纳入国际法渊源，海洋习惯法可以补充因海洋法条约不明确，或者没有规定而产生的某些纠纷，国际司法机构也开始援引海洋习惯法作为裁判的依据②，在某些领域习惯法甚至可以发挥比海洋条约更大的作用。

海洋习惯要成为习惯法需符合两个条件：一是通例(general practice)，即各国长期重复类似行为，某种只为少数国家偶尔为之的行为不能作为通例存在。③ 二是法律确信(opinio juris)，即被各国认为这种不断重复的实践行为不仅是一种道德，而且具有法律约束力，各国在心理上自觉认为所从事行为具有法律效力，才有法律效力。④ 如果没有法律确信，国家实践所形成的就只能是管理或国际礼让等非法律的规则。⑤ 比如，随着海洋环境的持续恶化、海洋生物多样性受到威胁，海洋环境保护问题成为各国在BBNJ谈判中重要问题谈判的焦点。但对于海洋环境评价，“共同但有区别的责任”在环境法领域得到长期反复的实践，并获得认可。但在BBNJ谈判中，美国、日本、北欧等国家和地区强调国家在启动和开展环评以及相关决策方面的主导地位，拒绝接受第三方干预、拒绝该问题的“国际化”。虽然打着

---

① [比]亨克茨，[英]多斯瓦尔德-贝克：《习惯国际人道法规则》，刘欣燕译，法律出版社，2007年，第34页。

② 王玫黎：《海洋习惯法在现代国际海洋法中的地位》，载《西南民族大学学报(人文社会科学版)》，2018年第11期，第75页。

③ Ian Brownlie, Principles of Public International Law, 7 th edition, Oxford: Oxford University Press, 2008: 7-8.

④ Dennis W. Arrow, The customary norm process and the deep seabed, Ocean Development & International Law, 1981, 9: 1-59.

⑤ 白桂梅：《国际法(第二版)》，北京大学出版社，2010年，第40页。

“道德高点”的旗号，但他们的一些提案，并没有得到普遍的响应，不能作为海洋习惯法来实施。

成文的条约法一般只对缔约国具有约束力，对非缔约国的约束力有限，条约未能涉及的内容也需要习惯法加以规范和补充。全球性国际条约和地区多边、双边条约存在局限性，尤其是在国际海洋法领域还存在大量条约未能规范的空白区域。但实际上，其中的某些议题已经有了长期反复的国家实践和法律确信行为。

关于国家管辖范围内生物多样性的保护和保全，基本以成文法的形式在《公约》中得到了重要的体现。但对于国家管辖范围外区域（Area Beyond National Jurisdiction，ABNJ），《公约》中却没有明确的体现，随着全球气候变化、ABNJ 海洋环境的破坏、蓝色圈地运动等，联合国和相关国际组织开始从不同方面制定保护生物多样性的相关规定。比如为打击非法捕捞行为，拟定《港口国措施协定》，国际海事组织通过的《国际船舶压载水和沉积物控制与管理公约》应对环境问题等，得到了各国长期不断的反复实践，并获得了相应的法律确信。另外，包括无人航空器在远海区域的航行问题、利用可自控漂流的自动化设备进行海洋科学研究获取深海资源、气候变化导致的濒临灭绝的生物种群的保护问题①等需要全球海洋综合治理来规范的领域，同样可以依靠习惯法的相关实践为问题的解决和成文法的完善提供路径和参考。

海洋习惯法作为对《公约》等成文法中未规定事项的重要补充，为形成《公约》外的海洋法律规范做出了重要贡献，海洋习惯法的不断健全与应用，也可为全球海洋环境治理的推进与实现提供支撑。海洋习惯法产生于各国的反复实践和法律确信，其形成需要经过长期、反复的实践。但目前海洋科技发展迅速，各国之间交往密切，对国际海洋环境治理的需求也日益迫切。为此，海洋习惯法也应顺应当今发展形势做出改变，尤其是在时效问

---

① ［美］路易斯·B. 宋恩，克里斯汀·古斯塔夫森·朱罗，约翰·E. 诺伊斯，等：《海洋法精要（第 2 版）》，傅崐成等译，上海交通大学出版社，2014 年，第 294 页。

题上，应对探索速成习惯法(Instant Customary International Law)①的需求加以重视。

(二)区域主义路径对双边或多边区域海洋条约的需求

近年来，区域性海洋环境治理取得了一定成果。域内国家通过双边或多边协商，围绕某一特定海域的渔业保护、海洋环境污染、生物多样性的保护和保全等达成了区域规范性条约，从司法角度为区域海洋的稳定与综合治理的实现提供了保障。经过半个多世纪发展，从1969年开始，中国南海、东海及地中海、波罗的海等海域都形成了各自的区域海洋环境保护机制网络(参见下表)，包括海洋生物资源的养护和发展以及防治海洋环境免受污染、预防船舶造成的污染损害、油污染以及有毒有害物质和陆源污染等方面，为区域内海洋环境治理和生物多样性保护与保全做出了表率。

区域性海洋环境治理相关条约(按照时间排序)②

年份	区域性海洋环境治理相关条约
1969	《养护东南大西洋生物资源公约》
1972	《南极海豹保护公约》
1973	《波罗的海和贝尔特捕鱼与生物资源保护协定》
1974	《保护波罗的海区域海洋环境公约》(赫尔辛基公约)
1976	《关于保护地中海海岸水源协议》
1976	《保护地中海免受污染的公约》
1976	《南太平洋自然养护公约》
1976	《防止船舶及飞行器倾倒污染地中海议定书》
1978	《科威特关于保护海洋环境免受污染的区域合作公约》
1978	《关于在紧急情况下防止石油和其他有害物质污染的科威特公约》

① 国内也有学者译为“即时习惯法”“随时习惯法”“高压锅烹调习惯法”等。郭德香，李敬昌：《论习惯法规则在国际海洋法领域的特殊重要性》，载《山东警察学院学报》，2015年第3期，第5页。

② 本表格内容来源于傅崐成教授组织厦门大学南海研究院师生对于相关条约的翻译，作者对这些条约进行归纳总结。

续表

年份	区域性海洋环境治理相关条约
1980	《南极海洋生物资源养护公约》
1980	《保护地中海免受陆源污染议定书》
1981	《紧急情况下消除碳氢化合物或其他有害物质造成东南太平洋污染的区域合作协定》
1981	《保护和发展西非和中非区域海洋和沿海环境合作公约》
1981	《保护东南太平洋海洋环境和沿海地区公约》
1982	《关于在紧急情况下开展区域合作防止石油和其他有害物质污染的议定书》
1982	《养护红海和亚丁湾环境的区域公约》
1983	《保护和发展大加勒比区域海洋环境公约》
1983	《关于合作防止大加勒比区域石油泄漏的议定书》
1983	《保护东南太平洋免受陆源污染议定书》
1983	《关于区域合作防治东南太平洋碳氢化合物或其他有害物质污染的协议的补充议定书》
1985	《保护、管理和开发东非地区沿海和海洋环境的内罗毕公约》
1985	《东非地区紧急情况下合作打击海洋污染议定书》
1986	《保护南太平洋地区自然资源和环境公约》(SPREP 公约)
1986	《南太平洋区域防治污染紧急情况合作议定书》
1986	《防止南太平洋区域倾倒污染议定书》
1987	《南太平洋渔业条约》
1989	《大陆架勘探和开发海洋污染议定书》
1989	《养护和管理东南太平洋受保护的海洋和沿海地区议定书》
1989	《保护东南太平洋免受放射性污染议定书》
1990	《保护东北大西洋沿岸和海域免受污染的合作协定》
1990	关于特别保护区及野生生物的《大加勒比区域海洋环境保护和发展公约》议定书
1990	《保护海洋环境免受陆源污染议定书》
1991	《关于环境保护的南极条约议定书》
1991	附件一环境影响评价
1991	附件二保护动植物
1991	附件三废物处理及废物管理
1991	附件四预防海洋污染
1991	附件五区域保护及其管理
1991	《关于保护东北大西洋海岸和水域免受污染的合作协定》
1992	《保护黑海免受污染公约》

续表

年份	区域性海洋环境治理相关条约
1992	《紧急情况下关于打击因石油和其他有害物质造成黑海环境污染的合作议定书》
1992	《关于保护黑海海洋环境免受倾倒污染的议定书》
1992	《关于保护黑海海洋环境免受陆基污染的议定书》
1992	《保护波罗的海海洋环境公约》
1992	《东北大西洋海洋环境保护公约》
1993	《设立南太平洋区域环境方案的协定》
1994	《中白令海峡鳕资源养护与管理公约》
1994	《保护地中海免受因勘探和开发大陆架及其海床和底土造成的污染议定书》
1995	《保护地中海免受污染公约》修正案
1995	《防止船舶和飞行器倾废污染地中海协议书》(修正案)
1995	《地中海特别保护区和生物多样性议定书》
1995	《禁止进口危险和放射性废料到岛屿论坛国家和控制南太平洋区域内危险废物越境转移和管理公约》(韦盖尼公约)
1999	《保护地中海区域免受陆源和陆上活动污染议定书》修正案
1999	《防止危险废物越境转移及处置污染地中海议定书》
1999	《在地中海建立海洋哺乳动物保护区的国际协议》
1999	《保护和发展大加勒比区域海洋环境公约关于陆源及陆上活动污染的议定书》
2000	《中西部太平洋高度洄游鱼类种群养护和管理公约》
2001	《东南大西洋渔业资源养护和管理公约》
2002	《建立加勒比地区渔业组织的协定》
2002	《东北太平洋海洋和沿海环境保护和可持续发展合作公约》
2002	《地中海防止船舶污染并在紧急情况下治理污染合作议定书》
2002	《关于保护黑海免受污染的黑海生物多样性和景观保护议定书》
2003	《保护里海海洋环境框架公约》(德黑兰公约)
2005	《关于红海和亚丁湾保护生物多样性和建立保护区网络的议定书》
2006	《南印度洋渔业协定》
2009	《保护黑海海洋环境免受陆地来源污染议定书》
2010	《修正后的关于保护、管理和开发西印度洋海洋和沿海环境的内罗毕公约》
2010	《保护西印度洋海洋和沿海环境不受陆地来源和活动影响的议定书》
2011	《保护里海海洋环境框架公约下关于打击油污事故的区域防备、反应和合作的议定书》

联合国环境规划署(UNEP)在1974年发起“区域海洋项目”至今已有18个区域海洋项目，参与国家共有143个。[①] UNEP也为区域内国家的海洋环境治理提供了三种模式：北海-东北大西洋模式、波罗的海模式和地中海模式。这三大区域合作治理模式都存在自身特有的优势和局限性，但可以为全球其他区域内合作提供重要的借鉴。无论哪种模式，基本都依托区域内的多边条约或者规范。比如，在北海-东北大西洋模式中，成员国于1969年签署了《应对北海油污合作协议》[②]、1972年签署《防止船舶和航空器向海洋倾倒废物的奥斯陆公约》、1974年签署《防止路基污染源污染海洋的巴黎公约》、1992年签署具有综合性特点的区域公约《东北大西洋海洋环境保护公约》等。波罗的海模式中成员国签署的《保护波罗的海海洋环境公约》、地中海模式中成员国签订的《巴塞罗那公约》，充分体现了区域海洋环境治理对多边条约的需求。

在双边条约中，几乎大部分相邻的周边国家间都签订了不同类型的海洋环境合作类的公约。在生物多样性养护和发展方面，主要体现在双边渔业协定中，比如，《中韩渔业协定》《中日渔业协定》《日韩渔业协定》《日俄渔业协定》等，为区域内渔业资源的养护和管理做出了努力。

区域性多边和双边条约的制定，为区域海洋环境治理提供了保障，也为实现全球海洋环境治理提供了表率。但区域性海洋环境治理和条约的制定，也加剧了国际法的碎片化与功能障碍，严重影响了全球海洋环境治理的推进效率。

二、全球海洋环境治理面临的困境

(一)各行为体对相关法律的遵守和执行力不足

由于经济发展的差异，对于相关利益需求的不同，以及各国科技发达

① 郑凡：《地中海的环境保护区域合作：发展与经验》，载《中国地质大学学报(社会科学版)》，2016年第1期，第84页。

② 该协议被1983年制定的《应对北海石油和其他有害物质污染合作协议》所取代，新协议将适用对象扩大到了包括危险和有害物质的各类污染源，又将适用范围扩展至东北大西洋区域，进一步规定了开展联合行动时的操作规则，确定了技术问题方面的相关准则。

程度的不同，使得全球海洋环境治理面临着重要的挑战。

我们生活在同一个地球，海洋法治建设关乎每个人的切身利益，若放任海洋资源无序开发，人类存续必将受到威胁。全球存在20个海洋区域[①]，不同区域内各国的关注焦点难免存在差异，受海洋问题影响较大的沿海国家对海洋环境保护、海洋资源开发议题更为积极；受海洋安全威胁较大的国家，则更加关注国家安全问题；迫切需求经济发展的国家则倾向于以开发作为主要目标，不惜以破坏海洋环境为代价，谋求自身发展。不同国家和地区对于海洋议题的关注有异，这不仅增加了各国达成共识的难度，也降低了各国遵守海洋法规范的意愿。

公平是国际合作和海洋环境法治的原则之一，但参与谈判的各国政府能力千差万别，强大的既得利益集团更容易在谈判推进过程中实现自身目的。目前，少数几个海洋大国占据大部分海洋优势资源却不愿承担相应的环境责任，不愿遵守有关海洋规范，推进全球海洋环境治理的意愿薄弱。

全球利益、区域利益、国家利益之间的冲突是国际问题频发的重要原因，而行之有效的框架与规范则是危机控制的有效途径。为有效打击非法捕捞，联合国粮农组织推出《港口国措施协定》等一系列措施规范，约束非法捕捞行为；为减少温室气体排放，应对全球气候变化带来的影响而缔结《联合国气候变化框架公约》；为确保鲸类的适当养护和种群繁衍，建立国际捕鲸管制制度并签署《国际捕鲸管制公约》。这些都是站在全人类角度制定的海洋规范，是推进全球海洋环境治理的有益尝试。但在实际应用过程中，相关规范的督促履约机制不健全，强制性约束和执行手段欠缺，个别国家为实现自身发展将国家利益凌驾于区域利益和全球利益之上，“退群”现象频发，严重阻碍了国际海洋法制建设和全球海洋环境治理的推进。

全球利益和地区利益为各海洋国家进行合作提供了可能，也从另一个侧面印证了遵守海洋规范，共同依法治理海洋环境的必要性和必然性。全球海洋环境治理从全人类的共同利益出发，其实现不仅需要国际法律体系

① Robin Mahon，Lucia Fanning，“Regional Ocean Governance：Polycentric Arrangements and Their Role in Global Ocean Governance”，Marine Policy，2019，107：3.

的推动与完善，各国共同致力于海洋发展的意愿与决心同样不可或缺，甚至更为重要。处理好国家利益、民族利益以及人类共同利益之间的关系是实现全球海洋环境治理的重要条件。这一愿景，要求各国凝聚共识、提高维护全人类共同利益的意志，遵守海洋规范，将推动全球海洋环境治理与海洋法制建设作为目标与原则，肩负起应尽的国际责任。

（二）各行为体对海洋环境的治理能力不同

海洋环境治理与科学技术的发展息息相关，科技的变革是全球海洋环境治理程度不断深化的主要动力。[①] 一方面，新技术的发展可以推动生产力的迭代，加快相关理论的实践与更新，从而提高依法治理海洋的能力；另一方面，全球海洋环境治理也需要投入大量的人力、物力与科技支持。经济基础决定上层建筑，法治作为上层建筑的组成部分也是由经济基础所决定的。马克思主义法学强调法律的发生和发展均取决于统治阶级的物质根基和经济基础，海洋法的发展同样适用，同样离不开国家经济的支撑。各国所处的发展阶段不同，综合实力参差不齐，因而为依法治理海洋提供保障的经济、科技能力也存在较大差异。

1. 部分治理行为体科技实力滞后

全球海洋环境治理的目标是解决国际海洋环境问题和实现人海可持续发展[②]，科技创新与应用是全球海洋环境治理发展的前提和原生动力。全球海洋的连通性和不可分割性决定了海洋的利用与管理具有先天开放的特征，各沿海国在开发利用海洋时，需要考虑自身国际责任，兼顾他国利益。科技的进步使得这些要求变成了可能，科学技术的发展推动着人类不断探索海洋，走向深蓝。

一国是否具备海洋科技实力，是其能否做到依法治理海洋环境的重要条件。海洋，特别是深海的开发和治理，需要以大数据、人工智能和量子

---

① 郑海琦，胡波：《科技变革对全球海洋环境治理的影响》，载《太平洋学报》，2018 年第 4 期，第 39 页。

② 袁沙：《全球海洋治理：从凝聚共识到目标设置》，载《中国海洋大学学报(社会科学版)》，2018 年第 1 期，第 8 页。

通信等新兴学科的发展为支撑；海底开发、海洋监测、管制海上非法捕捞等则需要科技为其提供条件与工具；监控船舶海洋污染、赤潮、浒苔等的危害程度，核污染的扩散等相关海洋环境治理活动也同样需要信息通信技术的支持。[①] 21世纪是科技的世纪、海洋的世纪，全球海洋环境治理需要科技的创新与发展，国际海洋法律的落实与完善同样需要以科技进步为条件。科技已成为全球海洋探测、海洋环境问题解决以及海洋环境治理不断深化的动力。

但与此同时，新技术的发展也导致了海洋活动的多元化，加剧了海洋管理的复杂性。在最新的BBNJ谈判中，关于环境评价问题和海洋遗传资源惠益共享机制成为谈判的两大重要焦点。在环境评价中，美国、日本、北欧等国强调国家在启动和开展环评以及相关决策方面的主导地位，拒绝接受第三方干预，拒绝该问题的“国际化”。而欧盟、澳大利亚、新西兰和一些国际组织则高举“绿色环保”大旗，主张BBNJ应建立全球环评标准，由独立的科学机构参与环评过程。按他们的一些提案要求，即使用当前先进的深海技术，也难以全部获取资源所需的环评要素。这些发达国家掌握了相关的科技，将谈判的思潮引到了“道德高点”上，使得技术水平较差的国家很难达到相应的环评标准。[②] 再比如，为打击非法捕捞而实施的《港口国措施协定》以及对渔船的相关技术规范要求较高，而有些发展中国家，其本身远洋捕捞技术都比较缺乏，船舶建造以及港口能力建设很难达到相关的技术要求而无法签订相关的法律规范。

海洋科技实力发展不均衡，不仅制约着海洋法制的落实，也阻碍着全球海洋环境治理愿景的实现。

---

① Via Satelite, Using Afrtificial Intelligence to Track Illegal Activities at Sea, http://www.satellitetoday.com/innovation/2017/08/02/using-artificial-intelligence-track-illegal-activities-sea/。访问时间：2022年1月2日。

② 二论BBNJ——最终建议性文件点评，http://www.comra.org/2017-12/13/content_40104285.htm#:~:text=%E6%A0%B9%E6%8D%AE%E8%81%94%E5%A4%A7%E7%AC%AC69%2F,%E4%BB%B6%E4%B8%AD%E7%9A%84%E6%B3%95%E5%BE%8B%E5%9C%B0%E4%BD%8D%E3%80%82。访问时间：2022年1月2日。

2. 部分治理行为体经济支撑乏力

经济发展是社会进步的核心，能够产生巨大的共同利益，可为全球海洋环境治理与法治建设注入活力。海洋环境污染防治、生物多样性保护、海洋监测等都需要投入大量的人力和物力，都需要科技作为第一生产力，也都离不开经济实力作为支撑。20 世纪 60 年代，美国 4500 米以下深海探测潜航器“阿尔文”号，仅研发成本就达 5000 万美元左右；美国政府每年用于海洋领域的财政预算高达 500 亿美元以上。①

一国的经济能力表现为综合国力和财富水平，全球海洋环境治理与海洋法治的推进同样需要国家财政的支持。此外，舆论争夺与对抗作为国际话语权的延伸，一直以来都是各国政府宣扬自身政策合理、合法性的重要手段。近年来，海洋议题成为国际舆论关注的焦点，媒体网络也成为各国争夺的战场，舆论的引导同样需要资金的投入与支持。西方媒体是目前国际舆论的主导力量，它们依靠强大的经济实力和综合国力在国际舞台上占据着话语权，不遗余力地推广、宣扬对自身有利的言论与观点。而没有雄厚经济支持的弱小国家与后发国家，很难对既有话语体系造成冲击，难以在国际舆论场上发出声音，难以为自身正当权益争取到有效的国际关注与支持，共建、共治、共享的全球海洋环境治理目标难以推进。比如，日本 2021 年单方面宣布排放福岛核废水，其在舆论上也费了很大工夫，而美国公开发声支持日本。

（三）《联合国海洋法公约》的局限性

《公约》的生效为保护和有序利用海洋做出了重要贡献，作为各国相互妥协的产物，随着海洋环境治理的分工日趋专业化与精细化，各国所管辖海域的情况千差万别，国际海洋规则也面临着不同程度、不同方面的挑战。国际涉海机构设置不尽合理，机构间管辖权或是重叠，或是存在规制盲区，国家间海洋争端频繁出现，也都给全球海洋环境治理造成了阻碍。

① 海洋经济专题，http：//www.fjlib.net/zt/fjstsgjcxx/zbzl/rdzt/201910/t20191031_430851.htm。访问时间：2022 年 1 月 2 日。

《公约》并未对各国在保护海洋环境方面应当承担的具体任务做出明确规定，这导致各国履行保护海洋环境义务时互相推诿。[①] 首先，义务的不明确使得各国在措施落实上不够彻底，国家管辖范围外的海底区域自然环境不断恶化，生物多样性遭到破坏。《公约》中针对稀有和脆弱物种的措施过少，尤其是分区办法对于跨界种群的关联性和生态系统的脆弱性认识不足，各国仅将目光放在本国管辖范围内，大片国际海洋区域成为海洋环境污染的重灾区。其次，《公约》对常见海洋问题的执法提供了四套不同的争端解决机制供缔约国选择，即第287条规定，缔约国可以选择国际海洋法法庭、国际法院、按照附件七组成的仲裁法庭或者按照附件八组成的特别仲裁法庭，解决相互之间有关《公约》解释或适用的争端。但在具体实践中，对于同类性质的案件、不同的法院或法庭，甚至同一法院或法庭做出相互矛盾裁决的情况时有发生；不同争端解决机构在受理交叉领域案件时，仲裁或判决结论也时常大相径庭。如欧共体/智利"剑鱼案"[②]同时提交给了世界贸易组织(WTO)与国际海洋法法庭(ITLOS)，虽然最终以临时协定暂停诉讼，但其审判过程却暴露出国际法律体系不健全，不同争端解决机制间管辖权存在冲突的问题。争端的多元化导致了不同机构管辖权间的冲突，进而增加了海洋环境治理中运用法律手段解决争端的不确定性与风险。执行程序方面，《公约》的内容仅包含了强制管辖与强制裁判，并未对强制执行做出规定，如果出现当事方拒不履行海洋法法庭司法裁判的情况，则无法实施有效的补救办法以维护当事国的合法权益。最后，《公约》所提供的革新化方法依然缺乏有效的监管，后续实施同样可能造成严重的不利影响。此外，对于海洋科学研究、生物勘探、深海旅游和地球工程等由于技术原因可能造成的海洋污染，目前也没有形成统一的环境评价体系对其进行规范。

---

① 贺鉴，王雪：《全球海洋环境治理进程中的联合国：作用、困境与出路》，载《国际问题研究》，2020年第3期，第9页。

② Marcos Orellana, "The EU and Chile Suspend the Swordfish Case Proceedings at the WTO and the International Tribunal of the Law of the Sea", The American Society of International Law, 2001, https://www.asil.org/insights/volume/6/issue/1/eu-and-chile-suspend-swordfish-case-proceedings-wto-and-international。访问时间：2022年1月3日。

《公约》中对海域划分的规定并不符合生物系统的边界，在应对跨区域边界海洋生态问题上缺乏整体性和全局性的视角。首先，对沿海国渔业规制模式方面，《公约》中并没有明确沿海国在渔业方面应当承担的具体责任，这就使得沿海国在决定和分配专属经济区渔业资源的问题上缺乏具体的科学依据和标准。《公约》中沿海国对跨界鱼类种群的管理规定并不具有强制性，仅仅是象征性的义务，条约的具体实践中，跨界鱼类种群的合理开发和有效管理很大程度上仍需依靠公海捕鱼国的自行约束。① 其次，专属经济区制度和海域分区制度的建立使各国拥有了海洋边界，但海洋生物资源却存在不受边界束缚的特性。相邻两国制定的海洋管理法律与政策不尽相同，具体措施和标准也千差万别，简单的边界划分不利于海洋生物资源的养护和发展。此外，这一规定实际上使公海变得越来越小，客观上赋予了沿海国资源管理和措施执行的权限，但许多发展中国家缺乏必要的人力投入和资金支持，无法进行有效的海洋生物资源管理和养护。最后，《公约》没有考虑到海洋生物种群的生物学特征。② 鱼类具有洄游特性，生存区域通常跨越几个国家的专属经济区，《公约》的划分方式不仅不符合海洋生态系统的特征，而且间接导致了公海渔业过度捕捞现象的发生。虽然《负责任渔业行为守则》和《关于执行 1982 年 12 月 10 日〈联合国海洋法公约〉中有关养护和管理跨界鱼类种群和高度洄游鱼类种群规定的协定》将预警方法或预警原则纳入了规范，意图最大限度地预防公海渔业过度捕捞，但是关于预警原则的定义和执行方法仍缺乏明确的定义，实施效果并不理想。

《公约》在全球和地区基础上开展合作，但责任分配不均衡导致区域海洋环境治理处于无序和不稳定状态。现存的 18 个地区性海洋项目中，只有 4 个包含国家管辖范围外的海底区域，其他大部分国家管辖范围外的海底区域缺乏相应的国际组织来促进合作，协调保护措施执行。③ 此外，《公约》也

① 刘丹：《海洋生物资源国际保护研究》，博士学位论文，复旦大学，2014 年，第 70 页。

② 《联合国鱼类种群协定》第五条(h)款。

③ 戴英，周景行：《全球海洋环境治理的挑战与思考》，载《海洋经济》，2018 年第 5 期，第 62 页。

没有详细的关于跨区域及公海水体和海床之间管理的规定，这些区域内的海洋环境和生物资源因缺乏管理同样面临着严峻威胁。

随着北极海冰的融化，各国对北极利益的争夺也愈发激烈，北极圈八国为维护自身既得利益，势必拒绝域外国家分享或削弱其在北冰洋地区的利益，不遗余力地维护甚至扩大自己在北极地区的主权和既得权利。《公约》作为处理海洋相关事务的“宪章”，其普遍适用性也应该延伸到北极地域。但目前《公约》中未见针对北极地区的具体规范和管理，北极八国则宣称依照《公约》各自拥有排他性权利，北极地区复杂性加剧，全球海洋环境治理推进受阻。

（四）海洋习惯法的缺失

国际条约和国际习惯均被看作是国际法的主要渊源。海洋习惯法较海洋条约法，在某种程度上发挥着更大的作用。[①] 作为海洋条约法重要表现的《公约》并不能解决所有海洋法律问题，当条约规定不明确时，海洋习惯法起着对未规定事项进行补充的重要作用。可以说，海洋法的发展依赖习惯法的补充，海洋习惯法也可发挥成文法没有的优势。

在全球海洋环境治理实践中，海洋习惯法却未能发挥应有的作用。随着海洋科技的发展，国际海洋法正以惊人的速度发展，海洋习惯法产生所需要的时间也随之发生变化。但在传统的捕鱼权问题、海洋环境问题、生物资源养护和管理问题上，虽然有些国家已经进行了许多有益的尝试，各国对于治理的意愿和能力不足却导致其实践所产生的普遍性效力并未得到有效的认证与执行。例如针对核动力民用船舶和军舰的问题，《公约》中虽然有对未履行保护和保全海洋环境的国家应按照有关国际法承担相应责任的要求[②]，但对具体适用情况与内容并未明确规定。1962 年达成的《核动力船舶经营人责任公约》也遭到了美国和苏联的反对，经修订的《1963 年关于

---

① 王玫黎：《海洋习惯法在现代国际海洋法中的地位》，载《西南民族大学学报（人文社会科学版）》，2018 年第 11 期，第 76 页。

② 《公约》第 235 条。

核损害的民事责任公约》只能将核动力船舶排除在适用范围之外。[①] 1971 年，国际海事组织主持制定的《海上核材料运输民事责任公约》获得通过，但该公约在美国等大国未获得批准，实践效力大大降低。再如油污损害问题，早在 1969 年国际社会就认识到了油污事件可能对全球海洋环境造成的恶劣影响，逐步建立了比较完善的国际油污损害赔偿保障制度[②]，各国的实践也印证了油污事件将对海洋环境造成难以修复的破坏性影响。但出于对摊款比例、责任承担等的考量，至今仍有不少国家未能加入相关公约，大型油污事故后的海洋环境保障愈发困难。相关海洋习惯法的缺失不仅阻碍了法律规制的健全与完善，也给全球海洋环境有序开发与综合治理造成了困难。此外，公海生物资源的养护与管理问题同样突出，联合国粮农组织制定了众多公海渔业养护和管理性文件，如《负责任渔业行为准则》《1993 年联合国粮农组织船旗国遵守协定》等。但这些文件并不具有法律约束力，虽然可为成文法或规范的出台提供基础与参照，但其成型仍需要有关国家的广泛遵守与实践，需要各行为体表明对此文件的法律确信，以此为基础，这些准则与协定才能够发展成为海洋习惯法规则，才能在全球海洋环境治理与法治建设中发挥更大的作用。[③]

近年来，为解决全球海洋环境治理推进过程中的热点问题，各国家与国际组织都做出了诸多努力，但在海洋习惯法的形成与认可上仍然需要各国的通力合作与积极推动，尤其是无拘束力的软法的实施和法律确信，更加需要各方凝聚共识，共同促进全球海洋环境法治的实现。

三、全球海洋环境治理中的法治框架建设与发展

海洋环境法治建设对推进全球海洋环境治理发挥着不容忽视的积极作

① 《1963 年关于核损害的民事责任公约》第 1 条第 1 款。

② 包括《1992 年民事责任公约》《1992 年基金公约》以及《1992 年设立国际油污损害赔偿基金国际公约的 2003 年议定书》等建立起来的三个层级的赔偿保障制度。

③ High Seas Task Force，“London（United Kingdom）eng; Closing the net：stopping illegal fishing on the high seas”，https：//agris. fao. org/agris-search/search. do？recordID = XF201502889。访问时间：2022 年 1 月 2 日。

用。但目前海洋环境法治建设面临诸多困境，未来海洋法律体系构建需要更加完善的海洋成文法和海洋习惯法；需要各国加强共同合作，增强依法治理海洋的意愿；需要各国共同发展科技，提升经济实力，为海洋环境法治的落实提供保障。

（一）完善海洋环境法律规范，增强其解决海洋环境治理问题的适用性

完善以《公约》为代表的国际海洋成文法和区域性多边、双边条约越来越成为国际共识。《公约》签署以来，国际社会已就《公约》中的某些缺陷制定了“专门的补充协定”（Special Supplementary Agreement），如附件一《关于执行1982年〈联合国海洋法公约〉第十一部分的协定》，对国家管辖范围外海床洋底及其底土的规范做出了补充；2011年，国际海底管理与国际海底资源开发规章制定工作启动，各国为推动国际海底制度在国家层面的立法和落实做出了积极努力与尝试；跨界鱼类种群和高度洄游鱼类的长期养护和可持续利用方面，在联合国的主持下，各国于1995年8月通过了《联合国鱼类种群协定》；国家管辖范围区域生物多样性养护和可持续利用方面[①]，目前，相关国家也已举行了三届政府间会议，并对相关议题进行了磋商。[②]但受困于法律规定的空白和国际海洋环境治理的现实，制定一份具有法律约束力的公海及国际海底区域生物遗传资源管理协定仍是当前国际海洋环境治理中的当务之急。此外，公海保护区设立方面，对非缔约方的管理效力的安排也仍需要各国共同遵守与推动，未来应力求在此基础上形成规范的国际习惯法规则。

不同区域内各国对于海洋环境治理的关注焦点不尽相同，对于某些地区性问题可以通过缔结区域性协定或双边条约的方式加以解决。区域性渔业组织也可在海洋环境治理中发挥协调领导作用，具体来说，可增加各项

---

① 黄惠康：《国际海洋法前沿值得关注的十大问题》，载《边界与海洋研究》，2019年第1期，第16页。

② Oceans and the Law of the Sea：Report of the Secretary-General，September 11，2019.

工作的透明度，提高合作效率与可行性，接受来自国际社会的支持等①。对于海洋环境保护方面的规范和执行问题、对于海洋环境治理中责任的分配问题等，需要治理主体对相关问题解决的方案加以进一步落实与执行，证明其存在法律确信，以此更好地完善海洋法治体系，推动全球海洋环境治理目标的实现。

（二）发挥联合国等国际组织与大国作用，凝聚共识

针对各国海洋环境治理意愿不强的现状，可通过发挥联合国等国际组织和大国作用，增强其对全球海洋环境治理的引领，广泛建立联系，发掘有效的沟通渠道，密切交换信息与资源，形成共同立场的方式加以解决。各国可协商设立专门的监督履约机制来帮助、促进、监督和保障相关海洋条约和海洋习惯法的执行和遵守，可参考《巴塞尔公约》执行手册附件一中关于缔约国必须执行的义务条款，以此方式协助缔约国全面履约。

全球海洋环境治理的实现，需要联合国等国际机构或组织发挥作用，凝聚共识。具体来说，各机构与组织应全面把握相关各方对海洋环境治理问题的认知，厘清各国对该问题的关切差异，针对不同要求加以区分，从而对不同国家和地区做出具有针对性的倡议和差异化的目标设置。另外，还可以借助全球契约组织（UNGC）领导人峰会等活动，发挥众多企业和组织力量，加速推进海洋环境治理的“全球行动”和“本土参与”。② 国际非政府组织和民间社团力量，也可对某些国家的海洋政策产生决定性影响，其若能参与相关议题的谈判，便可为全球海洋环境治理提供亟须的“全球和区域视角”③。

除联合国外，专门海洋环境问题的解决也可考虑发挥大国与非政府组织的作用，积极倡导组建政府间的海洋委员会，优化区域性、专门性、功

---

① UN Doc. A/RES/62/177，2008：85-92.

② 贺鉴，王雪：《全球海洋环境治理进程中的联合国：作用、困境与出路》，载《国际问题研究》，2020年第3期，第95页。

③ Robin Mahon，Lucia Fanning，“Regional Ocean Governance：Polycentric Arrangements and Their Role in Global Ocean Governance”，Marine Policy，2019，107：11.

能性国际组织的职责与功能，提高缔约国的履约意愿和能力，积极发挥非政府组织在海洋环境治理中的协调、联动作用。[①] 此外，海洋委员会也可从时代背景、海洋现状、治理原则、框架思路、合作机制等方面将涉海国际组织整合起来，共同商讨优化全球海洋环境治理方案。

(三)构建蓝色伙伴关系，提高经济与科技实力

伙伴关系是构建国际、区域、国家、地方多层级联动的政府、非政府主体间积极互动的一体化海洋环境治理的关键途径。[②] 海洋环境治理的有效实施依赖于行业主体、地方社区和其他利益相关者的积极配合和全面履行责任。伙伴关系的构建，可以提供宽泛的协作框架，以论坛、工作组、示范区等方式吸纳地方政府和社会组织参与治理事务，促使其与国际组织进行互动，推进多元化治理模式的建立。1993 年，东亚海环境管理伙伴计划有效地促进了地方对国际法治的响应和落实；“里约+20”会议创新性地建立了“多重利益攸关方伙伴关系/自愿承诺”(Multi-stakeholder Partnerships and Voluntary Commitments)登记制度；截至 2018 年 10 月，联合国经济及社会理事会在线平台共接受了 3937 个伙伴关系/自愿承诺的登记[③]，这些都为海洋环境治理的推进提供了实践经验与蓝本。

伙伴关系的构建，加强了对弱势群体的关注和照顾，经济实力与科技能力也得到了支持提升，为各国际行为体能够更好地遵守海洋法治与秩序提供了保障。伙伴间的联合科学研究活动，促成了科研成果的交流共享，形成“科学-法治”的良好互动氛围，同样可为海洋环境治理目标的实现创造良好的客观条件。

---

① 郑志华，宋小艺：《全球海洋环境治理碎片化的挑战与因应之道》，载《国际社会科学杂志》，2020 年第 1 期，第 176 页。

② 朱璇，贾宇：《全球海洋环境治理背景下对蓝色伙伴关系的思考》，载《太平洋学报》，2019 年第 1 期，第 55 页。

③ Sustainable Development Goals Knowledge Platform，“Multi-stakeholder partnerships & voluntary commitments”，https：//sustainabledevelopment. un. org/sdinaction。访问时间：2022 年 1 月 2 日。

四、结语

全球海洋环境治理进程中，海洋环境法治的作用不容忽视，经过多年的发展，现有的海洋环境法律规范为各类海洋问题的解决提供了规范与参考，尤其是《公约》作为国际海洋法的“宪章”，更做出了重要贡献。但全球治理秩序尚不健全，海洋环境新问题不断涌现，海洋环境法治同样面临着诸多挑战与困境。海洋环境法治的构建与全球治理的推进需要成文法和习惯法的不断完善，也需要大国承担更多的责任，联合国等国际机构作用的发挥也可为各行为体凝聚共识、共建蓝色伙伴关系助力。着力应对海洋环境法治面临的挑战，化解海洋发展难题，深化各国之间的海洋合作，是实现你中有我、我中有你的海洋发展和谐环境，实现繁荣共建、成果共享的可持续发展新局面，健全海洋法制体系，推动全球海洋环境治理愿景实现的有效路径。

Challenges and Responses to the Rule of Law in Global Marine Environmental Governance

HAO Huijuan

Abstract: Human ocean development and utilization are developing into wider and deeper fields, and how to effectively promote sustainable ocean development and regulate human ocean activities has become a major issue in marine environmental governance. Effective marine environmental governance benefits from international rules and judicial procedures that coalesce global consensus. The United Nations Convention on the Law of the Sea, relevant international agreements and customary maritime law have made important contributions to the formation and development of the global legal system for marine environmental governance. However, in recent years, the rule of law for the marine environment has faced serious challenges: the natural environment in the seabed area beyond national jurisdiction has been deteriorating, biodiversity has been destroyed, and some countries have unilaterally discharged water without regard to others, causing serious marine pollution and other problems have become more and more complex, which are greatly related to the limitations of the global marine environment statutory law, the willingness of countries to govern the marine environment, and the lack of leading power. To build a more sound global marine environment rule of law system, it is necessary to strengthen the revision of the United Nations Convention on the Law of the Sea and other statutory laws, promote the confirmation of fast-forming customary marine law, play the role of major countries and international organizations and institutions such as the United Nations, build a blue partnership, gather consensus on global marine environmental governance, and improve the strength of countries to govern the marine environment according to law.

Key words: Global marine environmental governance; United Nations Convention on the Law of the Sea; Customary maritime law; Enforcement; Economic and scientific capacity

构建海洋命运共同体与维护海洋安全的辩证思考及实现路径

张琪悦[①]

摘　要：海洋命运共同体理念中追求海洋善治与良性发展，提倡普遍、平等、包容的治理观念，实现国家海洋安全与全球海洋治理相互协调、体现出中国智慧与中国方案，也是我国积极参与海洋议题设置的话语权与规则制定的主导权的表现。海洋命运共同体理念与维护海洋安全间存在辩证统一性。理念倡导海上力量的和平运用能管控大国竞争引发的潜在风险，国际公共产品与公共服务的提供能有效应对各国共同面临的海洋安全威胁。未来我国可考虑出台概念性文件或颁布白皮书完善理念构建，搭建从理论构建到制度设计再到实践落实之间的桥梁，增强理念与“一带一路”“蓝色伙伴关系”的衔接；推动理念与国际社会已达成普遍共识的全球治理与人类命运共同体概念相结合；参考和平共处五项原则推广的过程，从与周边国家解决具体问题入手，增强理念的适用范围、认可度与影响力，最终实现维护国家海洋安全与实现全球海洋治理的协调统一。

关键词：海洋命运共同体；海洋治理；海洋安全；人类命运共同体

海洋命运共同体理念是人类命运共同体理念在海洋领域的适用与表现。海洋命运共同体理念的内在逻辑在于，倡导各国以共同的身份和视角看待

---

① 张琪悦（1992—　），女，汉族，辽宁沈阳人，上海国际问题研究院全球治理研究所、海洋和极地研究中心助理研究员，法学博士，主要研究方向：国际法、海洋法。基金名称：2021 年国家社科基金青年项目“保障‘南海行为准则’有效实施的法律问题研究”（21CFX053）；2021 年中央社会主义学院统一战线高端智库课题“人类命运共同体理念与中国世界秩序观的转型”（ZK20210162）。

海洋问题，基于共识而产生认同感和归属感，推动实现全球海洋治理的目标。理念的提出标志着我国参与全球海洋治理的程度加深，不仅意在解决本国海洋发展中面临的问题，也为全球海洋治理提供中国智慧、中国方案、中国路径。

在理念构建与实施的过程中，我国有意识地逐渐建立起以本国为主导的海洋叙事方式，强化海洋领域的话语权与领导力，从以西方为主导的理念构建与制度创设方式，转变为以建设者的姿态更加积极地参与全球海洋事务、推动海洋议题设置、促进海洋规则的完善、构建公正合理的海洋新秩序，反映出我国作为海洋法治的维护者、海洋秩序的构建者、海洋可持续发展的推动者的角色所应当具备的大国责任和担当。

然而，海洋命运共同体无论在理念构建还是在实践运用中均存在不少困境，成为本文探讨的焦点问题。一是各国在海洋领域的战略竞争和资源争夺导致海洋安全面临的潜在威胁，为理念的运用增加了难度。二是理念仍需增强国际社会的理解认同，特别是降低国际社会对我国海洋发展的警惕心理，增进广泛的认同与正向回应。三是从理念构建到实践落实之间存在鸿沟，有待各国在明确共同诉求的基础上，用合作的姿态共同应对海上问题，并寻求切实可行的路径，推动理念从顶层设计到具体制度的落实与发展。

本文以理念的制度构建与具体实践作为背景，特别将理念在海洋安全领域运用的辩证统一性作为切入点，通过分析理念制度本身的中国特色，强调我国注重以普遍、平等、包容的方式来追求海洋治理的核心思想，实现维护国家海洋安全与促进全球海洋治理的协调统一，尝试理念在维护海洋安全实践中的有效路径，针对理论与实践中的困境提出解决路径，特别是对国际社会普遍担忧的“修昔底德陷阱”“金德尔伯格陷阱”做出回应，为海洋命运共同体理念（以下简称共同体理念）在海洋安全领域的实施奠定理论和现实基础。

一、构建海洋命运共同体理念与维护海洋安全存在辩证统一性

海洋安全已超出国家主权边界。海洋的跨国性特点决定了海洋问题关

乎各国的切身利益。各国休戚与共、安危与共、责任与共。面对海洋安全威胁，任何国家都不能独善其身。海洋“安全”的概念相对于“不安全”而存在。“不安全”产生的原因可归纳为由人为或非人为因素导致。人为因素是由于国家自身在发展海洋力量、扩张海洋利益、实施海洋战略、开展海洋竞争中因利益不一致甚至存在矛盾冲突而产生。非人为因素是各国普遍面临着全球公域的安全威胁，由自然因素甚至不可抗力造成。两个方面的原因均为海洋命运共同体理念在维护海洋安全过程中需要解决的问题。面对海洋安全问题，共同体理念的适用存在辩证统一性。

（一）海洋安全是各国面临的重要问题

从国际法角度来看，海洋安全问题根源于海洋地物的领土主权与海洋划界争端而延伸出的海洋权利争端，包括对海洋地物的归属和对海域划界的安排，以及沿海国和海洋使用国开展特定活动的争端，例如海洋渔业、油气资源勘探开发、海洋环境保护等。这类争端的产生不仅是历史问题，也是各国根据《联合国海洋法公约》（以下简称《公约》）所能主张的海洋权利范围和事项与他国的主张存在冲突，由此引发各国对于争议海域的实际控制与海洋权利的争端。

从国际关系角度来看，各国面临的传统安全与非传统安全风险增加。传统安全涉及军事安全、政治安全、国土安全、国防海防，特别是各国对海洋空间和海洋通道的实际控制，其背后反映出各国存在海洋战略竞争和利益的争端。传统的海洋安全问题更是我国面临的重大威胁。我国需要应对陆、海、空、天、水下一体化威胁，包括域外国家在周边海域频繁派遣多架次军机实施抵近侦察，开展所谓“航行自由行动”挑战我国“过度的海洋权利主张”，派遣潜艇和测量船开展情报侦察和信息搜集活动，拉拢盟国在我国周边海域开展军事演习与“航行自由行动”，增强了海军、海警等执法船舶意外相遇的风险。各国军事活动频率和强度的增加以及需要管控的行为的增加，成为我国维护海洋安全的重要阻碍。非传统安全的比重上升，包括各国面临的海上违法犯罪行动、海洋生态环境与资源破坏、防灾减灾与自然灾害救助等问题[1]，往往具有长期性、跨国性、突发性特点，有赖于各国通过长期的机制建设与密切的项目合作来实现。

以上国际法和国际关系视角中的传统安全与非传统安全中的问题不仅是我国正面临的海洋安全问题，也是各国需要解决的问题。由于国际海洋事务缺乏统一的协调机制，需要各国以共同的视角、共同的利益、共同的行动建立协调统一的行动机制与更加密切的合作机制，基于自我限制条款实行危机管控，并在此基础上增加信心与信任[2]，在解决我国海洋安全问题的同时，也能够实现维护各国共同的海洋安全利益诉求。

（二）维护海洋安全是共同体理念的重要内容

维护海洋安全是海洋命运共同体理念包含的重要内容，也是各国重要的利益关切。海洋的和平安宁关乎各国的安危和利益。海洋命运共同体理念在设计之初就包含着各国共同维护海洋安全的含义。理念倡导各国共护海洋和平、共谋海洋安全、共促海洋繁荣、共建海洋环境、共兴海洋文化。

其中，“共谋海洋安全”的表述反映出维护海洋安全将成为理念构建的重要目标，也反映出我国顺应国际发展大势，在海洋治理理念中强调构建“持久和平”和“普遍安全”的海洋秩序[3]。构建命运共同体理念，对于推动各国深化务实合作、共同维护海洋和平安宁具有重要意义，并且能满足各国首要的利益关切。在维护海洋安全的基础上，各国开展海洋活动才能拥有更多物质性和精神性保障。

在共同体理念的框架下开展海洋安全合作具有广阔的前景。无论是在现阶段还是未来，各国在海洋安全方面的共同利益增多、相互依存程度加

---

① 杨震，蔡亮：《“海洋命运共同体”视域下的海洋合作和海上公共产品》，载《亚太安全与海洋研究》，2020年第4期，第78页。

② 张峰：《中国共产党海洋观的百年发展历程与主要经验》，载《学术探索》，2021年第5期，第16页。

③ 吴蔚：《中国涉海法律制度建设进程及全球海洋治理》，载《亚太安全与海洋研究》，2021年第6期，第65页。傅梦孜，陈旸：《对新时代中国参与全球海洋治理的思考》，载《社会科学文摘》，2019年第2期，第33页。

深。共同体理念将为多国海洋安全对话、合作与实践搭建重要平台。[1] 各国在维护海洋安全方面需要制定切实可行的手段，以共同的安全利益作为合作的基础与导向，推动全球海洋安全治理的良性发展。

（三）维护海洋安全与落实共同体理念之间存在辩证统一性

“海洋安全”这一概念本身就包含着政治与军事博弈的内涵。各国在维护本国海洋安全时，势必会采取维护和巩固自身海洋利益的行动，由此可能对其他国家造成潜在威胁。共同体理念的核心在于倡导各国以维护共同理念、共同价值、共同身份作为思维导向，在一定程度上与各国在发展海洋战略、争取海洋利益、参与竞争博弈中所构成的安全威胁相对立与冲突。

各国可遵循如下思路，实现共同体理念在维护海洋安全领域运用的辩证统一性。一是认识到全球海洋事务整体性、综合性的特点，以及存在局部影响整体的可能。随着国际社会在海洋领域的相互依存程度加深，各国应当认识到从整体角度审视海洋问题、推动整体的海洋安全应当成为各国处理海洋安全问题的思路。二是超越单纯地对本国狭隘利益的追求，兼顾他国利益和全球海洋利益，基于共同的价值和目标，协调海上矛盾冲突，以共同体的视角塑造共同的海洋安全领域。三是倡导各国开展良性竞争，将博弈与对立转变为合作共建与互利共赢，以共同体的思路构建共同的安全、寻求共同的利益、应对共同的挑战、承担共同的责任，绝不能牺牲别国安全追求自身所谓绝对安全。[2] 以上路径有助于降低人为因素导致海洋安全遭遇的风险。

非人为因素导致的海洋安全问题更容易成为各国共同合作的目标。在面对非人为因素所导致的海洋安全威胁时，没有任何一个国家能凭借一己之力应对海上安全挑战，而是有赖于国际社会群策群力、协同治理、共同

---

① 中新网：《中国向东盟论坛提交新安全观立场文件》，中国新闻网，2002 年 8 月 1 日。https：//www. chinanews. com. cn/2002-08-01/26/208073. html。访问时间：2022 年 1 月 14 日。

② 习近平：《积极树立亚洲安全观　共创安全合作新局面——在亚洲相互协作与信任措施会议第四次峰会上的讲话》，新华网，2014 年 5 月 21 日，http：//www. xinhuanet. com/world/2014-05/21/c_126528981. htm。访问时间：2022 年 1 月 14 日。

解决。在共同体理念的感召下，各国基于共同目标，共同抵御外界安全威胁、预防安全风险、解决安全问题，实现共享收益、共担风险、统筹兼顾,[①] 更有助于实现人海和谐的目标。

因此，各国在构建共同体理念与维护海洋安全之间存在逻辑的一致性，并且不存在逻辑断裂。共同体理念在海洋安全领域的运用也标志着全球海洋治理的基本范式正在发生深刻变化。各国从注重海洋权利博弈与平衡，逐渐转变为更注重海洋合作与保护。共同体理念为各国携手应对共同的安全挑战提供了可行的路径，也彰显出我国愿意与世界各国共同维护海洋和平与安宁、共同承担起实现合作共赢的大国责任和担当。

二、海洋命运共同体理念在维护海洋安全中体现出中国特色

与西方传统海洋强国长期发展海洋文化与海洋战略不同，我国作为传统陆权国家，现阶段提出海洋治理理念具有标志性意义，反映出我国国家总体发展思路和战略布局正在发生深刻变化。这种转变引发国际社会的广泛关注。美国等西方国家误以为我国在谋求海洋发展中施展雄心抱负，以此争取海洋战略竞争优势、挑战传统海洋强国的地位和权威。这种担忧主要出于主观臆想。与个别国家将本国海洋发展利益凌驾于他国海洋利益之上不同，我国更加注重引导海洋竞争沿着良性轨道开展，以普遍、平等、包容的理念共同促进海洋发展，共同规划海洋治理，搭建国家与全球海洋治理间的桥梁。[②]

（一）避免对海洋的绝对控制，追求海洋善治与良性发展

传统的海权论与西方世界的海洋思想，无论处于何种历史时期，往往体现出零和博弈、单边主义、丛林法则等特点。19 世纪末至 20 世纪初，马汉的“海权论”三部曲将对海上核心通道的控制、成规模的远洋军事力量投

① 叶泉：《论全球海洋治理体系变革的中国角色与实现路径》，载《国际观察》，2020 年第 5 期，第 85 页。

② 万祥春：《中国特色海洋共同安全观研究》，上海社会科学院出版社，2020 年，第 3 页。

送、对海洋霸权的争夺共同列为国家战略能力建设的核心要素，成为引导和支持海洋强国扩大军事力量规模、提升影响力和控制力的思想基础。后续西方传统的海权论和海洋观在此基础上发展，通过追求对海洋的实际控制、对海道和重要战略据点的争夺、对海洋资源的掠夺，使海洋成为大国地缘战略博弈的主战场。①

这种观念一直延续到当代，在海洋强国的发展愿景中有所体现。2019年，美国特朗普政府推出《自由开放的印太：推动共同愿景》。报告中提出“自由开放的印太”这一理念看似强调海洋自由，倡导在国际法框架下开展合作，从而实现自由开放的未来，实则希望建立起基于共同价值的国家联盟②，应对海洋崛起国家对守成国家的挑战。在规则层面，为避免国际海洋规则的束缚，美国虽然置身《公约》之外，反而利用规则对抗他国正当且合法的海洋维权行为，积极推行海洋霸权战略，扰乱国际海洋秩序。③ 此外，美国为了推行全球海域的霸权，开展“航行自由行动”，创造了游离于《公约》体系之外的“国际水域”这一概念，挑战部分国家所谓的“过度的海洋权利主张”，为推行国家战略而促成新规则的制定与改变。这才是真正的追求海洋霸权的国家为获得海洋利益和对海洋的有效控制而惯常采取的举措。

我国基于对当代国际格局不确定性的思考，在充分认识海洋力量竞争、博弈、对立性的基础上，仍然能够跳出单边主义、冷战思维、强权政治的思维窠臼④，避免将追求对于海洋绝对控制作为发展目标，避免将树立海上

---

① 朱锋：《从“人类命运共同体”到“海洋命运共同体”——推进全球海洋治理与合作的理念和路径》，载《亚太安全与海洋研究》，2021年第4期，第17-18页。

② U. S. Department of State, A Free and Open Indo-Pacific, Advancing a Shared Vision, United Nations State Government, November 4, 2019, https://www.state.gov/wp-content/uploads/2019/11/Free-and-Open-Indo-Pacific-4Nov2019.pdf。访问时间：2022年1月14日。

③ 吴蔚：《构建海洋命运共同体的法治路径》，载《国际问题研究》，2021年第2期，第107页。

④ CGTN, What Will “Building a Community of a Shared Future for Mankind” Bring to the World, CGTN, 5 January, 2022, https://news.cgtn.com/news/2021-07-19/What-building-a-community-of-a-shared-future-to-bring-to-the-world--11ZSAqh6wcU/index.html#:~:text=CGTN%20Share%20Incorporating%20China%27s%20experience%20and%20wisdom%2C%20%22building, collectively%20address%20global%20challenges%20facing%20the%20world%20today。访问时间：2022年1月14日。

力量的排他性和海洋博弈的零和性作为唯一思路，转而追求合作、开放、共赢的海洋发展模式[①]，构建相互尊重、公平正义、合作共赢的新型国际关系。

我国将努力建设海洋强国(maritime power)作为发展目标，摒弃传统海权(sea power)中更加注重利用和控制海洋竞争或斗争的思维模式的弊端，将超越国家利益的海洋善治作为目标，避免“修昔底德陷阱”政治逻辑中引发的强国必霸、争霸必战、两败必衰的消极竞争，及其导致的传统海洋强国与新兴海洋力量之间的矛盾与冲突。这也与我国在多个国际场合反复强调的无论国际局势怎样演变，中国绝不称霸，而将持续塑造世界和平，贡献于世界和平发展的观念相一致。这一观念成为新时期我国构建海洋思想与海洋文化的一部分，也是我国的传统文化在海洋领域运用的表现，彰显出我国积极打造和谐海洋的决心，推动全球海洋治理合作[②]，引领国际社会摒弃竞争性和排他性的海洋理念，实现共同维护海洋安全的目的。

（二）摒弃竞争性与排他性，提倡普遍、平等、包容性

不同于大航海时代海洋强国注重对海洋的绝对控制或当代国家在战略竞争中强化军事同盟、扩张势力范围、维护盟友安全，海洋命运共同体理念致力于构建和平、合作、包容、和谐的环境，通过共同体理念的实施反映各国的共同愿望，实现全球海洋安全治理的目标。[③] 共同体理念的普遍、平等、包容主要表现在以下方面。

一是不对意识形态设限，避免将国家政治体制作为判断是否将其纳入海洋安全合作范畴的前提条件，避免将社会制度与国家体制作为判断是否开展合作的标准，与美国等西方国家构建小多边、小团体的合作模式的内在逻辑存在鲜明对比。二是不以对华关系设限，避免将与我国的双边关系

---

① 朱锋：《从“人类命运共同体”到“海洋命运共同体”——推进全球海洋治理与合作的理念和路径》，载《亚太安全与海洋研究》，2021 年第 4 期，第 17-18 页。

② 唐刚：《人类命运共同体理念融入全球海洋治理体系变革的思考》，载《南海学刊》，2021 年第 1 期，第 63 页。

③ Zhou Xiaoming，A Community with a Shared Future for the Benefit of World，China Daily，July 22，2021，https：//www. chinadailyhk. com/article/229768。访问时间：2022 年 1 月 14 日。

作为是否推进海洋安全合作的前提条件。以上两点反映出海洋合作具有包容性特征。三是不对地理范围设限，避免将非周边国家与内陆国和海洋不利国排除在合作范围之外，反映出合作具有普遍性。四是不对发展程度设限，避免将发展中国家与欠发达国家排除在合作范围之外，成为合作平等性的体现。以上四个特征反映出我国为扩大共同体理念的共识，争取更多的共同价值和共同利益，建立最广泛的合作对象，寻求国际社会更多的理解与支持。

海洋命运共同体理念在维护海洋安全中体现出普遍、平等、包容的特征，反映出我国正试图摒弃政治同盟与政治博弈的窠臼，以共同体理念作为寻求各国的共同利益的基础和出发点，最大限度地求同存异，不能导致一国安全而他国不安全，一部分国家安全而另一部分国家不安全；不能以牺牲别国安全谋求自身所谓的绝对安全。[①] 我国注重平衡不同国家间的利益和战略，保障各国共同安全，尊重海洋文化、意识形态、军事部署、经济发展、政治制度，秉持共商、共建、共享的全球治理观念，形成超越国家边界与利益团体的国家发展模式。

(三)实现国家利益与全球海洋安全的协调统一

国家和国际海洋治理不仅是平行线，也有机会形成良性的双线互动。我国将国家海洋发展的理念与维护全球海洋秩序、实现全球海洋安全治理的思路相结合，统筹国内与国际海洋安全，在实现维护国家主权、海洋安全的同时，也实现与全球海洋治理的协调统一。

实现国家与全球海洋安全治理相结合的重要路径在于，我国能够将国家总体安全观运用于实现海洋命运共同体的领域。我国国家总体安全观的构建已经较为完善。2015 年 9 月，习近平主席在联合国大会一般性辩论的讲话中提出，“我们要摒弃一切形式的冷战思维，树立共同、综合、合作、可持续安全的新观念”[②]。

---

① 李抒音：《新安全观顺应时代大势，得到国际社会高度认可——改善国际安全治理的行动指南》，载《解放军报》，2018 年 11 月 3 日，第 4 版。

② 习近平：《论坚持推动构建人类命运共同体》，中央文献出版社，2018 年，第 255 页。

国家总体安全观的理念不仅与构建海洋命运共同体理念中维护海洋和平安宁的核心观念相一致，而且与建设新型国际关系中相互尊重、公平正义、合作共赢的理念相契合。国家总体安全观涵盖的政治安全、国土安全、军事安全、经济安全、生态安全、资源安全、核安全、深海安全能够运用于维护海洋安全领域，有助于构建互信、互利、平等、协作的新海洋安全观。

共同体理念与国家总体安全观在海洋安全领域的运用是全球海洋治理与国家治理理念相互融合的表现。在海洋安全层面，我国将共同、综合、合作、可持续的安全观运用于维护海洋安全领域，也能够通过强化海上对话交流增进互信，加强海洋领域的务实合作，积极履行国际责任，努力维护和建立普遍安全的国际海洋新秩序[①]，并在此过程中促进海洋和平与可持续发展。

我国在维护本国海洋安全、推动海洋发展与治理的进程中，也能对全球海洋安全的制度建设与规范塑造起到积极的促进作用，为全球海洋安全的改善创造了新的机遇。积极推动全球海洋安全治理，既是我国国家发展战略实施的重要构成和现实任务，也是全球海洋安全治理顺利开展和取得实际成效的实际需要[②]，最终有助于实现国家海洋事业的发展与全球海洋治理的协调统一。

三、构建海洋命运共同体理念适用于维护海洋安全的有效路径

海洋命运共同体理念不仅仅是“清谈馆”，更应当切实落地，具有可行性与可操作性。理念应当能够为国际规则的设计和制度的建设提供方向性指导，并且能够针对可能出现的新情况和遇到的新问题提供我国的解

① 吴蔚：《中国涉海法律制度建设进程及全球海洋治理》，载《亚太安全与海洋研究》，2021年第6期，第67页。

② 张景全，吴昊：《全球海洋安全治理：机遇、挑战与行动》，载《东亚评论》，2020年第2期，第86-87页。

决方案。[①]

从理念的构建到制度的落实往往需要经过漫长的过程。各国可以通过顶层理念、机制建设、项目落实、实施细则等多位一体的方式，分阶段、分步骤、分层次地推进海洋安全合作的实施。在实施过程中，我国既要稳步落实原有框架，也要根据实践需要构建新的框架。

尽管海洋命运共同体理念的受众是全人类，但由于主权国家和国际组织共同构成国际社会最重要的主体，理念的落实主要依赖这两类主体展开。在国家层面，各国应当发挥海上武装力量的作用，通过海军外交为维护国家和国际社会的海洋安全提供有力的保障；通过海警、海事局层面的交流与合作，共同推进海上行政执法合作；在国际组织层面，各国利用既有合作平台或根据实际需要构建新的平台，增进对话与合作，实现危机管控，增强信心与信任。

(一)军事层面：海军外交与和平运用成为重要途径

习近平主席于2019年4月23日在青岛集体会见应邀出席中国人民解放军海军成立70周年多国海军活动的外方代表团团长时，提出构建海洋命运共同体这一重要理念。提出的场合意味着共同体理念的贯彻落实有赖于发挥海军这一主体的重要作用。

海军作为国家海上力量主体，对于维护海洋和平安宁和良好秩序负有重要责任[②]，特别是能够维护国家统一、领土主权，保障海洋权利，有效预防和遏制来自海上的潜在威胁，能有效应对区域和全球的海洋冲突。[③] 海军也是适宜执行国家对外政策的工具。海军外交与合作能够成为实现海洋和平、安全与良好秩序的重要途径。除在必要情况下保留震慑性外交外，各国也可以通过积极探索海军力量的非战争运用，限制海军以非和平的目的

① 薛桂芳：《“海洋命运共同体”理念：从共识性话语到制度性安排——以BBNJ协定的磋商为契机》，载《法学杂志》，2021年第9期，第65页。

② 《合力维护海洋和平安宁共建“海洋命运共同体”》，光明网，2019年4月24日。https://m.gmw.cn/baijia/2019-04/24/32769737.html。访问时间：2022年1月14日。

③ Yen-Chiang Chang, The “21st Century Maritime Silk Road Initiative” and Naval Diplomacy in China, Ocean and Coastal Management, Vol. 153, 2018: 149.

使用武器，更有助于发挥海军在维护海洋和平稳定中的积极作用。

在海洋命运共同体理念的指引下，海军可以通过以下路径实现维护海洋安全的目标。一是通过联合军事演习起到预防性外交的作用，减少战略误判，增进信心信任，强化合作的同时弱化战略冲突。[①] 二是派遣海军舰艇进行友好访问、组织海军领导人互访和人员交流、合作开展海上军事行动与维和行动，深化与友好国家海军间的联系。三是通过保障国际航道安全，提供更多的海上公共产品，共同应对海上安全威胁。[②] 四是通过海军行动不断扩大与深化海上安全合作，特别是围绕国际维和、救灾救援、海上反恐、反海盗等海洋公共安全领域，通过远洋护航、联合搜救等行动，凸显海洋大国的责任。[③]

（二）执法层面：行政执法合作成为危机管控的有效途径

海洋执法力量的高效运作是提升海洋安全治理能力的关键。海洋执法是海洋立法与法律实施之间的桥梁，对海洋安全治理发挥重要作用。作为海洋命运共同体理念的提出国，我国始终将海上执法能力建设摆在突出位置，使行政主体的责任更加明确，维权执法更加规范，既要促成执法能力得到实质性增长，也要在合理限度下降低行政执法的成本。

海上行政执法主体具有多样化的特点。各国海警与海事机构等执法力量也是构建海洋命运共同体理念的重要主体。如果说军事合作通常建立在有军事同盟与战略伙伴关系的国家之间，那么各国在政府层面开展的海上行政执法力量的交流与合作具有更强的广泛性、可操作性、普遍性，成为各国海上安全合作的重要力量，并能起到官方外交难以实现的作用。

例如，2016 年 10 月，当菲律宾单方面提起的“南海仲裁案”刚落下帷幕，菲律宾总统杜特尔特访华期间，与中国海警部门共同签署《中国海警局

---

① 邵建平：《新安全观视域下的中国——东盟海上联合军演》，载《南洋问题研究》，2019 年第 2 期，第 49 页。

② 孙凯：《海洋命运共同体理念内涵及其实现途径》，中国社会科学网，2019 年 6 月 13 日，http：//ex. cssn. cn/shfz/201906/t20190613_4916907. shtml。访问时间：2022 年 1 月 14 日。

③ 杨震：《提供公共产品　守护海上安全》，载《中国海洋报》，2019 年 8 月 6 日，第 2 版。

和菲律宾海岸警卫队关于建立海警海上合作联合委员会的谅解备忘录》，针对海上安全治理展开积极合作，探索海上合作机制的构建，管控长期以来因“法律战”所造成的危机。[①] 2017 年 11 月，在中菲海警的首次工作会务上，两国明确提出共同致力于打造“海上安全命运共同体”[②]，意在加强在海上联系，有效实现海上危机管控。

随着我国与周边邻国海上执法活动的事项和范畴不断拓宽，海事机构因业务联系而开展的交流、培训、合作也将在海洋防灾减灾、海上搜寻救助、海上公共产品提供、海上联合执法等领域发挥作用。各国通过海上行政执法力量的联络、交往与合作，能够有效传播善意、减少冲突与对立[③]，共筑海上安全。

我国与周边海洋邻国的海上安全合作具有充分的法律基础。海洋命运共同体理念并不意在构建一套新的法律规则，却能对现有法律起到整合适用的作用。《公约》的特定条款能为海洋安全合作的实施提供充分的法律依据。例如，海峡使用国和海峡沿岸国通过合作对于助航和安全设备予以改进，防止、减少和控制来自船舶的污染；[④] 沿海国和各主管的组织应当对于海洋生物资源的养护和管理措施进行合作；[⑤] 各国有义务对于海难或航行事故开展调查合作；[⑥] 各国在开展海上或上空搜寻救助服务时，应当增进区域性安排与邻国合作；[⑦] 各国应尽最大可能开展合作，以制止在公海上或

---

① 闫岩：《抹黑中国〈海警法〉无益海上安全合作》，中国南海研究院，2021 年 2 月 10 日。http：//www. nanhai. org. cn/review_c/523. html。访问时间：2022 年 1 月 14 日。

② 徐正源：《构建“海上安全命运共同体”：中国推进海上安全治理的根本路径》，载《教学与研究》，2019 年第 2 期，第 50 页。

③ 王荣亮：《海洋战略视野下中国健全海洋立法、维护权益的必要性研究》，载《上海法学研究》，2021 年第 1 期，第 122 页。

④ 《联合国海洋法公约》第 43 条，联合国公约与宣言检索系统，1982 年 12 月 10 日，https：//www. un. org/zh/documents/treaty/files/UNCLOS-1982. shtml。访问时间：2022 年 1 月 14 日。

⑤ 《联合国海洋法公约》第 61 条，联合国公约与宣言检索系统，1982 年 12 月 10 日，https：//www. un. org/zh/documents/treaty/files/UNCLOS-1982. shtml。访问时间：2022 年 1 月 14 日。

⑥ 《联合国海洋法公约》第 94 条，联合国公约与宣言检索系统，1982 年 12 月 10 日，https：//www. un. org/zh/documents/treaty/files/UNCLOS-1982. shtml。访问时间：2022 年 1 月 14 日。

⑦ 《联合国海洋法公约》第 98 条，联合国公约与宣言检索系统，1982 年 12 月 10 日，https：//www. un. org/zh/documents/treaty/files/UNCLOS-1982. shtml。访问时间：2022 年 1 月 14 日。

任何国家管辖范围以外的任何其他地方的海盗行为[1]，实现普遍管辖权；以合作制止船舶违反国际公约在海上从事非法贩运麻醉药品和精神调理物质。[2]

专门性的国际公约也为海上联合执法活动提供法律依据。根据《联合国禁止非法贩运麻醉药品和精神药物公约》，缔约国应尽可能充分合作，依照国际海洋法制止海上非法贩运药物，并可请求其他缔约国协助。[3] 由此，综合性与专门性的国际法规则，以及双多边的海洋安全合作协议为海军、海警、海事局等海上军事与行政执法力量开展全方位合作提供充分的法律基础。各国应当基于以上规则，达成后续协议，制定实施细则，更好地履行实践义务。

另一方面，由于各国在海上执法实践中面临关注重点不同、实际需求不一致、执法能力水平参差不齐、行动受到国内法制约等问题[4]，为开展海上安全合作造成困扰。对此，在观念层面，各国应当尽一切努力寻求最大共识，探索更多的共同利益，作为开展海洋安全合作的思想基础。在能力层面，各国可根据实践所需，共同增强海洋能力建设，深入推进海洋执法能力与安全治理能力，这也是构建海洋命运共同体理念的重要组成部分。在国内因素层面，各国应在明确特定的海洋安全合作在国家整体战略布局中的定位和作用的基础上，协调国内政策与国际合作，有助于推动达成共识的国际合作顺利开展。

（三）服务层面：提供国际公共产品与公共服务成为重要方式

我国提出命运共同体理念，既包含“安全共同体”“利益共同体”含义，

---

① 《联合国海洋法公约》第 100 条，联合国公约与宣言检索系统，1982 年 12 月 10 日，https：//www. un. org/zh/documents/treaty/files/UNCLOS-1982. shtml。访问时间：2022 年 1 月 14 日。

② 《联合国海洋法公约》第 108 条，联合国公约与宣言检索系统，1982 年 12 月 10 日，https：//www. un. org/zh/documents/treaty/files/UNCLOS-1982. shtml。访问时间：2022 年 1 月 14 日。

③ 《联合国禁止非法贩运麻醉药品和精神药物公约》，全国人民代表大会，1988 年 12 月 19 日，http：//www. npc. gov. cn/wxzl/gongbao/1989-09/04/content_1481196. htm。访问时间：2022 年 1 月 14 日。

④ 丁铎：《深化南海执法合作难在哪儿?》，中国南海研究院，2021 年 8 月 31 日，http：//www. nanhai. org. cn/info-detail/26/11343. html。访问时间：2022 年 1 月 14 日。

也具有“责任共同体”的内涵。[①] 海洋领域安全类的公共产品与公共服务的需求量大，如果由任何一个国家提供，都将面临供给不足的问题。任何主权国家、国际组织、企业实体、公民个人对公共产品与服务的供给都应当值得鼓励。

我国在提出海洋治理理念后，始终主动发挥具有影响力和负责任大国的作用，积极担负起与国家能力相匹配、与实际需要相契合的全球安全治理公共产品，承担起维护全世界海洋安全的国际责任和义务。[②] 我国提供的国际公共产品与公共服务可归纳为物质类与精神类[③]，在向国际社会供给的同时，也破解了“金德尔伯格陷阱”中预设的随着国家自身发展壮大，但未能承担与之相匹配的公共产品与国际责任，未能承担起与国家能力相对应的国际责任的困境。我国主动承担起“对世义务”，积极履行与自身能力和影响力相适应的国际义务，承担起更多的国际责任。例如，我国通过南海岛礁建设活动修建大型灯塔、风向标，为海上搜救、防灾减灾、航行安全、渔业生产、海洋科研提供国际公共服务与保障；[④] 通过“北斗”卫星导航系统，实现维护海上安全、稳定、航行自由的目的。[⑤]

然而，现阶段海洋治理仍存在着低政治领域的产品较多、高政治领域的产品相对较少；近岸海域的产品较多、国家管辖范围外海域的产品相对较少等困境[⑥]，有待各国在后续予以完善。为维护海洋安全，各国应当在命运共同体理念的框架下，基于实际需要，重点积累如下种类的公共产品：一是海洋航道测量，获取信息与数据，可用于海上执法、航运管控、海域

① 薛桂芳：《“海洋命运共同体”理念：从共识性话语到制度性安排——以 BBNJ 协定的磋商为契机》，载《法学杂志》，2021 年第 9 期，第 58 页。

② 张景全，吴昊：《全球海洋安全治理：机遇、挑战与行动》，载《东亚评论》，2020 年第 2 期，第 106 页。

③ 万祥春：《中国特色海洋共同安全观研究》，上海社会科学院出版社，2020 年，第 69 页。

④ 余敏友，张琪悦：《南海岛礁建设对维护我国南海主权与海洋权益的多重意义》，载《边界与海洋研究》，2019 年第 2 期，第 49 页。

⑤ Mikael Weissmann，Understanding Power（Shift）in East Asia：The Sino－US Narrative Battle about Leadership in the South China Sea，Asian Perspective，Vol. 43，No. 2，2019：232.

⑥ 崔野，王琪：《全球公共产品视角下的全球海洋治理困境：表现、成因与应对》，载《太平洋学报》，2019 年第 1 期，第 63 页。

管理、资源开发与环境保护。二是海上导航与海图绘制，与“北斗”全球卫星导航系统配合使用，将使海图的精度得到较大幅度的提高。三是海洋气象预报与自然环境监测和信息搜集分析，建立多国共享的海洋气象预报中心，为各国提供和分享海洋气象数据，共同应对自然灾害，防止不可抗力对海上航行造成损害。[①] 四是海洋卫星通信，为行政执法人员提供信息保障，为海难通报与远洋搜救提供精准信息，传递指挥机关的指令。[②] 五是海洋应急救援，出于国家管辖和人道主义的义务，对于本国和他国在海上遇险的船舶实施救援，起到应急救援的作用，并携手应对来自海上的安全挑战。各国在上述议题领域提供国际公共产品与服务，有助于推动全球善治，更好地实现维护海洋安全的目标。

四、实践路径中的困境与破解

尽管我国已经提出了海洋命运共同体理念，但在制度创设和具体实施中仍存在不少问题，有待后续补充、完善与解决。理念构建的缺失不仅容易导致国际社会对共同体理念的理解缺乏准确性与深入性，也为理论研究、制度转化、实践落实造成困境。在实践层面，理念的施行也需要各国增强思想认同和身份认同，作为思想基础；增强利益协调，特别是当各国面临利益差异或存在对立的情况，应当增强各国利益的协调统一；强化他国对我国安全的信任，避免因过度注重共同利益或依赖特定的利益团体而导致国际格局的割裂，影响国际合作的质量和效果。

(一)理念构建：增强理念构建与制度设计

海洋命运共同体理念作为我国提出的海洋治理理念，通常体现在国家领导人的讲话中，并且在第一时间得到多国海军高层官员的支持与媒体的肯定性报道。但理念的内涵和制度的构建尚未完成，导致国际社会对理念的理解和认知不够深刻。虽然各国对理念的精神和目标表示支持，但仍然

---

① 杨震：《提供公共产品　守护海上安全》，载《中国海洋报》，2019 年 8 月 6 日，第 2 版。

② 杨震，蔡亮：《“海洋命运共同体”视域下的海洋合作和海上公共产品》，载《亚太安全与海洋研究》，2020 年第 4 期，第 78 页。

难以将其作为国际社会普遍恪守的原则和行为规范，由此为对外宣传工作的后续开展造成阻碍。

从理念的提出到规则的制定、实施的细化、制度的落实、秩序的构建，可通过国家出台概念性文件或颁布白皮书完成，以期实现如下目的。一是增强理念本身的体系化建设，明确其主要内容、实施意图、法律基础、实践方式、评价体系、预期目标，使内涵更丰富和完善。二是探索理念落实的路径，包括在理念项下是否应当提供政策支持，建立配套的法律制度予以规范。三是强化宣传效果，增强外界的理解与信任，减少误解和误判，争取国际社会更多的理解与认同，有助于更好地实现对外宣传和对内宣传。四是增强制度对接，推动理念与在国际社会已经达成广泛共识的“21 世纪海上丝绸之路”“蓝色伙伴关系”相协调，促进海上互联互通和各领域务实合作，推动蓝色经济发展，促进海洋文化交融，共同增进海洋福祉。我国将积极发挥现有合作机制的作用，拓展合作项目的实施范围、路径与可能性，使项目得到有效贯彻落实。我国通过多个全球发展倡议共同实施，能够产生更大的合力，推动海洋合作实现预期作用，取得更好的效果。

（二）思想认同：提升国际社会的理解认同

由于各国的地缘结构、民族习性、海洋战略不同，海洋文化和海洋发展理念存在差异。我国基于共同思想、共同身份、共同发展及传统文化构建的海洋命运共同体理念与绝大多数国家主张将本国意志作为海洋政策的出发点，以竞争和博弈的思路对待海洋发展与海洋治理存在差异。[①] 即使是当面对全球公域的共同问题，特别是触及本国核心领域的问题，大多数国家更倾向于将自身利益放在首位，运用竞争、博弈、对立的思维解决，对待合作存在动力和意愿不足的情形。这是共同体理念在思想认同维度上面临的困境。对此，可以尝试从以下路径予以解决。

第一，从国际社会已经达成广泛共识的全球治理理念入手，将海洋命

① Weibin Zhang, Yen-Chiang Chang, et al. An Ocean Community with a Shared Future: Conference Report, Marine Policy, Vol. 116, 2020: 2.

运共同体的构建视为全球治理理念在海洋领域落实的体现，也成为我国运用多边思路和多样化路径解决海洋问题的路径。海洋命运共同体理念作为我国实现全球海洋治理目标的中国路径，也成为我国为实现全球治理这一普世价值和普世理想所贡献的中国智慧和中国方案。

第二，从在国际社会已经认可的我国提出的全球治理理念——人类命运共同体理念入手，将海洋命运共同体理念作为人类命运共同体理念这一综合性概念在海洋领域运用的重要表现。自 2017—2021 年，联合国大会决议连续五年写入人类命运共同体理念，范围涉及"不首先在外空部署武器"的决议；[①] 联合国安理会在强调双赢合作精神、实现区域合作的重要性时提出将区域合作作为一种有效手段，推动阿富汗和区域的安全、稳定、经济、社会发展，实现人类命运共同体理念的构建；[②] 联合国大会决议为鼓励所有国家积极防止外空军备竞赛，特别是在外空放置武器，促进以和平目的探索和使用外空国际合作，肯定了实现塑造人类命运共同体的目标等。[③] 人类命运共同体理念已在安理会决议和联大决议中成为用以解决具体国际问题的理念，标志着人类命运共同体理念已逐渐得到国际社会认同，充分表明人类命运共同体理念深入人心，与国际社会维护共同安全的美好愿景完全契合。[④] 作为人类命运共同体理念在海洋领域的适用，海洋命运共同体理念也可以遵循前者的推广思路，在国际舞台上广泛发声，争取更普遍的共识。

---

① United Nations Resolution, Seventy-sixth session, Resolution adopted by the General Assembly on 6 December 2021, No First Placement of Weapons in Outer Space, December 6, 2021, https://undocs.org/en/A/RES/76/23。访问时间：2022 年 1 月 14 日。

② United Nations Security Council, Adopted by the Security Council at its 7902nd meeting, Resolution 2344 (2017), S/RES/2344 (2017), UNSCR, March 17, 2017, http://unscr.com/en/resolutions/2344。访问时间：2022 年 1 月 14 日。

③ United Nations General Assembly, Resolution adopted by the General Assembly on 24 December 2017, A/RES/72/250, United Nations General Assembly, January 12, 2018, https://www.un.org/en/ga/sixth/72/action.shtml。访问时间：2022 年 1 月 14 日。

④ 外交部发言人办公室：《汪文斌：联大决议连续第五年写入人类命运共同体理念》，外交部发言人办公室，2021 年 12 月 8 日，https://mp.weixin.qq.com/s/NknSJ00qODYTB5H43iSURg。访问时间：2022 年 1 月 14 日。

第三，为增加思想认同，我国可以设置阶段性的目标，循序渐进地扩大理念实施范围。对此，可以参考我国提出的“和平共处五项原则”的外交政策得到国际社会理解认同，被世界上绝大多数国家接受，最终成为规范国际关系的重要准则的过程：先与邻国从解决具体问题入手，推动理念在我国周边国家施行，增强其实践价值和可操作性；开展区域多边海洋安全合作，加强与周边国家的互相理解与信任，将周边海域打造成构建海洋命运共同体理念的试验田；扩大海洋安全合作范围，增强理念适用的广泛性，得到更加广泛的认同；在推动信任机制构建的同时，促进双多边海洋安全合作的有效实施，① 并且能够发挥预期作用。

（三）利益协调：协调国家间的共同利益

由于各国文化传统和社会制度千差万别，表现出的安全利益和诉求也多种多样。② 不同的主权国家在海洋安全领域确实存在意愿分散化、诉求差异化、方式多样化的特点③，再加上各国所处的发展阶段不同，国家实力、科技水平、发展规模均存在差距，反映在国家利益与行为方式上的差异化，对于海洋安全的实际需要也存在差别。综上，海洋治理主体的多元化与利益的差异化决定了理念的实施需要对各国利益予以协调，才有助于形成互相协同合作的有效机制。④

对此，各国首先应当树立大局观念和大局意识，摒弃狭隘的利己主义和博弈对立的思维局限，树立海洋治理的共同理想，确立面对海洋问题共同的责任，解决海洋治理的共同挑战，实现共担海洋风险的安全机制，⑤ 逐

---

① 宫笠俐，叶笑晗：《“海洋命运共同体”视域下的东亚海洋安全信任机制构建》，载《东北亚论坛》，2021 年第 5 期，第 110 页。

② 习近平：《积极树立亚洲安全观　共创安全合作新局面——在亚洲相互协作与信任措施会议第四次峰会上的讲话》，新华网，2014 年 5 月 21 日，http：//www. xinhuanet. com/world/2014-05/21/c_1110796357. htm。访问时间：2022 年 1 月 14 日。

③ 张景全，吴昊：《全球海洋安全治理：机遇、挑战与行动》，载《东亚评论》，2020 年第 2 期，第 102 页。

④ 叶泉：《论全球海洋治理体系变革的中国角色与实现路径》，载《国际观察》，2020 年第 5 期，第 90 页。

⑤ 孙凯：《海洋命运共同体理念内涵及其实现途径》，中国社会科学网，2019 年 6 月 13 日，http：//ex. cssn. cn/shfz/201906/t20190613_4916907_1. shtml。访问时间：2022 年 1 月 14 日。

渐形成对共同利益的认知和确认，作为落实安全合作的思想基础。其次，各国应当理性地看待差异，树立求同存异的理念，寻求最大公约数，加速合意的形成，为实现共同价值和共同利益奠定基础。再次，各国应当平衡好大国与小国、处在不同发展阶段国家间的权利分配，辩证地看待当前利益与长远利益，特别是在议题设置、资源分配、规则制定等问题上，反映出发展中国家的利益关切[①]，实现各国家和团体之间的利益平衡，增进共同的福祉。最后，各国应当增强彼此间的海洋安全合作动力，通过建立更加完善的利益机制、激励机制、奖惩机制，为增强海洋安全合作赋予更强的驱动力，构建更加完备的共同体概念。

（四）国际合作：增强国际社会对我国的安全信任

尽管我国在国际经济合作中已经取得丰硕成果，但仍在外交、军事、安全领域合作上缺乏外界的充分信任。以我国周边国家为例，各国始终存在经济上依赖中国、政治上依赖美国的现状。例如，在我国与周边国家开展海上公共产品与公共服务建设、保护海洋环境、海上执法合作、增强安全合作与互信的同时，美国也注重与盟国和伙伴关系国家建立“基于规则的国际秩序”，增进海上能力建设，维护以美国为主导的海洋秩序，事实上与我国海洋治理理念形成对立。

美国与东盟国家加强海上安全合作的事例不胜枚举。2019 年《美菲共同防御条约》重新启动。根据条约第 5 条，针对任何一方本土、太平洋上的岛屿、管辖权区域内的部队、船舶、飞机的武装冲突被视为对另一方的武装攻击。本条意在使各国依约采取共同行动应对共同危险，维护各国和平与安全。[②] 同年 9 月，美国与新加坡签署增强双边战略伙伴关系协议，为保持美国在东南亚地区强大的军事存在和永久承诺，允许美军进入新加坡空军

① 叶泉：《论全球海洋治理体系变革的中国角色与实现路径》，载《国际观察》，2020 年第 5 期，第 77 页。

② Mutual Defense Treaty between the United States and the Republic of the Philippines，U. S. Embassy in the Philippines，August 30，1951，https：//ph. usembassy. gov/wp－content/uploads/sites/82/Mutual-Defense-Treaty-Between-the-United-States-and-the-Republic-of-the-Philippines. pdf。访问时间：2022 年 1 月 14 日。

和海军基地，为过境人员、飞机、船只提供后勤支持。[①] 协议对美国 P-8 战机和船舶的轮换部署做出安排。[②] 类似的条约、协议或备忘录是美国将其影响力投射到南海的重要举措。

在海上执法力量层面，美国海岸警卫队多年来一直通过对越南、菲律宾、马来西亚、印度尼西亚等南海沿岸国家提供装备、开展联合演习或训练等方式与之保持密切联系[③]，实现"东亚地区的海洋治理"的目标，并应对我国在南海开展行动。[④] 根据美国和印度尼西亚官方媒体报道，2021 年 9 月 20 日，在西太平洋地区部署的美国海岸警卫队"传奇"级国土安全舰"门罗"号在马六甲海岸附近位于新加坡南面与印度尼西亚廖内群岛北侧的新加坡海峡边界水域与印度尼西亚海警"达纳尔"号巡逻机进行海上联合演练。两国船员共同参加多船通信演习、多部队机动、海域感知训练。[⑤] 2019 年，美国海警船"博索夫"号、"斯特拉顿"号先后与韩国海警船、菲律宾海岸警卫队、印度尼西亚海上安全局、马来西亚海上力量开展联合演习、搜救演练、信息共享，其与菲律宾海警船的演习范围处于黄岩岛附近水域。美国与周边国家海警联演联训表面上是为加强海洋能力建设，实际上为有关

---

① Singapore and the US Renew Memorandum of Understanding, A Singapore Government Agency Website, September 24, 2019, https://www.mindef.gov.sg/web/portal/mindef/news-and-events/latest-releases/article-detail/2019/September/24sep19_nr。访问时间：2022 年 1 月 14 日。

② The White House Briefing Room, Fact Sheet: Strengthening the U.S.-Singapore Strategic Partnership, The White House Briefing Room, August 23, 2021, https://www.whitehouse.gov/briefing-room/statements-releases/2021/08/23/fact-sheet-strengthening-the-u-s-singapore-strategic-partnership/#:~:text=The%20U.S.%20Department%20of%20Defense%20and%20the%20Singapore, other%20forms%20of%20military-to-military%20cooperation%20on%20cyber%20issues。访问时间：2022 年 1 月 14 日。

③ 闫岩：《法律的边界：谈美国海岸警卫队来南海"执法"》，中国南海研究院，2020 年 12 月 26 日，http://www.nanhai.org.cn/review_c/504.html。访问时间：2022 年 1 月 14 日。

④ Captain Dale Rielage, Coast Guard: Wrong Tool for the South China Sea, U.S. Naval Institute, September 2017, https://www.usni.org/magazines/proceedings/2017/september/coast-guardwrong-tool-south-china-sea。访问时间：2022 年 1 月 14 日。

⑤ U.S. Embassy and Consulates in Indonesia, U.S. Coast Guard Cutter Trains with Indonesia's Maritime Security Agency, U.S. Indo-Pacific Command, September 22, 2021, https://www.pacom.mil/Media/News/News-Article-View/Article/2785525/us-coast-guard-cutter-trains-with-indonesias-maritime-security-agency/。访问时间：2022 年 1 月 14 日。

“声索国”站台，对我国形成战略竞争与威慑，与维护海洋安全的初衷背道而驰。

我国在认识到全球海洋安全博弈的大背景下，提出构建海洋命运共同体这一治理理念，并不意在敦促各国选边站队，而是为各国实现海洋和平安宁提供更多可供选择的治理路径和合作方案，为维护海洋安全提供更多的公共产品和制度支撑。理念的提出不仅是为了维护和拓展本国的海洋安全利益，更是为了积极寻求和构建海洋安全合作，并在此过程中增进全球的战略互信和协同行动，增强各国在海洋安全、军事、政治、外交领域对我国的信任程度，从而使全球海洋安全治理具有更强的包容性，使行动更加多样化，为最终走上互利共赢的海上安全之路、维护海洋和平与安宁贡献思路和路径，最终实现维护国家海洋安全、构建周边海域安全、维护全球海洋安全的协调统一。

（五）提升话语：争取议题设置的话语权与规则制定的主导权

海洋命运共同体理念作为我国参与全球海洋治理的思想基础，反映出我国海洋治理层面的基本立场、价值观和方法论①，也体现出我国较以往更加注重海洋议题创设能力、话语权设置能力、规则制定能力。我国逐渐改变了仅在实践环节参与“事后博弈”的方式，转变了由发达国家和传统海洋强国主导规则制定与海洋治理理念的途径，而是积极参与“事前博弈”，将海洋领域的竞争前置为理念和规则的制定，针对海洋治理理念的提出、海洋规则的完善、海洋秩序的构建，积极提出我国的建议和要求。为强化我国参与海洋议题设置的话语权和规则制定的主动权并增强影响力，我国可以考虑从以下路径努力。

第一，积极寻求国家海洋发展利益与国际社会利益的契合点，将我国的合理诉求放在更大的格局和更高的站位下合理表述，使我国面临的问题成为国际社会共同议题的组成部分，将具体问题纳入国际议题的讨论与国

① 何田田：《国际法秩序价值的中国话语——从“和平共处五项原则”到“构建人类命运共同体”》，载《法商研究》，2021 年第 5 期，第 61 页。

际话语权的创设中[1]，有助于引领国际规则的构建和完善。

第二，发挥“一轨外交”与“二轨外交”相结合的优势。一方面由国家领导人在国际场合强化海洋命运共同体理念，并对理念的内涵、价值、目标加以阐述；另一方面由专家学者对外发声，通过在国际会议发言、撰写媒体文章、著书立说等方式，不断增强我国的叙事能力，讲好中国参与全球海洋治理的故事，增强理念的国际传播效果，提升话语权与影响力。

第三，寻找国际社会的广泛支持。例如争取外国驻华大使与政要的肯定性表态；将理念落实在双多边协议、备忘录、联合公报中，作为国家间海洋合作的背书；争取将理念体现在国际组织决议、联合国文件、国际司法机构判决和裁决中；争取国际媒体的肯定性报道，增强理念在国际法学界、国际政治研究中的认可度。

五、结论

海洋命运共同体理念作为人类命运共同体理念在海洋领域的适用，也是我国参与全球海洋治理的中国路径与中国方案，主要特点在于：避免对海洋的绝对控制，追求海洋善治与良性发展；摒弃海洋发展的竞争性与排他性，提倡普遍、平等、包容的海洋治理理念；实现国家海洋安全与全球海洋治理的协调统一。

理念的构建与落实彰显出我国作为新兴海洋大国，正逐渐完成从理念的遵守者到制定者、从维护者到引领者、从实践者到创造者、从接受者到供给者的转变。我国为全球海洋治理提供公共产品与公共服务的过程，正是我国主动承担起与自身能力和作用相匹配的国家责任、构建公平正义的海洋秩序的体现，表明我国积极增强海洋议题设置的话语权与规则的引领权。

---

① 金永明：《新时代中国海洋强国战略治理体系论纲》，载《中国海洋大学学报（社会科学版）》，2019 年第 5 期，第 29 页。

维护海洋安全是构建海洋命运共同体理念的重要组成部分，更是各国首要的利益关切。然而，维护海洋安全与构建共同体理念之间存在辩证统一性，特别是由人为因素导致国家间的竞争和博弈也将引发各国为争取战略资源和海洋利益而引发的竞争。我国将通过发挥海军非战争作用，海警、海事局等行政执法机构的作用，实现海上危机管控，避免因国家竞争而加剧潜在的海洋安全威胁，有效避免“修昔底德陷阱”。在面对非人为因素引发的海洋安全问题，各国将在共同体理念的框架下开展务实合作，通过公共产品与服务，更有效地应对海洋环境和自然灾害等威胁，实现共同的海洋安全利益，避免“金德尔伯格陷阱”的出现。

海洋命运共同体理念在推行中仍面临不少困境，有待在理论构建与具体实践中予以完善。例如，可以考虑由国家出台概念性文件或颁布白皮书，丰富和完善理念构建，特别是增强其主要内容、实施意图、法律基础、实践方式、评价体系、预期目标，同时搭建从理论构建到制度设计再到实践落实之间的桥梁，推动海洋命运共同体理念与“21 世纪海上丝绸之路”“蓝色伙伴关系”相对接，确保理念能通过具体实施项目落地，具有可行性与可操作性，起到更好的内部宣传与外部宣传效果。

为增强理念的思想认同，我国可以将构建海洋命运共同体理念与国际社会已经达成普遍共识的全球治理理念，以及在联合国大会和安理会决议中得到认同的人类命运共同体理念相结合，将其作为我国在海洋治理领域的运用，增进理念的理解与认同。我国也可以参考和平共处五项原则的外交政策得到国际社会认同的过程，从与周边国家解决具体问题入手，逐渐增强理念适用的地理范围与事务范畴。最终，在争取更多共识、协调国家间利益、增强安全互信的基础上，争取国际社会更广泛的支持，在此过程中赢得议题设置的话语权与规则制定的主导权，将我国关注和面临的海洋安全问题与全球海洋治理的共同关切相契合，实现维护国家利益与全球治理的协调统一。

A Dialectical Thinking of Building a Maritime Community with Shared Future for Mankind and the Implementation of Maintaining Maritime Security

ZHANG Qiyue

Abstract: Building a maritime community with shared future for mankind is a methodology of ocean governance with Chinese wisdom and characteristics. By promoting good ocean governance, as well as inclusive, equal and comprehensive thoughts, the concept of building a maritime community with shared future for mankind endeavors to maintain a balance in achieving national security interests and realizing global security governance, which also reflects China's awareness in actively initiating maritime governance topics and establishing leadership in rule-making. Focusing on dialectical thinking of ocean governance and maintaining maritime security, this article raises several approaches in maintaining maritime peace and stability by peaceful use of maritime power for crisis management, and providing public goods and service in controlling risks. The article suggests, in the future, China should consider about initiating concept documents or white paper for better explanation of the concept, and building up a bridge in designation, implementation and practice. Bonding with the concept of "The Belt and Road Initiative", "blue partnership", and "a community of shared future for mankind", as well as referring to the propaganda of "five principles of peaceful coexistence", the concept of building a maritime community with a shared future for mankind would be gradually and universally recognized, first by dealing with practical issues with neighboring states and then expand its influential effects, and ends with making a proper balance of maintaining maritime security and achieving global maritime governance.

Key words: Maritime community with shared future for mankind; Maritime governance; Maritime security; A community with shared future for mankind; Global governance

西方海洋强国的“军事航行自由观”之批判

包毅楠[①]

摘　要：以美国为代表的西方海洋强国历来认为航行自由不仅包括传统意义上的商船航行自由，还包括各种不受阻碍的海上军事活动的自由。这种“军事航行自由观”在实践中主要体现在军舰的“横行自由”、军事测量自由以及“威慑自由”。本文通过对这三种具体实践的分析，批判其不合理性，进而揭示西方海洋强国“军事航行自由观”的本质其实是维护它们的海上霸权。

关键词：航行自由；军事航行自由观；横行自由；军事测量自由；威慑自由

一、引言

以美国为代表的西方海洋强国历来认为，航行自由的内涵除了包含习惯国际法规则所公认的商船享有的航行自由，同时也包含了它们各自的海军军舰出入世界海洋、进入与它们本国的政治与经济利益密切相关的其他国家的海域时免受任何干扰和阻碍的航行自由，甚至还包括在沿海国的毗连区、专属经济区等海域开展军事测量的自由。[②] 在多数西方国际法学者看

---

① 包毅楠（1987—　），男，汉族，上海人，独立学者，法学博士。主要研究方向：国际公法。本文为教育部人文社会科学研究一般项目“海洋命运共同体视角下南海航行自由争议的解决”（20YJC820002）的阶段性成果。

② 美国海军部：《美国海上行动法指挥官手册》（2017 年版），宋云霞等译，海洋出版社，2019 年，第 31-32 页，第 2. 6. 2 节“专属经济区”、第 2. 6. 2. 2 节“水文测量和军事测量”。

来，海军军舰在世界海洋的通行自由以及在沿海国领海以外的海域开展军事活动的自由都属于他们所认为的“军事航行自由”的内涵，因为他们一贯地认为这些涉海军事活动的自由本身属于传统意义上的公海自由的范畴。[①]当然，最具代表性的要数美国具有官方背景的学者对于军舰军事活动自由与航行自由之间关系的观点。例如，美国退役海军军官、海军战争学院（US Naval War College）教授阿什利·罗奇（J. Ashley Roach）在其于2021年3月出版的最新一版《过度海洋主张》（Excessive Maritime Claims）专著中引用了美国国防部对于“海洋自由”的解读：“海洋自由不仅包括商业船舶通过国际海道的自由，还包括其他一切对海域、空域的合法使用的权利和自由，包括国际法认可的军舰、军机的这些权利和自由。”[②]另外两位美国海军战争学院的教授詹姆斯·卡拉斯卡（James Kraska）和劳尔·佩德罗佐（Raul Pedrozo）也在他们合著的《国际海事安全法》（International Maritime Security Law）一书中引用美国国务院的观点：“对于军舰和军机而言，（航行自由）包括了编队演习、军事操演、侦察、情报搜集活动以及武器测试及射击。”[③]这种强调海军军舰的军事活动自由的“军事航行自由观”决定了西方海洋强国与以我国为代表的广大发展中沿海国家对于航行自由的理解存在根本分歧。实际上，一些发展中沿海国家的有识之士业已指出了西方海洋强国的军事航行自由观的不合理性。正如印度尼西亚资深外交官哈希姆·贾拉尔（Hasjim Djalal）所言：“传统意义上的（绝对的）航行自由概念已经过时了。各国有理由以保护本国安全为由对传统意义的航行自由作出限制。”[④]

本文认为，在当今国际海洋秩序面临变革的大背景下，以中国为代表

---

① See Douglas Guilfoyle, “The High Seas”, in Donald Rothwell and others (ed.), The Oxford Handbook of the Law of the Sea, Oxford University Press, 2015: 211-214; Ivan Shearer, “Military Activities in the Exclusive Economic Zone: The Case of Aerial Surveillance”, 17 Ocean Yearbook 2003: 548, 557-558.

② J. Ashley Roach, *Excessive Maritime Claims*, 4th edn, Brill Nijhoff, 2021: 5.

③ James Kraska and Raul Pedrozo, International Maritime Security Law, Martinus Nijhoff Publishers, 2013: 238.

④ Hasjim Djalal, “Remarks on the Concept of ‘Freedom of Navigation’”, in Myron H. Nordquist, Tommy Koh and John Norton Moore (eds), Freedom of Seas, Passage Rights and the 1982 Law of the Sea Convention, Martinus Nijhoff Publishers, 2009: 66.

的广大发展中沿海国必须对西方海洋强国特别是美国既有的“军事航行自由观”的不合理之处予以明确地批判，这不仅对于维护传统意义上国际法所认可的航行自由有重要的保障作用，也有利于我国在同美国等国家在南海不断以“航行自由”为名开展的“航行自由行动”做法律斗争，更为今后我国代表发展中沿海国家提出真正符合海洋命运共同体根本利益的正确的航行自由观做好理论上的铺垫。据此，本文将对以下三个最能体现西方海洋强国“军事航行自由观”的具体实践予以批判：首先是军舰的“横行自由”，其次是军事测量自由，最后是可能升级争端、加剧地区紧张局势的“威慑自由”。本文得出的结论认为这些所谓的自由都不应属于国际法认可的航行自由的范畴。

二、对军舰“横行自由”之批判

西方海洋强国的“军事航行自由观”的第一种典型表现就是这些国家军舰的“横行自由”。事实上，“横行自由”(freedom of unrestricted navigation)本身并非美国官方或学界的术语，它是我国官方及学者对于美国在中国南海持续开展的“航行自由行动”(freedom of navigation operations)中美国军舰的某些行动特点的概况性描述。[①] 这一提法显然反映出我国官方及学者对于美国“军事航行自由观”的不满。事实上，美国对于航行自由的官方立场确实或多或少地体现了“横行”——一种几乎不受限制的军舰航行自由的特征。美国政府在其于2018年修订的《关于航行自由与飞越自由的政策》(United States Policy with Respect to Freedom of Navigation and Overflight)中就明确宣布：“美国将在国际法允许的任何海域、空域进行飞越、航行、行动作为一项方针。”[②]该文件还更为具体地描述了美国将如何实施此方针：第一，每年

---

① 例如，《中方：美方在南海的“横行自由”才是南海局势紧张的根源》，新华社，2019年11月19日，http：//www. gov. cn/xinwen/2019-11/19/content_5453641. htm。访问时间：2022年1月9日。

② See “United States Policy with Respect to Freedom of Navigation and Overflight”, Public Law 115-232, August 13, 2018, section 1086. https：//www. govinfo. gov/content/pkg/PLAW-115publ232/pdf/PLAW-115publ232. pdf. 访问时间：2022年1月9日。

在全世界范围内计划、实施一系列例行性的彰显海军和空军存在的任务，包括在对于国际贸易而言至关重要的运输通道和重要航线上显示海军和空军的存在。第二，依据国际法遂行例行性的“航行自由行动”，包括但不限于无害通过及其他部署行动。第三，在条件允许的最大限度下，同区域“伙伴国家”及盟友共同遂行上述行动。①

如果仔细分析这三点具体的实施，不难发现确实同国际法上传统意义的航行自由“相去甚远”。以上述第一点即所谓的“显示海军和空军的存在”为例，派遣本国海军和空军远赴海外“刷存在感”本身就带有潜在的“无事生事”“挑衅”意味。以美国和英国为首的西方海洋强国特别重视所谓的“力量存在”。例如，美国海军常年在波斯湾附近海域部署航空母舰战斗群。② 这种海军“刷存在感”的实践往往也会酿成不必要的海空意外事件或对峙事件。例如，2021 年 6 月 23 日英国军舰“防卫者”号(HMS Defender)在并非航行绝对必要的情况下进入克里米亚领海海域，从而引起俄罗斯海空军的激烈反应。据报道称，俄罗斯海军军舰向英舰发射示警弹，而俄罗斯空军战机在英舰附近投弹警告。③ 毫无疑问的是，如果英舰选择别的航线而不进入克里米亚领海，则不会发生这次事件。

实际上，美国海军军舰近年来也的确通过其所谓的“航行自由行动”大肆行使这种几乎没有限制的“横行自由”。根据 2021 年 1 月 21 日美国国防部发布的最新一期《航行自由年度报告》(Annual Freedom of Navigation Report)，在 2020 财政年度美国海军军舰共进入 19 个国家和地区的管辖海域执行“航行自由行动”，挑战美国政府单方面认为的相关沿海国家的所谓

① See “United States Policy with Respect to Freedom of Navigation and Overflight”, Public Law 115-232, August 13, 2018, section 1086. https://www.govinfo.gov/content/pkg/PLAW-115publ232/pdf/PLAW-115publ232.pdf. 访问时间：2022 年 1 月 9 日。

② 美国海军航母战斗群和两栖攻击舰战斗群的每周位置报告可查看：USNI News Fleet Tracker, https://news.usni.org/category/fleet-tracker。访问时间：2022 年 1 月 9 日。

③ See “HMS Defender: Russian Jets and Ships Shadow British Warship”, BBC News, June 23, 2021, https://www.bbc.com/news/world-europe-57583363。访问时间：2022 年 1 月 9 日。

“过度海洋主张”。[1] 而在这 19 个国家和地区中，发展中沿海国家和地区竟然有 18 个。[2] 如果美国真的是以其自称的“维护国际法赋予所有国家使用海洋的权利和自由”[3]作为行动目标的话，就不应该仅将挑战的重点放在广大的发展中沿海国家。此外，美国军舰开展“航行自由行动”时的方式和方法也明显超越合理的范畴。这种违反船舶航行常理、带着明显非正常航行目的的“横行”，不仅严重扰乱了相关海域的正常航行秩序，也极有可能引发船舶碰撞事故。

其实，近代国际法上航行自由原则的提倡者格劳秀斯(Grotius)在其名著《海洋自由论》(Mare Libervm)中就已指出：“任何人都没有，也不能取得有损于对海洋和水域的共同使用的权利。”[4]这正是“己所不欲，勿施于人”。我国外交部部长王毅、曾任我国驻美国大使馆海军副武官的海军军事学术研究所研究员张军社都曾多次对美国在南海海域的“横行自由”予以批评，并敦促美国停止这类行动。[5] 而《联合国海洋法公约》(以下简称《公约》)第 300 条也明确规定：“缔约国应诚意履行根据本公约承担的义务并应以不致构成滥用权利的方式，行使本公约所承认的权利、管辖权和自由。”即便美国至今仍不是《公约》的缔约国，“善意行使权利”是久已确立的普遍法律原

① See United States Department of Defense, Annual Freedom of Navigation Report (Fiscal Year 2020), https://policy. defense. gov/Portals/11/Documents/FY20%20DoD%20FON%20Report%20FINAL. pdf。访问时间：2022 年 1 月 9 日。关于美国“过度海洋主张”“航行自由行动”的相关批判，参见包毅楠：《美国“过度海洋主张”理论及实践的批判性分析》，载《国际问题研究》，2017 年第 5 期，第 106-128 页；余敏友，冯洁菡：《美国“航行自由计划”的国际法批判》，载《边界与海洋研究》，2020 年第 4 期，第 6-30 页。

② 美国在 2020 财政年度的“航行自由行动”中唯一挑战的发达国家是日本。

③ United States Department of Defense, Freedom of Navigation Program Fact Sheet, https://policy. defense. gov/Portals/11/DoD%20FON%20Program%20Summary%2016. pdf? ver = 2017 - 03 - 03 - 141350-380。访问时间：2022 年 1 月 9 日。

④ [荷]格劳秀斯著，[美]拉尔夫·冯·德曼·马戈芬英译：《海洋自由论》，马呈元译，中国政法大学出版社，2018 年，第 84 页。

⑤ 参见《王毅：航行自由不等于横行自由》，中华人民共和国外交部网站，2016 年 3 月 8 日，http://www. fmprc. gov. cn/web/zyxw/t1345901. shtml；张军社：《美国“航行自由”本质是“横行自由”》，载《解放军报》，2017 年 7 月 28 日，http://www. xinhuanet. com/mil/2017 - 07/28/c _ 129666324. htm。访问时间：2022 年 1 月 9 日。

则之一[①]，所以美国必须善意行使航行自由而不得滥用该权利。据此，可以确信的是，《公约》以及习惯国际法所认可的航行自由决不应该包括军舰的这种“横行自由”。

三、对军事测量自由的批判

西方海洋强国的“军事航行自由观”的第二种典型表现就是在广大发展中沿海国的专属经济区内的所谓军事测量自由。《公约》第 58 条规定了所有国家在沿海国的专属经济区内享有《公约》第 87 条所指的航行自由、飞越自由、铺设海底电缆和管道的自由以及与这些自由有关的“海洋其他国际合法用途”。美国等西方国家的学者以该条款的规定为出发点，长期以来坚持将军舰和军事测量船的所谓“军事测量自由”视为航行自由所包含的一种“海洋其他国际合法用途”。[②] 近十余年来，美国军事测量船屡次在一些沿海国家的专属经济区内开展运用高级军事科技的侦察及测量活动，严重威胁到沿海国的国家安全和专属经济区内的正常作业活动，甚至严重污染沿海国的海洋环境。[③] 美国海军战争学院教授佩德罗佐还在学术论文中公开宣传美国军事测量船的“辉煌成果”：“值得一提的是，美国海军的 25 艘军事测量船在没有引起事故的情况下已经测绘了全世界 3/4 的海岸线。”[④]根据我国著名智库“南海战略态势感知”的最新统计，“2021 年上半年的 181 天中至少有 161 天都至少有 1 艘(美国)海洋监视船在南海部署，出动率达 89%，几乎没

---

① 《联合国宪章》第二条第二款规定：“各会员国应一秉善意，履行其依本宪章所担负之义务。”1970 年《国际法原则宣言》也提及：“每一国均有责任一秉诚意履行其依公认之国际法原则与规则所负之义务。” See also, Malcolm N. Shaw, International Law, 8th edn, Cambridge, 2017: 77.

② Raul (Pete) Pedrozo, “Military Activities in the Exclusive Economic Zone”, (2014) 90 International Law Studies 514, 517. See also, James Kraska, Maritime Power and the Law of the Sea, Oxford University Press, 2011: 269-270. 另外参见杨瑛：《〈联合国海洋法公约〉与军事活动法律问题研究》，法律出版社，2018 年，第 129 页。

③ 《公约》第一条在对“海洋环境的污染”下定义时就明确指出“人类直接或间接把物质或能量引入海洋环境”属于污染海洋环境的行为。See Yoshifumi Tanaka, The International Law of the Sea, 3rd edn, Cambridge University Press, 2019: 323-324.

④ Raul (Pete) Pedrozo, “Preserving Navigational Rights and Freedoms: The Right to Conduct Military Activities in China's Exclusive Economic Zone”, (2010) 9 Chinese Journal of International Law 9: 14.

有空窗期”[①]。美军事测量船挑衅、嚣张程度可见一斑。

本文认为，国际法上传统意义的航行自由不应包括潜在威胁沿海国安全的所谓“军事测量自由”。首先，详细考察《公约》第第58条的原文即可得知，《公约》在提及专属经济区内其他国家的“海洋其他国际合法用途”时，限定的是与航行和飞越自由、铺设海底电缆和管道“有关的”那些自由，并列举了“诸如同船舶和飞机的操作及海底电缆和管道的使用有关的”自由。显然，就船舶而言，开展测量行为与船舶操作并不相关，也绝非正常航行所必需的活动。[②] 这就使得测量行为是否真的属于《公约》第58条允许的范围存在巨大的疑问。

其次，《公约》第58条在提及“海洋其他国际合法用途”时，还特别要求这种用途的行使“符合本公约其他规定”以及沿海国制定的法律规章。而《中华人民共和国测绘法》《中华人民共和国涉外海洋科学研究管理规定》等法律法规都要求外国组织或个人在我国管辖海域内从事测绘等海洋科学研究活动必须经过我国主管部门的批准。[③]

此外，沿海国也有理由怀疑外国军用船舶在位于本国的专属经济区内运用军事高科技开展测量活动实际上是为未来对本国开展军事打击做准备。对于这种可能性，即便是西方学者也是承认的。例如，已故的澳大利亚海洋法学者山姆·贝特曼(Sam Bateman)教授就曾指出军事测量活动获取的数据可为潜在的两栖登陆作战、布雷作战以及潜艇作战提供支持，“可能具有非和平性并可能威胁沿海国的安全”[④]。而我国著名国际法学者易显河教授在论及专属经济区中沿海国潜在的安全利益时也评论道：“沿海国的

---

① 参见《美军海洋监视船对华海上抵近侦察概况》，南海战略态势感知计划，2021年7月13日，http://www.scspi.org/zh/dtfx/1626163888。访问时间：2022年1月9日。

② See Yinan Bao, “The South China Sea: Freedom of Overflight or ‘Unlawful Activities’?”, The Diplomat, August 16, 2018, https://thediplomat.com/2018/08/the-south-china-sea-freedom-of-overflight-or-unlawful-activities。访问时间：2022年1月9日。

③ 参见《中华人民共和国测绘法》(1992年颁布、2017年最新修订)第八条、《中华人民共和国涉外海洋科学研究管理规定》(1996年颁布)第四条。

④ Sam Bateman, “Hydrographic Surveying in the EEZ: Differences and Overlaps with Marine Scientific Research”, (2005) 29 Marine Policy 163: 167.

安全利益是一个固有的、极其重要的、必须给予首要考虑的问题。专属经济区的资源权利假定沿海国的存在，而且有能力保卫自己的安全利益。”①对于沿海国专属经济区内的侦察测量显然会潜在削弱甚至威胁沿海国的安全利益。基于上述各理由，可以合理地认定航行自由不应包括“军事测量自由”。

四、对“威慑自由”的批判

除了军舰的“横行自由”以及军事测量自由，有的西方国家的学者甚至更进一步，毫不讳言地提出了运用海军力量的所谓“威慑自由”。② 这种威慑自由最典型的实践就是美国海军近年来持续在我国南海岛礁邻近海域开展的“航行自由行动”。

美国之所以自2015年年末起加大针对我国的“航行自由行动”执行频度和强度，一方面是为菲律宾单方面提起的所谓“南海仲裁案”助力，另一方面也和近年来中美贸易摩擦升级有一定的关联。近年来，不仅美国的军方人士多次公开强调“航行自由行动”对于威慑中国的重要性③，美国的智库人士同样敦促政府加紧以“航行自由行动”作为攻击、震慑中国的手段。④ 美国新任总统拜登上台不到一个月，就有美国智库学者建议“必须继续不断地在航行自由问题上挑战中国”⑤，企图以航行自由问题上的争端向我国持续施

---

① Sienho Yee, “Sketching the Debate on Military Activities in the EEZ: An Editorial Comment”, Chinese Journal of International Law 1, (2010) 9: 4.

② James Kraska, “Military Operations”, in Donald Rothwell and others (ed.), The Oxford Handbook of the Law of the Sea, Oxford University Press, 2015: 880.

③ See Ben Werner, “Pentagon Pledges More Freedom of Navigation Operations in South China Sea”, USNI News, May 31, 2018, https://news.usni.org/2018/05/31/34016。访问时间：2022年1月9日。

④ 参见曲升：《美国海军“策士”对“航行自由计划”正当性的论证及其影响——以美国在南海的“航行自由行动”为例》，载《中国海洋大学学报(社会科学版)》，2021年第2期，第3-5页，第8-11页。

⑤ See Jeff M. Smith, “Biden Must Keep Challenging China on Freedom of Navigation”, Foreign Policy, February 16, 2021, https://foreignpolicy.com/2021/02/16/biden-south-china-sea-spratlys。访问时间：2022年1月9日。

压。而 2022 年以来，外媒又披露两艘法国军舰已“前往”南海支持美国的“航行自由行动”[①]，英国现役的最新式航空母舰“伊丽莎白女王”号也已经在 7 月经马六甲海峡进入南海。[②]

需要指出的是，美国及其盟友在航行自由问题上“做文章”并不限于我国南海。例如，在 2021 年 2 月 1 日《中华人民共和国海警法》(以下简称《海警法》)生效以后，美国及其盟友多次指责我国《海警法》“违反国际法”[③]，美国军舰更是在我国东海专属经济区内“示威”。2021 年 4 月 3 日，美国海军“马斯廷”号导弹驱逐舰行进至我国东海长江口外海面，无故停留长达 9 个小时。[④] 而自拜登政府上台至 2021 年 6 月 22 日短短不到半年的时间里，美国军舰已 7 次穿越台湾海峡。[⑤]

美国及其盟友一系列的举动，虽然表面上打着军舰“航行自由”的旗号，但实际上其背后包含对我国施加压力甚至威慑的目的。通过军舰“航行自由行动”的威慑，一方面是为了给其在东亚和东南亚地区的盟友“撑腰壮胆”，正如我国台湾地区学者王冠雄教授在论及美国“航行自由行动”的目的时指出的：“其政策目的除了军事层面的展示，表现在美国海上军力涵盖范围并未限缩之外，还有在于外交层面的考虑，企图打消美国在东南亚的盟友对

① See Mark J. Valencia, “With Its Support for US Strategy, France is Playing with Fire in the South China Sea”, South China Morning Post, March 12, 2021, https://www.scmp.com/comment/opinion/article/3124873/its-support-us-strategy-france-playing-fire-south-china-sea。访问时间：2022 年 1 月 9 日。

② Dzirhan Mahadzir, “U.K. Carrier HMS Queen Elizabeth Now on the Edge of the South China Sea”, USNI News, July 25, 2022, https://news.usni.org/2021/07/25/u-k-carrier-hms-queen-elizabeth-now-on-the-edge-of-the-south-china-sea。访问时间：2022 年 1 月 9 日。

③ See Asia Maritime Transparency Initiative, “Force Majeure: China's Coast Guard Law in Context”, AMTI, March 30, 2021, https://amti.csis.org/force-majeure-chinas-coast-guard-law-in-context. 2021 年 7 月 13 日由日本防卫省发布的《2021 年防卫白皮书》也指责我国《海警法》违反国际法。https://www.mod.go.jp/en/publ/w_paper/index.html。访问时间：2022 年 1 月 9 日。

④ “针对性明显！美军宙斯盾舰现身东海长江口附近海域”，新华网 2021 年 4 月 4 日，http://www.xinhuanet.com/mil/2021-04/04/c_1211097228.htm。访问时间：2022 年 1 月 9 日。

⑤ See Sam LaGrone, “Destroyer Makes Sixth Taiwan Strait Transit During Biden Administration”, USNI News, June 22, 2021, https://news.usni.org/2021/06/22/destroyer-makes-sixth-taiwan-strait-transit-during-biden-administration。访问时间：2022 年 1 月 3 日。

美国是否持续维护东南亚安全秩序的疑虑 ”[①]。另一方面，则进一步强化其单方面解读《公约》某些条款的立场主张。我国学者张新军教授就曾指出：“(美国)通过继续实施‘航行自由计划’，试图控制和影响《公约》相关条款的解释。”[②]另外，也有学者已经指出当前美国将中国视为其首要对手甚至敌手。[③] 据此，可以推断出美国海军的“航行自由行动”也必然存在着在军事和地缘政治上企图压制中国的目的。

总体上，美国及其西方盟友的行动是为其具有海上霸权性质的“军事航行自由观”背书。我国学者余敏友、冯洁菡教授将这种“军事航行自由观”认定为“炮舰外交”的现代版本。[④] 这种颇具威胁性质的“威慑自由”违背了航行自由的初衷，动摇了《公约》及习惯国际法规则中航行自由制度的根基，不利于维护国际贸易和国际航运安全和全球海洋秩序，反而会加剧地区局势的紧张，从根本上也不利于各国对于《公约》条款争议的解决，可谓是“百害而无一利”。

五、结论

以美国为代表的西方海洋强国以军舰的“横行自由”、军事测量自由和“威慑自由”错误地解读国际法上传统意义的航行自由。这种“军事航行自由观”的本质是凭借本国的强大海军实力维护海上霸权。正所谓“得道多助、失道寡助”，在百年未有之大变局下，这种新“炮舰主义”立场已经变得越来越不得人心。以中国为代表的广大发展中沿海国家，应当尽可能地通过多边外交舞台，如联合国大会、缔约国会议等场合，对“军事航行自由观”予以批判。同时，发展中国家也需要主动发声、多发声，努力提出并构建一

---

① 王冠雄：《美国军舰航行自由行动：法律与政策的冲撞》，载《南海学刊》，2018 年第 4 期，第 72 页。

② 张新军：《变迁中的“航行自由”和非缔约国之“行动”》，载《南大法学》，2020 年第 4 期，第 128 页。

③ 韩召颖，王辛未：《秩序合法性视角下的中美战略竞争走向》，载《世界经济与政治》，2020 年第 11 期，第 43 页。

④ 余敏友，冯洁菡：《美国“航行自由计划”的国际法批判》，载《边界与海洋研究》，2020 年第 4 期，第 18 页。

种建立在“和平、和谐、合作”基础上的新时代海洋航行秩序，让航行自由这一古老但颇具生命力的国际海洋法核心制度回归其本源。只有这样，才能真正促进国际海洋法制度在新时代得以进一步发展。

Criticism of the “Military Freedom of Navigation” of Western Maritime Powers

BAO Yinan

Abstract: Western maritime powers such as the United States of America always claim that freedom of navigation not only covers the traditional freedom of navigation of merchant ships but also extend to the right of warships to conduct various military activities without substantial restriction. This kind of “military freedom of navigation” can be represented by the claimed right of unrestricted navigation of warships, the right to conduct military survey and the right to deter coastal States. The present paper will analyze these practices and criticize its unreasonableness, so as to reveal that the essence of the doctrine of “military freedom of navigation” of Western maritime powers is their attempt to maintain maritime hegemony.

Key words: freedom of navigation; military freedom of navigation; the right of unrestricted navigation; the right to conduct military survey; the right to deter

主要国家海洋基本法立法时机因素比较研究

尹苗苗[①]

摘　要：2015年起，我国海洋基本法被正式列入国家立法工作计划，2018年9月，海洋基本法被列入第十三届全国人大常委会立法规划二类项目，即"需要抓紧工作、条件成熟时提请审议的法律草案"，"条件成熟"意味着海洋基本法出台需要一定的战略时机。何种时机因素决定着海洋基本法立法条件的成熟与否。通过比较目前世界上已颁布较为综合性的海洋基本法律的国家(美国、英国、加拿大、日本、越南、印度尼西亚)在海洋基本法律立法过程中采取的立法模式和客观上的立法周期，本文归纳出三个影响海洋基本法颁布的关键时机因素，细化这些时机因素为国家量化管理海洋基本法出台时机提供可能。

关键词：海洋基本法；立法模式；立法周期；立法时机；海洋法治

我国海洋基本法尚在立法进程中，2011年3月，人大代表邢克智提出"为进一步加强海洋综合管理，更好地维护海洋权益，发展海洋经济，尽快制定《海洋基本法》十分必要"[②]。2011年12月，第十一届全国人大常委会第二十四次会议报告中提及"制定海洋基本法有利于推进制定和实施国家海

---

① 尹苗苗(1996—　)，女，汉族，山东菏泽人，浙江大学光华法学院，博士研究生，主要研究方向：国际海洋法。本文为国家社科基金重大项目"人类命运共同体理念融入国际海洋法体系研究"(18VHQ002)阶段性成果。

② 《邢克智：制定〈海洋基本法〉维护我国海洋权益》，人民网，https：//news. qq. com/a/20110314/002263. htm。访问时间：2022年1月3日。

洋发展战略，有利于提高全民的海洋意识”①。2015年起，我国海洋基本法被正式列入国家立法工作计划。② 2018年9月，海洋基本法被列入第十三届全国人大常委会立法规划二类项目，即“需要抓紧工作、条件成熟时提请审议的法律草案”。③ “条件成熟”意味着海洋基本法出台需要选择适当的时机。一般而言，立法时机指“立法者做出是否立法以及何时立法的决策时所应考虑的各项主客观条件”④。立法时机的判断标准主要为必要性和可行性，也即“立法需求”与“立法可能”。⑤ 立法的适当时机决定于立法需求的轻重缓急程度，又决定于立法的条件、立法能力。⑥ 立法需求与立法可能等主客观条件影响立法时机决策的同时，也会影响立法模式的决策。⑦ 2019年，人大代表邵志清再次强调出台《海洋基本法》的紧迫性，“考虑到周边海洋国家纷纷出台海洋基本法……给我们海洋维权造成很大困扰”⑧。虽然大多数学者认为，出台海洋基本法兼具必要性和可行性⑨，围绕我国颁布海洋基本法的最佳时机，学界仍有争议，有学者认为，我国《海洋基本法》立法时机尚不成熟。⑩ 这种观点分歧的背后是对立法时机因素的不同判断标准。

---

① 《全国人民代表大会外事委员会关于第十一届全国人民代表大会第四次会议主席团交付审议的代表提出的议案审议结果的报告》，中国人大网，http：//www.npc.gov.cn/zgrdw/huiyi/cwh/1124/2011-12/31/content_1685130.htm。访问时间：2022年1月3日。

② 《国务院办公厅关于印发国务院2015年立法工作计划的通知》，国办发〔2015〕28号，2015年9月2日发布。

③ 《全国人大常委会立法规划公布海洋基本法等多项立法入列》，中国海洋在线，https：//www.sohu.com/a/253368704_100122948。访问时间：2022年1月3日。

④ 饶龙飞，许秀姿：《立法时机三论》，载《井冈山学院学报（哲学社会科学版）》，2009年第1期，第111页。

⑤ 同④，第112页。

⑥ 郭道晖：《论立法决策》，载《中外法学》，1996年第3期，第2-3页。

⑦ 同⑥，第4-5页。

⑧ 王海燕：《邵志清：需制定〈海洋基本法〉维护海洋权益》，上观新闻，http：//www.hellosea.net/News/11/2019-03-05/59483.html。访问时间：2022年1月3日。

⑨ 徐祥民，赵川：《关于尽快颁布我国海洋基本法必要性的探讨》，载《烟台大学学报（哲学社会科学版）》，2014年第6期，第22-27页。

⑩ 周江：《时运渐具、时机未成：〈海洋基本法〉热的冷思考》，载《中国海商法研究》，2014年第5期，第13页。

一项法律被正式提出或列入立法计划、起草、审议并最终通过构成一个立法周期。立法机关判断立法时机做出各项立法决策的行为均影响该法律的立法周期。世界上已经颁布海洋基本法或同等效力的法律的国家采取了不同立法模式，利用了不同的立法时机，其海洋基本法律呈现出不同的立法周期。本文将海洋基本法律界定为规定海洋管理一般性事物、反映国家海洋治理理念的综合性法律，并选取了六个可借鉴对象：加拿大 1996 年颁布的《海洋法》(Oceans Act)、美国 2000 年颁布的《2000 年海洋法案》(Oceans Act of 2000)、日本 2007 年通过的《海洋基本法》(Basic Act on Ocean Policy)、英国 2008 年颁布的《海洋与海岸带使用法案》(Marine and Coastal Access Act)、越南 2012 年颁布的《越南海洋法》(The Law of the Sea of Viet Nam)、印度尼西亚 2014 年颁布的《印度尼西亚国家海洋法》(以下简称《印尼海洋法》；Law of the Republic of Indonesia about the Sea)。六个颁布海洋基本法律的国家分别代表了不同的国家类型：加拿大与美国代表了沿海发达国家，日本和英国代表了发达岛屿国家，越南和印度尼西亚分别代表了发展中的沿海国与岛屿国家。上述六个国家包含三个发达海洋大国以及三个中国周边国家，研究上述国家海洋综合性法律的立法模式、立法周期与立法时机选择以及三者的关系，对量化管理海洋基本法立法时机具有推进意义。

一、同类型海洋综合立法的立法模式

通过各国海洋基本法律立法内容可以概括出各国海洋综合立法的立法特征，根据其立法特征，可以将各国海洋综合性法律归类为不同立法模式。一般国内法律的立法模式可以分为“法典式”和“单行式”，对于海洋基本法律而言，根据其条款内容的覆盖范围可以分为政策性立法、宣示性立法和综合性立法。

（一）综合性立法

加拿大、英国、越南和印度尼西亚均采取了综合性立法模式。其立法内容不仅包括国家海洋战略政策与海洋管理原则，而且包括海洋管理具体制度、海洋管理组织及其职责、海上行政执法内容、海洋生态保护及渔业管理、海上科学研究等具体内容。

加拿大《海洋法》是综合性的海洋立法，该法主要包括三个方面的内容：首先，宣示加拿大的海域，并表示加拿大政府将承担养护和管理这些海域的责任。其次，规定制定一项构成现代海洋政策框架的国家海洋战略。最后，加拿大《海洋法》规定了海洋管理主体的责任。在海洋战略和政策上，加拿大《海洋法》规定一个联邦领导机构来负责协调现有政策和制定国家海洋计划。[①] 在管理部门上，加拿大《海洋法》设立的新的海洋管理体制没有剥夺其他部门原有的海洋管辖权，只是在充分尊重这些管辖权的基础上，通过一种有效的工作机制，与各部门进行磋商和协调，制定国家的海洋战略原则。加拿大《海洋法》强调了该部门制定国家海洋战略的职能，使得该部门成为协调海洋事务的专门政府部门。该部门的最主要职能是协调和促进，而不是领导其他部门和机构。在具体海洋管理制度上，加拿大《海洋法》中规定了包括建立海洋保护区、海洋环境质量监测、制定综合管理计划在内的海洋管理制度。从上述立法特征可知，加拿大《海洋法》立法的核心目的是形成国家海洋战略、综合管理计划和国家海洋保护区网络。通过战略设想和使用新的海洋综合管理工具和方法来实现基于所有联邦政府机构、各级政府、在加拿大的原住居民和组织，以及利益相关者的协作基础上的海洋资源管理。

英国《海洋与海岸带使用法案》采取了典型的法典化立法模式，是一部包含 11 个部分、325 个法律条款的极为详尽的海洋基本法律。该法案的主要特点为系统规范海域划分、部门职责、环境保护、行政许可等相关海洋事务。在英国学者看来，英国《海洋与海岸带使用法案》的立法目的主要在于完善英国的海岸管理，相比以往至少有三点进步：首先，该法明确规定了对海洋活动进行综合管理。其次，为海洋发展项目的开展清除了障碍。

① Cicin-Sain, Biliana, David VanderZwaag, M. C. Balgos. Integrated National and Regional Ocean Policies: Comparative Practices and Future Prospects. Ocean Policy Summit, Lisbon, Portugal (2005).

英国海洋发展项目曾受复杂的管理制度矩阵的阻碍，例如，难以理清的监管重叠、不确定的审批时间和过度成本。最后，提出了更高的保护海洋的要求与标准。[①] 英国《海洋与海岸带使用法案》规定了海洋管理机构和具体管理制度，具体包括建立一个新的海洋管理组织，构建包括国家和区域目标的海洋(空间)规划系统，完善合理化的海洋许可证制度，提出关于海洋自然保护区与近海渔业网络化管理的建议等。

《越南海洋法》采取了综合性海洋立法模式，既在维护越南主权和海洋权益方面做出更加系统的规定，也充分发挥了落实越南海洋战略的作用，着重对发展海洋经济、加强海洋管理和保护做出全面规定。《越南海洋法》的立法目的在于，宣示国家海洋主权和管辖权，增强越南海洋主张的合法性；大力发展越南海洋经济，为海上执法提供法律框架；使国内法与《联合国海洋法公约》接轨，提高国际认可度，建设海洋强国。《越南海洋法》并未规定新设海洋管理部门，其海洋管理体制仍保持原先的结构。越南涉海管理部门有越南资源环境部下属的海洋海岛总局和农业农村发展部下属的水产总局。2008 年，越南政府授权资源环境部负责统一管理海洋和海岛，资源与环境部组建了海洋海岛总局，统一管理海洋海岛。[②]

《印尼海洋法》体量不大，共有 13 章 74 条，既规定了发展海洋事业的原则与目标，又规定了涉及海洋事务管理的各项制度，如海洋管理体制、海洋资源利用和开发、海洋工作发展、海洋空间管理和海洋环境保护，该法基本覆盖了印度尼西亚海洋领域的所有方面，是综合性的海洋立法。该法的立法目的包括履行公约义务，促进海洋资源依法可持续管理和利用，全面发展海洋事业，提高法律确定性，发挥印度尼西亚在全球海洋舞台的作用。在海洋战略上，《印尼海洋法》并未提出明确的海洋战略口号，但该法第二章“原则与目标“中列举了推进海洋事业的 12 项基本原则。在海洋管理体制上，《印尼海洋法》没有设立新的机构，而是保持分散式的管理模式，

---

① Nigel Howorth, Marine & Coastal Access Act, 2009 - A New Marine Control System for the UK, Environmental Law & Practice Review 1：2011：99.

② 杨荣命：《论越南的海洋战略》，载《战略决策研究》，2019 年第 2 期，第 82 页。

规定中央政府和地方政府按照授权负责海洋管理，政府制定涉海政策、确定海洋管理体制，并且动员社会各界广泛参与海洋决策、管理和开发等事务。

（二）政策性立法

美国颁布的《2000年海洋法案》属于政策性立法，该法包含7个部分，短小精悍，整个立法篇幅的2/3都在规定海洋政策和战略。同时，该法主旨明确——成立海洋政策委员会作为临时性的咨询委员会，为美国海洋政策制定提供准确、科学、长远的建议。在立法目的上，美国《2000年海洋法案》的建立是为了弥补美国既有法规的缺点——海洋管理的地理碎片化，创造协调、综合的国家海洋政策。新的政策要求国会将美国的海洋环境法从零碎的监管转变为使用综合的、基于生态系统的方法，旨在恢复海洋生态系统以及他们在殖民时代和现代进行过度捕捞之前存在的国家资源。该法案提出，由于地理、物种区分对管辖的分割，美国目前的监管制度不足以保护和恢复海洋生态系统及其生物多样性。在具体海洋管理制度和海洋管理机构上，《2000年海洋法案》未规定较为具体的海洋管理制度和统一的海洋管理机构，唯一建立的海洋政策委员会只是一个政策咨询机构。

（三）宣示性立法

日本《海洋基本法》极为精简，只有38条。该基本法采取了一种宣示性的立法模式，本质上是以法律形式对日本海洋战略的包装和宣示。该基本法标志着日本的“真正海洋立国”战略正式启动，特点是在确立海洋政策基本原则和制度基础上，强化海洋理念、战略的宣示，政治性意义较强，在性质上属于纲领性的规定。因此，日本《海洋基本法》也被誉为“海洋宪章”。在海洋战略上，日本《海洋基本法》第一条明文表达了日本“海洋立国”的目标，表明了该基本法与日本海洋立国战略的紧密关系。事实上，《海洋基本法》的颁布正是日本向“真正的海洋立国”目标迈进的重要标志和推进举措。在海洋政策方面，日本《海洋基本法》有专门章节对海洋政策进行原则性规定，展示了日本海洋发展方面的基本理念。在海洋管理机构上，日本《海洋基本法》采取了整合式的管理体制，创设了新的机构——隶属于内阁的综合海洋政策研究本部。该机构的职责主要包括推进海洋基本计划方案的制定和实施；根据海洋基本计划，统一调整相关行政机构实施的政策；策划、起草和综合调整海洋方面的重要政策。

从六个国家海洋综合性法律的立法特征来看，采取不同立法模式的国家，在海洋基本法律的内容文本上呈现不同特征。加拿大、英国、越南和印度尼西亚均采取了综合性立法，使海洋基本法服务于多重目的，其中英国海洋基本法具有法典化的特征；与此相对照，美国采取了政策性立法，立法主要针对国家具体政策的需要；日本采取了宣示性立法，法律条文多为原则和宣言式规定。将各国立法核心特征提取出来，可形成如下表格。

表1　各国海洋基本法立法特征

立法模式	国家	颁布时间	条款数量	主要立法目的	立法中的海洋政策	海洋管理机制
综合性立法	加拿大	1996年	109条	形成综合管理计划；可持续管理海洋资源	保留渔区制度；强调风险预防原则	整合式管理，分别规定了统一的海洋战略制定和推进部门
	英国	2008年	325条	完善英国海岸综合管理	海洋规划系统；海洋许可证制度；海洋保护区与近海渔业网络化管理制度	整合式管理，建立海洋管理组织
	越南	2012年	6章55条	宣示国家海洋主权和管辖权；发展海洋经济；指导海上执法	维护海洋主权；鼓励发展海岛经济和海上活动；明确海上巡逻检查机制	分散式管理，未新设机构，资源环境部统一负责
	印度尼西亚	2014年	74条	管理和开发海洋资源	海洋资源利用和开发；海洋工作发展；海洋空间管理；海洋环境保护	分散式管理，未新设机构，中央与地方配合
政策性立法	美国	2000年	7部分	创造协调、综合的国家海洋政策	规定了海洋政策咨询机构	未规定
宣示性立法	日本	2007年	38条	推进国家海洋战略；加紧应对海洋争端	12项海洋基本政策，多为原则性规定	整合式管理体制，创设海洋政策研究本部

二、主要国家海洋基本法律的立法周期

从六个国家的海洋基本法律的出台历史来看，各国海洋基本法的立法周期不尽相同。考察其原因，可以发现法律系统内部产生的立法需求对立法周期产生主要影响，国内外不同刺激因素同样影响立法进程的推进。各个国家海洋基本法律制定的过程均经历了正式提出立法、草案讨论、最终颁布的过程。

作为世界上第一个进行综合性海洋立法的国家，加拿大《海洋法》的颁布经过了充分准备，酝酿了近 10 年之久。从 1868 年制定和颁布《渔业法》(Fisheries Act)开始，加拿大在海洋管理方面的立法不断丰富和完善，加拿大的海洋法律与政策的制定大致经历了一个“渔业立法—海洋管理分散立法—综合立法”的过程。1987 年，加拿大发布了第一个海洋战略——《海洋战略》，该战略首次提出要制定国家海洋政策和法律。[①] 1994 年，加拿大国家科学技术咨询委员会(National Advisory Board on Science and Technology)发表了题为《来自我们海洋的机会》(Opportunities from Our Oceans)的研究报告，该委员会经过广泛的公众咨询，对总理建议称，加拿大要处理环境问题，解决海洋地区面临的问题，将经济效益最大化的方法就是更可持续地管理海洋资源。具体的建议包括制定国家政策和以海洋和沿海空间管理为重点的立法。[②] 随后，该国渔业和海洋部长布莱恩·托宾(Brian Tobin)发布了《海洋管理远景》(Vision for Oceans Management)，支持制定新的《海洋法》。1996 年 12 月 18 日，加拿大根据《联合国海洋法公约》生效后国际海洋形势的新变化以及加拿大国内海洋管理工作的实际，颁布实施了《海洋法》(于 1997 年 1 月 31 日生效)，成为世界上第一个进行综合性海洋立法

① Fisheries and Oceans Canada, Oceans Policy for Canada: A Strategy to Meet the Challenges and Opportunities on the Oceans Frontier, Ottawa: Fisheries and Oceans Canada, Information and Publications Branch, 1987: 6-7.

② National Advisory Board on Science and Technology (NABST), Opportunities from Our Oceans: Report of the Committee on Oceans and Coasts, Ottawa: NABST, 1994.

的国家。

英国海洋立法历史悠久，其海洋综合立法也孕育多年。2002 年，英国政府发布的《保护海洋：保护和可持续发展海洋环境的战略》(Safeguarding Our Seas：A Strategy for the Conservation and Sustainable Development of Our Marine Environment)提出了英国的海洋愿景与现行管理体制的不足。[①] 随后，英国政府发表了《海洋管理报告》(Marine Stewardship Report)并表示需要一种新的办法来管理所有海洋活动，并通过立法加以执行。[②] 2006 年 3 月，政府就海事条例草案的目的及范围发表咨询文件。2007 年 3 月，政府发表了一份《海洋法案》白皮书，就立法措施提出建议，以推行可持续管理英国海洋区的活动和保护资源的新安排。2008 年 4 月 12 日，英国公布了海洋与海岸带使用法草案供大众讨论[③]，直到 2009 年 12 月 11 日，英国国王批准并最终颁布了《海洋与海岸带使用法案》。

越南海洋基本法立法周期长达 14 年。自 1998 年首次将《海洋法》列入第十届国会立法计划，该法的起草与修改前后历经四届国会。[④] 2012 年 6 月 21 日，越南社会主义共和国第十一届国民议会第三次会议通过《海洋法》，该法于 2012 年 7 月 2 日由总统正式颁布。[⑤]

在综合性立法模式的国家中，印度尼西亚的海洋基本法立法研究时间长，但立法周期短。印度尼西亚对海洋法草案的研究始于 1999 年成立的印度尼西亚海洋委员会。当时，印度尼西亚海洋委员会任命国家海洋和渔业勘探部部长萨尔瓦诺·库苏马特马德贾(Sarwono Kusumatmadja)为委员会首

---

① Department for Environment，Food and Rural Affairs (DEFRA)，Safeguarding Our Seas：A Strategy for the Conservation and Sustainable Development of Our Marine Environment，London：DEFRA，2002；Department for Environment，Food and Rural Affairs (DEFRA)，Seas of Change，London：DEFRA，2002.

② 英国《海洋与海岸带使用法案》立法背景有关信息参见英国立法网，https：//www. legislation. gov. uk/ukpga/2009/23/notes/division/2/2#f00001。访问时间：2022 年 1 月 3 日。

③ HM Government，Draft Marine and Coastal Access Bill，2008，available online：http：//www. publications. parliament. uk/。访问时间：2021 年 7 月 31 日。

④ 陈继华，周伟：《越南〈海洋法〉的动因及对策分析》，载《战略决策研究》，2013 年第 6 期，第 46 页。

⑤ Order No. 16/2012/L-CTN on the promulgation of law，Law of the Sea of Vietnam.

席执行官，并开展对于海洋法草案的研究。[①] 从开始研究海洋法草案到《印尼海洋法》颁布的15年里，印度尼西亚对海洋权益维护与海洋保护的重视一直没有减弱，在海洋划界和海岸带管理方面均有较大进展。从2013年印度尼西亚将海洋基本法律正式列入国家立法计划至颁布，只用了一年时间。2014年10月17日，时任印度尼西亚总统苏西洛颁布第32号令通过了《印尼海洋法》。

美国的海洋基本法律立法周期相对较短，可以说于两年之内速成。1998年联合国举办“98’国际海洋年”，以引起世界各国对保护海洋和海洋环境以及持续利用和开发海洋资源的重视。在国际海洋年期间，世界海洋问题独立委员会（Independent World Commission on the Oceans）发表的报告《海洋：我们的未来》（The Ocean：Our Future）指出了国家和国际海洋法律与机构的不成体系是有效海洋治理的主要障碍。委员会强烈建议，各国应“在政府一级建立适当的政策和协调机制，以制定和审查国家海洋事务目标。”[②]在“98’国际海洋年”和当时国际海洋形势的推动下，美国于1998年和2000年两次召开全国海洋工作会议。1998年，美国第105届国会专门讨论了“海岸和海洋立法”，正式提出了制定旨在保护海洋和海滩的法律和长期、连贯的海洋保护政策。该会议强调了立法的重要目的之一是提升海岸水质，更好地监测沿海污染和制定统一标准来确定沿海水域的可游性、可捕捞性和可漂浮性。[③] 在该会议的推动之下，2000年8月，美国第106届国会通过了《2000年海洋法案》，建立了海洋政策委员会，制定了新的国家海洋政策框架。

日本《海洋基本法》立法周期同样短暂。虽然早至1987年日本就提出要制定类似《海洋基本法》的基本性法律，但直到21世纪，日本才实质性推进

① Manurung，Hendra，Indonesia Maritime Law（2014），November 21，2014，https：//ssrn.com/abstract=2529121。访问时间：2022年1月3日。

② Independent World Commission on the Oceans，The Ocean：Our Future，Cambridge：Cambridge University Press，1998：15.

③ Hearing before the Subcommittee on the Water Resources and Environment of the Committee on Transportation and Infrastructure House of Representatives One Hundred Fifth Congress Second Session August 6，1998，U.S. Government printing office，Washington：1999.

了立法进程。2005年11月18日，日本海洋政策研究财团编写的《日本与海洋：21世纪海洋政策建议书》被呈送给时任内阁官房长官安倍晋三，同时公布于众。2006年2月6日，该财团又在东京举行了规模超过200人的报告会，旨在介绍该海洋政策建议书，引起了日本社会各界的强烈反响。在该建议书的基础上，该财团在2006年又陆续发布了《日本海洋政策大纲》和《海洋基本法草案概要》，这两个文件是日本制订海洋综合政策以及海洋基本法的依据。2007年4月20日，日本国会审议通过了《海洋基本法》。[①]

归纳六个国家的海洋基本法发展的立法过程，可以形成如下立法阶段表。

表2　各国海洋基本法的立法周期

国家	正式提出立法	颁布立法	立法周期长度
加拿大	1987年； 标志：发布《海洋战略》	1996年	9年
美国	1998年； 标志：美国第105届国会专门讨论“海岸和海洋立法”	2000年	2年
日本	2005年 标志：发布《日本与海洋：21世纪海洋政策建议书》	2007年	2年
英国	2002年 标志：发布《保护海洋：保护和可持续发展海洋环境的战略》	2009年	7年
越南	1998年 标志：首次列入第十届国会立法计划	2012年	14年
印度尼西亚	2013年 标志：将海洋法列入立法计划	2014年	1年

从立法周期表中可以看出，加拿大和英国海洋基本法立法酝酿周期长，服务于国内长期的海洋管理需求，两国海洋基本法的内容呈现出开创性、前瞻性的特点，具体表现为海洋基本法不是对于特定时期国家政策的响应，

① 金永明：《日本海洋立法及对中国的启示》，http：//dhi. nbu. edu. cn/info/1928/4251. htm。访问时间：2022年1月3日。

而是其一贯的海洋意识与眼光的体现，是对于历史海洋管理经验与教训的总结，旨在规划制订综合性、高水平、优层次的海洋战略规划，从而确保海洋开发活动的有序适度进行，促进海洋生态系统可持续发展，推动各项海洋事业的稳定健康发展。而美国海洋基本法呈现出较强的政策影响性，由于政策的时效性，美国海洋基本法律立法周期短。日本的宣示性海洋基本法律立法周期短。越南和印度尼西亚虽然都采取了政策性立法模式，但二者立法周期差别明显，一方面可以归结为二者国内立法程序的差别；另一方面，两国将海洋基本法律纳入立法计划的时间相去甚远，但颁布法律的时间相近，其间外部因素的刺激作用不可忽视。总的来说，不同立法模式的海洋基本法律在立法周期上有所差异。采取综合性立法模式的海洋基本法律有更长的立法周期，政策性立法和宣示性立法模式下立法周期更短。《印尼海洋法》作为例外，其立法时机选择可能受到了其他因素的干扰。

表 3　不同立法模式下的立法周期

立法模式	立法周期长度	典型代表	例外
政策性立法	2 年左右	美国《2000 海洋法》	
宣示性立法	2 年左右	日本《海洋基本法》	
综合性立法	7 年至 14 年	加拿大《海洋法》 英国《海洋与海岸带使用法案》 越南《海洋法》	印度尼西亚《海洋法》

三、主要国家海洋综合立法时机因素评估考量

在立法模式和立法周期背后，国内外诸多因素影响着立法者的立法时机选择，这些因素影响了国家立法模式的选取，也影响了立法周期长度。按照立法时机决策论，判断立法时机成熟与否需要审慎考虑“立法需求”和“立法可能”两个方面。[①] 在海洋基本法立法过程中，立法需求包括了“健全海洋立法、执法体系，确立海洋摩擦中的维权依据”“维护海洋和平与安全、

① 饶龙飞，许秀姿：《立法时机三论》，载《井冈山学院学报(哲学社会科学)》，2009 年第 1 期，第 114 页。

发展海洋经济”“提高国民海洋意识、促进海洋法律研究”“顺应国际海洋法发展潮流”等立法必要性因素，立法可能包括国家是否具备海洋基本法立法能力、执法与司法成本的支付能力和守法者的承受能力等立法可行性因素。上述框架可以帮助理解已经颁布海洋基本法律的国家的立法时机选取行为。

(一)立法需求

1. 海洋资源综合管理的需要创造立法需求

作为发达的海洋国家，加拿大、美国和英国的海洋基本法立法均源于国内的海洋综合管理的需要。20 世纪中后期，西方国家的环境问题十分突出，英国受到严重风暴灾害，加拿大则需要管理和养护渔业资源，1969 年美国总统委员会发表了关于“海洋科学、工程和资源”的报告，提出海岸综合管理的概念，作为一种海域资源管理方式，海岸综合管理受到面临环境问题的国家关注，美国、加拿大、英国等海洋大国率先对此展开研究讨论并颁布新的海洋管理法律，加拿大、英国采取综合性立法，美国的《2000 年海洋法案》是美国在海洋综合管理领域迈出的重要一步。

2. 管理部门权责冲突增强立法需求

管理部门的权责冲突是国内时机产生的促发因素，权责冲突越严重，国家海洋基本法立法需求程度也越高，立法周期越短。管理部门的权责冲突是该国家出台海洋基本法的重要原因之一。加拿大、英国海洋基本法均规定了整合式的管理体制，反映了立法前国家重视海洋管理部门的权责分散、效率不高的问题。加拿大《海洋法》专门规定成立海洋事务机构委员会以加强各部门的协调配合。委员会主席由加拿大渔业与海洋部副部长担任，主要任务是协调与海洋有关的政策和规划。海岸警卫队是加拿大海上执法的主要力量，隶属于渔业与海洋部，除了履行海洋渔业执法任务，还为其他政府部门和社会公益组织提供辅助性服务。英国《海洋与海岸带使用法案》规定了综合性的海洋管理部门——海洋管理组织(Marine Management Organization)对海洋事务进行综合性管理，改变了原先多部门、多层次、各自执政的分散管理模式，不仅减少了海洋管理中的权力冲突，也提高了管理效率。

美、日两国虽然未通过海洋基本法设立统一海洋管理机构，但是详细规定了海洋政策的制定规则，向国家提供政策报告并为各海洋管理部门提供决策与执法参考依据，起到了落实国家海洋战略、指导海洋执法的承上启下作用。美国《2000 年海洋法案》的重要内容之一是授权设立海洋政策委员会，该委员会没有实际的协调管理职能，主要职责是研究美国海洋政策，并向国会和总统提交包含研究结论和建议在内的最终报告。日本效仿美国，《海洋基本法》中对具体机构和部门的职能规定很少，强调不断更新的海洋基本计划的制定。根据日本《海洋基本法》，日本政府为落实海洋政策，须每五年推出一期《海洋基本计划》。

3. 国际海洋维权需要影响立法需求

作为传统的海洋强国，英国与美国在颁布海洋基本法律时基本没有紧迫的国家海洋边界争端，因而两国的海洋基本法中没有体现出明显的海洋维权意图。但是日本、越南和印度尼西亚在海洋基本法出台时均面临尚待解决的海洋争端。这些国家在判断海洋基本法出台时机时必然考虑到维护国家海洋权益的需要和颁布法律对国家海洋权益争端解决局势的影响。

日本面临的东海石油资源权益纠纷和大陆架划界纠纷增加了日本颁布《海洋基本法》的需求强度，缩短了日本海洋基本法立法周期。日本之所以选择在 2007 年颁布《海洋基本法》，一个重要的原因是日本具有应对海洋争端的危机意识。日本的专属经济区同 7 个国家和地区重叠，包括俄罗斯、朝鲜、韩国、中国、菲律宾等。日本显然是意识到了这些海洋争端背后的利益，包括海域资源利益和国家领土范围利益等。在中日东海大陆架重叠区域，2004 年 6 月，日本自民党“海洋权益工作组”拟定了有关保护日本海洋权益的报告草案，建议设立以首相为首的“海洋权益有关阁僚会议”，以推动外务省、经济产业省、国土交通省等相关省厅之间实现情报共享，制定综合战略，尽快在所谓的东海中日“中间线”日本一侧进行资源调查。[1] 日本对于争端的这种危机感显示了对于未来争端扩大的预见性和对于抢先立法争夺海洋资源的野心。在钓鱼岛问题上，日本的野心也由来已久，不断强化对于钓鱼岛的控制和舆论宣传。1992 年，中国通过《中华人民共和国领海及毗连区法》，写明钓鱼岛等岛屿是中国领土后，日本提出了“抗议”，中国外交部重申了钓鱼岛及其附属岛屿属于中国。1996 年 7 月 14 日，日本青年社在钓鱼岛新设置了灯塔，引发海峡两岸强烈抗议。[2] 对于海洋争端的危机感使得日本迫切需要一部《海洋基本法》，通过《海洋基本法》日本将其海洋利益以国内法的形式固定下来，使其具备法律上的正当性，对别国的异议则通过主张国内法优先原则和行政司法分立原则来应对，以此实现日本的政治意图，达到争取和扩大国家利益的目的。事实证明，《海洋基本法》的颁布满足了日本应对争端的需求，在被日本巡逻船冲撞中国渔船事件激化的钓鱼岛争端中，《海洋基本法》起到了增加日本外交筹码的作用。2012 年，日本政府提出的钓鱼岛“国有化”也以《海洋基本法》为依据。[3] 日本《海洋基本法》对于钓鱼岛主权的染指体现在“保全决定日本专属经济区及大陆架外缘的偏远海岛”这一条款中。

印度尼西亚一贯冷静的海洋争端处理风格使《印尼海洋法》的颁布相对不受国际海洋争端的影响，海洋争端的存在对印度尼西亚颁布《印尼海洋法》的需求强度影响不大。印度尼西亚的地理情况决定了其面临着复杂的海洋划界工作。除苏门答腊岛西南方向面向印度洋外，印度尼西亚其他各个方向被十几个海陆邻国包围，至今仍有多处海洋边界未能划定。这些争端包括：印度尼西亚、马来西亚安巴拉特海划界争端，印度尼西亚、马来西亚、新加坡两个“灰色地带”划界问题，印度尼西亚、澳大利亚关于 1997 年条约的批准问题，印度尼西亚、东帝汶关于印度尼西亚领海基线的争议，

---

① 周怡圃，李宜良：《〈日本海洋基本法〉系列研究——立法背景分析》，载《海洋开发与管理》，2008 年第 1 期，第 30 页。

② 《钓鱼岛的历史》，西陆网，http：//zhuanti. xilu. com/n_diaoyudaodelishi_s. html。访问时间：2022 年 1 月 3 日。

③ 《钓鱼岛问题基本情况》，中华人民共和国驻日本大使馆网站，http：//www. china-embassy. or. jp/chn/zt/dyd/jibenziliao/。访问时间：2022 年 1 月 4 日。

印度尼西亚、帕劳的海洋划界问题等。[1] 在面临多项划界争议的情况下，印度尼西亚一直保持着较强的划界定力。印度尼西亚反复强调本国的群岛国家地位，但从未得到《联合国海洋法公约》的承认。《联合国海洋法公约》生效前，印度尼西亚基本没有签署任何关于海洋问题的国际条约；该公约生效后，才开始积极与邻国开展海洋划界谈判。作为《联合国海洋法公约》实际上的最大受益国[2]，印度尼西亚从国际海洋秩序的挑战者转变为积极维护者，2014 年的《印尼海洋法》主体内容基本与《联合国海洋法公约》保持一致。即使在南海划界面临复杂和艰难的形势之下，印度尼西亚也没有以明显方式与其他国家包括中国产生对抗。相反，印度尼西亚宣称其是南海问题“诚实的中间人”，专注于处理国内海洋事务，并不断地强调《联合国海洋法公约》的重要性和核心地位。

(二)立法可能

1. 国内社会对于环境保护的响应增加立法可能

国内社会形成环境保护的氛围和大众对于环境保护的普遍关注为海洋基本法顺利出台创造了有利条件。各环境保护团体与媒体的呼吁和宣传是海洋基本法宣传的良好途径。加拿大发布的《海洋的管理远景》、日本国内财团的大力支持，均反映了国内社会对于海洋发展和环境保护的呼声，这在一定程度上为法律的颁布做好了铺垫。

2. 国家海洋战略形成的社会氛围扩大立法可能

国家海洋战略形成后，国内社会对于海洋战略的落实抱有一定期待，在这一社会背景下，颁布海洋基本法的立法可行性更为充分，国家为推动实施国内海洋战略颁布立法顺理成章。这一点从日本、越南和印度尼西亚的海洋法颁布过程中可以明显看出。日本《海洋基本法》的颁布正值日本国

---

① 刘畅：《印度尼西亚海洋划界问题：现状、特点与展望》，载《东南亚研究》，2015 年第 5 期，第 36-37 页。

② ［马］拉姆利·多拉万·沙瓦鲁丁·万·哈桑：《印度尼西亚海洋边界管理中的挑战：对马来西亚的启示》，文一杰译，载《南洋资料译丛》，2015 年第 1 期，第 25 页。

内涌起“海洋立国”的思想热潮，2005 年，日本海洋政策研究财团提交了《日本与海洋：21 世纪海洋政策建议书》，该建议书提出了“海洋立国”的发展目标，阐述了制定海洋基本法的迫切性与必要性，并强调了持续开发利用海洋和综合性管理海洋的基本理念。[①] 后来，日本的《海洋基本法》正式确立了“海洋强国战略”，激发了国内社会的热情。日本社会各界本就“海洋强国”之梦抱有期待，这种社会期待通过《海洋基本法》的颁布得到了一定满足，因而日本《海洋基本法》的国内反响较好。越南与印度尼西亚的海洋法体现的是对国家既有海洋战略口号的响应，在内容上也强调了对国家海洋发展与管理的目标的保障，以获得国内的认可与支持。

(三)立法机会窗口

除立法需要和立法可能外，还有一项立法时机的影响因素为立法机会窗口。这种机会窗口具有一定的政治性和不可预测性，国际政治形势变化就是一种有利的机会窗口。越南和印度尼西亚颁布海洋基本法明显因受到国际政治形势变化影响而加速出台。

1. 越南《海洋法》意欲抓住地缘政治变化的机会窗口

南海周边国家海洋划界争端一直存在，但越南此前的立法计划制定了十几年之久，在 2007 年颁布海洋强国战略之后的几年均没有颁布，是由于没有找到合适的机会窗口，担心刺激南海周边国家以致邦交恶化，对己不利。直到 2012 年南海局势出现明显变化，越南认为机会窗口已经到来。2012 年年初，美国宣布”重返亚太“的战略。此前，美国一贯声称对于南海争端保持中立的立场，而此次却与越南合作。2012 年 6 月初，美国国防部部长帕内塔高调访问越南并与越南国防部部长冯光青举行会谈。帕内塔此次访问被外界视作美越两国全面提升军事合作的信号。借此机会，越南颁布《海洋法》，凭借美国撑腰的迹象十分明显。

越南《海洋法》对于涉及国际海洋争端的问题毫不避讳，态度强硬。该

---

① 管筱牧：《日本“海洋立国”战略对我国的启示》，见《中国海洋学会第八届海洋强国战略论文集》，第 98 页。

法第一条即公开宣称其对我国的西沙群岛和南沙群岛拥有“主权”。这种立法选择无疑是为炮制“西沙争议”、固化所谓“南沙主权”提供“法律依据”，中国外交部发表严正声明驳斥以表明立场。此外，发展海洋经济加大南海方向的侵权力度。该法将越南海洋战略的主要内容入法，越南《海洋法》关于“确定优先发展的海洋经济产业，鼓励发展海岛经济和海上活动”的规定进一步在南海加大对我国岛礁及海上资源的侵害力度。

2. 印度尼西亚为颁布《海洋法》创造有利机会窗口

印度尼西亚在推行新的国家海洋战略的基础上，也在为《海洋法》的颁布寻找拥有最佳国际形势和影响的机会窗口。2009 年美国高调介入南海地区事务以来，印度尼西亚调整了国家海洋战略，实施“大国平衡”外交策略，拉拢与南海主要国家的关系，力图形成域外势力的相互牵制。2009 年，印度尼西亚首次派遣国家安全部队人员参与了由美国、日本、泰国和新加坡共同组织的“金色眼镜蛇”（Cobra Gold）联合军事演习。2010 年 3 月和 2010 年 11 月，美国领导人两次出访印度尼西亚，将印度尼西亚与美国的关系推向历史的新台阶。2013 年 3 月，印度尼西亚与中国海军就加强区域海洋安全方面的合作达成协议，两国将维护双方领海安全，特别是国际航运和贸易通道的海域安全。印度尼西亚国防部副部长沙夫里在中国-印度尼西亚国防及安全磋商会议上表示：“印度尼西亚和中国将扩大陆、海、空三军的联合军演，并将加强双方军事人员的互访及进修，以维持区域稳定。”[①]同时，印度尼西亚海军也在积极提升自己的海上实力，宣示自己的海上力量，以保证自己的国际地位不被忽视。根据英国《简氏防务周刊》（Jane's Defence Weekly）的报道，作为提高对海军和海洋安全重视程度的一部分，印度尼西亚政府已经宣布开始一项投资数十亿美元的海军现代化计划。潜艇被列在印度尼西亚采购行动愿望清单的最前列。国防部部长普尔诺莫·尤斯吉安

① 张雪：《中国与印尼海军达成海洋安全协议将扩大军演》，环球网，http：//world. huanqiu. com /exclusive /2013-03 /3693108. html。访问时间：2022 年 1 月 4 日。

托罗在2013年8月宣布印度尼西亚到2024年会采购最多12艘潜艇。[①] 在多边平台，印度尼西亚也保持活跃，2011年在担任东盟轮值主席国期间，印度尼西亚的外交表现也向世人展现了作为区域大国不断提升的国际影响力。在多重内政外交努力之下，印度尼西亚迎来海洋发展的机遇期。2014年，印度尼西亚颁布《海洋法》，是对其海洋发展成果的巩固，也是抓住了其认定的国际形势最为有利的机会窗口。

四、结语

通过对六个国家海洋基本法立法模式与立法周期的分析，可以发现不同立法模式与立法周期有一定的联系。采用政策性、宣示性立法模式通常立法周期较短，采用综合性立法模式则立法周期较长。立法模式与立法周期的联系可以通过各国把握的不同立法时机因素得以解释。各国海洋基本法立法时机选择主要受到“立法需求”“立法可能”“机会窗口”三个方面因素影响。具体而言，采取政策性立法模式的国家主要考虑国内海洋综合管理的需要及海洋管理体制的混乱冲突等国内立法需求，宣示性立法国家明显更看重国家应对海洋争端、维护海洋安全的立法需求；综合性立法兼受国内海洋管理需求和应对国际海洋争端需求的影响。海洋基本法的立法周期还受到国际政治形势变化这种机会窗口的影响。在面对对于本国有利的机会窗口时，国家倾向于加速颁布法律，立法周期因而缩短。

① 《英媒：印尼拟斥巨资采购新型战舰》，人民网，http：// military. people. com. cn/n/2012/1021/c1011-19334462. html。访问时间：2022年1月4日。

A comparative study of the legislative timing of marine basic laws of major maritime power and its implications to China

YIN Miaomiao

Abstract: Since 2015, China's marine basic law has been officially adopted in the national legislative work plan. In September 2018, the marine basic law has been classified into the second category of legislative planning of the 13th NPC Standing Committee, which means," the draft law that needs to be submitted for deliberation when the conditions are proper. " When the conditions are proper? To ask more generally, what timing factors may have a substantial impact on the promulgation of the basic marine law? This paper tries to respond to this question by comparative analysis. At present, mainstates that have promulgated more comprehensive marine basic laws include the United States, the United Kingdom, Canada, Japan, Vietnam and Indonesia. In the process of marine basic law legislation, the above-mentioned states have adopted different legislative models and promulgated laws in different time periods. This paper summarizes three key timing factors that affect the promulgation of the basic marine laws, which makes it possible for states to quantify the timing factors in the promulgation of basic marine law.

Key words: Marine basic law; Legislative model; Legislative time period; Legislative timing

第二篇

极地事务与深海治理

中日韩北极事务竞合关系的理论与实践

刘丹[1]

摘　要：以2013年获得北极理事会正式观察员地位为标志，中国、日本、韩国三国参与北极事务进入了新的阶段。中、日、韩在参与北极治理的各项事务和领域中，既有相似又有差异，学术界对于三者的竞合关系看法不一。结合中、日、韩北极事务的竞合关系和已经开展的合作，未来东北亚三国的合作领域前景可期。中国应从体制、机制和外交方面继续推进中、日、韩北极事务的合作。

关键词：中日韩；北极事务；竞合关系；路径选择

2013年5月15日，日本、中国、韩国、新加坡、印度和意大利6个国家被吸纳为北极理事会的正式观察员国，从此，中、日、韩三国参与北极事务的深度和广度进入了新的阶段。相对来说，日本和韩国参与北极事务较早，但中国的后发优势明显。本文在全面介绍日本北极外交的动因即其北极战略利益的基础上，综合该国的“综合海洋战略”和北极政策分析日本北极外交的动向与趋势，再分析对日本北极外交产生制约的因素和中日之间北极事务的竞合关系，以期为中国未来北极事务的战略布局和相关实践提供有益借鉴。

---

① 刘丹(1976—　)，女，苗族，贵州贵定人，上海交通大学凯原法学院海洋法治研究中心，副研究员，硕士研究生导师，法学博士。主要研究方向：国际公法、国际海洋法、极地法。本文为作者主持的上海市哲学社会科学规划一般项目(2018BFX012)的阶段性成果。

一、中日韩参与北极事务竞合关系的学理争议

北极治理的框架由核心向边缘可以分为三个战略群组：北极 8 国构成了“北极国家”战略组，核心是北冰洋沿岸 5 国，即美国、俄罗斯、加拿大、挪威和丹麦；“近北极国家”战略群中，包括中国、日本、韩国、德国、法国、英国和波兰 7 国；意大利、新加坡和印度 3 国则构成“远北极国家”战略组。[①] 这种“边缘对核心”的关系，使得北极事务在上述部分国家的国内政策中处于边缘化的境地。事实上，北极圈区域除了公海，陆地部分属于环北极国家的主权范围之内。传统意义上除冰岛外，北极圈国家的经济和政治中心都在北极圈外的南方地区。因此，过去较长一段时期，各国对“远北地区”的关注度不高。[②]

然而，气候变化、经济全球化和由此引发的政治、经济和社会等方面的变化正在深刻地改变着北极地区，这些变化也对传统的北极治理模式提出了挑战。[③]中、日、韩三国参与北极事务，为北极治理输入了“新鲜血液”，从而拉开了北极治理国际化的新篇章。作为国家行为体，中、日、韩三国以何种方式参与北极事务，是合作大于竞争还是竞争大于合作，以及是否有必要合作，理论上可以从建构主义合作理论和动态合作理论两种框架进行分析。

先看国家作为行为体在国际关系中开展合作的机理，即身份的内部与外部认同问题。建构主义理论代表人物温特(Alexander Wendt)将身份定义为“有意图行为体的属性，它可以产生动机和行为特征”。他认为，“两种观念可以进入身份，一种是自我持有的观念，一种是他者持有的观念。身份

① 肖洋：《中国参与北极事务的竞争对手：分析框架与应对理路》，载《和平与发展》，2016 年第 4 期，第 19-20 页。

② 孙凯，郭培清：《北极环境问题及其治理》，载《海洋世界》，2008 年第 3 期，第 68 页。

③ 孙凯，郭培清：《北极治理机制变迁及中国的参与战略研究》，载《世界经济与政治论坛》，2012 年第 2 期，第 119 页。

是由内在和外在的结构建构而成的"[①]。身份包含两层含义，即自我内部认同和他者外部认同，二者缺一不可。人类关系的结构主要是由共有观念决定的，而共有观念指行为体在一定的社会环境中共同具有的理解和期望，包括规则、标准、制度等，行为体通过对共有观念的理解建构起自身的身份认同。[②] 中、日、韩作为《联合国海洋法公约》和《斯瓦尔巴德条约》等国际法规则的缔约国，享有在该领域内同样的合法利益及其赋予的相应的权利和义务，在参与北极事务的过程中，中、日、韩"北极利益攸关国"身份的形成过程体现出共同性。不仅如此，美国、加拿大以及俄罗斯等北极国家，在事实上已经承认中国在气候变化、科学合作以及渔业等北极问题上是重要的"利益攸关者"[③]，因此这一身份也获得外部认同。身份内部和外部的认同，使得中、日、韩三国在北极事务上的合作具有一定的基础。

包括国家在内的行为体之间的竞争也可借鉴经济学的"动态竞争"理论。动态竞争理论源于20世纪80—90年代以美国的麦克米兰(lanC. MacMillan)、贝蒂斯(Richard Allan Bettis)等为代表的一批学者有关企业竞争的论述。"动态竞争"理论强调，对竞争对手的分析应跳出传统的分析框架，从资源和市场的角度识别潜在的竞争对手。[④] 中、日、韩在北极航道、油气、矿产和渔业资源等北极经济利益方面的一致性，随着北极海冰消融加速，北极的经济开发越发成为可能，这也增大了未来三者参与北极事务时各自成为潜在竞争者的可能。

围绕着中、日、韩在北极事务上的竞合关系，主要有"合作大于竞争论""竞争大于合作论"以及"合作与竞争并存论"三种观点。

第一，"合作大于竞争论"。相较日本国内在海洋问题上所炒作的"中国

① [美]亚历山大·温特:《国际政治的社会理论》，秦亚青译，北京大学出版社，2005年，第231页。

② 毕玉蓉，刘亚莉:《观念背后的契合与碰撞——建构主义视角下的中美关系与台湾问题》，载《东南亚之窗》，2006年第2期，第41-48页。

③ 董利民:《中国"北极利益攸关者"身份建构——理论与实践》，载《太平洋学报》，2017年第6期，第75-76页。

④ Chen. M. J., Competitor Analysis and Inter-firm Rivalry: Toward a Theoretical Integration, Academy of Management Review, 1996, Vol. 1: 107.

威胁论”，日本智库和学界对北极事务上中日关系的分析则相对客观和理性。2010 年，日本海洋政策研究财团主任研究员秋元一峰在该财团内部刊物《北极海季刊》上撰写了题为“中国与北极”的文章。他认为，中、日、韩可通过参与北极事务在航运和资源方面获益；在北极参与问题上，三国是“同舟共济”的关系，中日的携手合作可形成北极事务上双赢的局面。[①] 2012 年，日本海洋政策财团在以课题组的形式向日本政府提交的《日本北极海会议报告书》提出，从东亚到北极的航道为中国、日本、韩国、俄罗斯所共有；在维护航道安全的问题上，日本划定的非北极国家沿岸国中，中国居于合作对象首位。日本政府应加强同中、韩的合作，形成中、日、韩同盟以谋求北极权益。[②] 2013 年，日本国际问题研究院研究员小谷哲男也主张：中、日、韩在参与北极的利益上具有一致性，日本与其和中韩竞争，还不如联手合作。[③] 中国学者中也有主张中日应开展北极事务合作的声音，例如，我国学者孙凯和郭培清认为，中国应与包括日本、韩国、德国、法国等北极“域外国家”协同，促使北极国家制定北极政策时将“域外国家”在北极地区的权益与关切予以充分考虑。[④]

第二，“竞争大于合作论”。日本学者中主张中日北极事务竞争大于合作的，以日本海上自卫队海上学校（JMSDF Command and Staff College）“二等海佐”石原敬浩为代表，在他看来，中日两国开发北极的经济利益颇为一致，都聚焦于资源和航道领域，又同时采取北极科考的方式来获取北极的气候、海洋、地质、人文等信息，因此两国“必将成为北极开发的

---

① 《第三届“北极资源开发”研讨会综述》，日本海洋政策研究财团：《北极海季报》，第 8 号，2010/9-2010/11，第 28 页。

② [日]海洋政策研究財団：《日本北極海会議報告書》，2012 年 3 月，第 124-128 页，资料来源于 https：//www. spf. org/opri-j/publication/pdf/12_06_01. pdf。访问时间：2022 年 1 月 4 日。

③ [日]小谷哲男：《北极问题和东亚国际关系》，日本国际问题研究所：《北极治理与日本的外交战略》，2013 年 3 月，第 86 页。

④ 孙凯，郭培清：《北极治理机制变迁及中国的参与战略研究》，载《世界经济与政治论坛》，2012 年第 2 期，第 128 页。

竞争对手。”[①]我国学者肖洋从“动态竞争”理论出发，认为日韩在北极利益目标、参与北极事务的路径和北极外交对象国的选取上都和中国高度相似，而且日本已出台了官方的《北极政策》，在北极科考等方面又走在中国的前面，因此日本是中国参与北极事务“强大而现实的竞争对手”。[②] 李振福和何弘毅则从北极地缘政治的角度指出，日本国家海洋战略中的北极政策主要面临与中韩结盟还是和美国等盟友结盟的抉择。他们认为，“基于中、韩、日意识形态的差别、历史观的差异、领土的纠纷等因素，日本与中韩合作真正实施的可能性微乎其微”[③]。

第三，“合作与竞争并存论”。例如，龚克瑜将东北亚中、日、韩三国在北极的竞合关系并列讨论。他提出，由于中、日、韩在北极的立场相似，三国合作的可能性很高。但由于三国都参与北极事务又都有自身国家利益需求，因此竞争不可避免，发生竞争的领域将聚焦在北极航道、未来的资源和能源开发几方面。[④] 类似的，韩立新等指出，中、日、韩在北极拥有共同利益的同时，在造船业、话语权、转运港口、能源与矿产资源等方面的利益之争也在所难免。[⑤]

北极国家对北极域外国家实质参与北极事务持相对排斥的态度。北极国家的排斥态度一方面给中、日、韩参与北极事务带来阻碍，另一方面也促使这三个国家开始在彼此之间寻求合作的机会，期望以合作的方式参与

---

① [日]石原敬浩：《北極海の戦略的意義と中国の関与》《海幹校戦略研究》，2011 年 5 月号，第 56 页，资料来源于 http：//www. mod. go. jp/msdf/navcol/SSG/review/1-1/1-1-4. pdf。访问时间：2022 年 1 月 4 日。

② 肖洋：《中国参与北极事务的竞争对手：分析框架与应对理路》，载《和平与发展》，2016 年第 4 期，第 22 页。

③ 李振福，何弘毅：《日本海洋国家战略与北极地缘政治格局演变研究》，载《日本问题研究》，2016 年第 3 期，第 7 页。

④ Gong Keyu，The Cooperation and Competition between China，Japan and South Korea in the Arctic，In Leive Lunde，Yang Jian，et al.，eds.，*Asian Countries and the Arctic Future*，Singapore：World Scientific Publishing，2016：244.

⑤ 韩立新，蔡爽，等：《中日韩北极最新政策评析》，载《中国海洋大学学报(社会科学版)》，2019 年第 3 期，第 59-60 页。

到北极事务中。[①] 从这个角度来看，竞争与合作并存将是未来较长一段时间里中、日、韩参与北极事务的常态。

二、中日韩参与北极事务的异同对其竞合关系的影响

就北极事务而言，日本和中国都处于“近北极国家战略群”，都是北极理事会新晋观察员，也都对北极事务表现出浓厚的兴趣，表现出以下三方面的共同点：

第一，中、日、韩均已通过政策文件的形式制定国家层面的北极政策指导北极事务。2013 年 12 月，韩国海洋水产部发布了《北极政策综合计划》并逐渐修正和完善。[②] 2015 年 10 月 16 日，日本综合海洋政策本部颁布题为“日本的北极政策”的文件。[③] 2018 年 1 月，中国发布《中国的北极政策》[④]，以白皮书的形式对外公布和诠释了中国在北极上的立场和政策。

第二，中、日、韩参与北极事务都基于国际和区域性的国际依据。除了《联合国海洋法公约》《斯匹次卑尔根群岛条约》《联合国气候变化框架公约》等国际性多边条约外，还有《北极海洋石油污染预防与应对合作协议》《加强北极国际科学合作协定》《北极海空搜救合作协定》《防止中北冰洋不管制公海渔业协定》(以下简称《北极公海渔业协定》) 等区域性协定。根据这些国际法文件，三国依法享有北极海域的航行、公海生物资源开发、海洋科

① 白佳玉：《中日韩合作参与北极事务的可行性研究》，载《东北亚论坛》，2016 年第 6 期，第 114 页。

② Ministry of Oceans and Fisheries of Korea, The Master Plan for Arctic Policy, December 10, 2013. See Hyun Jung Kim, Successin heading north?: South Korea's masterplan for Arctic policy, Marine Policy, Vol. 61 2015: 264-272; See also “Arctic Policy of the Republic of Korea”, available at http://library.arcticportal.org/1902/1/Arctic_Policy_of_the_Republic_of_Korea.pdf。访问时间：2022 年 1 月 4 日。

③ 日本首相官邸：“我が国の北極政策”，2015 年 10 月 16 日，http//www.kantei.go.jp/jp/singi/kaiyou/dai14/shiryou1_2.pdf。访问时间：2022 年 1 月 4 日。

④ 国务院新闻办公室：《中国的北极政策》白皮书(全文)，2018 年 1 月 26 日，资料来源于 http://www.scio.gov.cn/zfbps/32832/Document/1618203/1618203.htm。访问时间：2022 年 1 月 4 日。

学研究、海上搜寻救助和海上事故调查等权利。[①]

第三，中、日、韩在北极的共同利益诉求集中于北极科考、东北航道的开发与利用、北极能源、矿产、渔业和林木资源的开发与利用等方面。中、日、韩都是《斯瓦尔巴德条约》的签约国，有权进入北极地区进行科学研究，北极科考也有助于获得北冰洋航道沿岸的大量情报。日本作为第一个对北极进行科考调研的亚洲国家，十分关注增强国立极地研究所的软硬件建设，意欲使之成为北极考察的中坚力量和国际极地科考组织合作的重要纽带。[②] 未来北极航道开通的话，在中、日、韩三国代表性港口中，日本的横滨受益最大，韩国的釜山、中国的上海和大连港，甚至日本北海道的苫小牧港也将受益。[③] 相较于中日，北极航线的开发利用在韩国北极政策处于重中之重。[④] 目前北极资源开发仍然受制于自然条件，但中、日、韩都已签署《北极公海渔业协定》，为未来可能的商业开发创造了先机。中国在北极的经济、文化、科考方面起步较晚，滞后于日本和韩国，但近年来随着"冰上丝绸之路"[⑤]的推进，我国参与北极事务的步伐逐步加快，在科考、航道和资源方面与日本、韩国具有共同的利益诉求。

第四，中、日、韩三国北极外交的核心目标国都包括俄罗斯，只是各有侧重。俄罗斯原来不赞成中、日、韩加入北极理事会，后来改变了方针，

---

① 孙凯，王晨光：《国外对中国参与北极事务的不同解读及其应对》，载《国际关系研究》，2014 年第 1 期，第 37-39 页。

② 肖洋：《冰海暗战：近北极国家战略博弈的高纬边疆》，人民日报出版社，2016 年，第 40 页。

③ 陈鸿斌：《日本北极政策分析》，载《北极地区发展报告(2014)》，刘惠荣主编，社会科学文献出版社，2015 年，第 216 页。

④ 李旻：《韩国北极政策"小步快走"》，载《世界知识》，2017 年第 2 期，第 29 页。

⑤ 2015 年 12 月，中俄总理第 20 次定期会晤发布联合公报，表示将"加强北方海航道开发利用合作，开展北极航运研究"。2017 年 5 月，中国外交部部长王毅在莫斯科表示，中方欢迎并支持俄方提出的"冰上丝绸之路"倡议，愿同俄方及其他各方一起共同开发北极航线。2017 年 7 月，中国国家主席习近平访问俄罗斯期间，与俄罗斯总统普京共同签署了《中华人民共和国和俄罗联邦关于进一步深化全面战略协作伙伴关系的联合声明》。习近平主席还在与俄罗斯总理梅德韦杰夫会见中，就俄方提出的"冰上丝绸之路"倡议指出："要开展北极航道合作，共同打造'冰上丝绸之路'，落实好有关互联互通项目。"参见周超：《中俄奏响北极合作新篇章——专家热议"海上丝路"与"冰上丝路"对接打造新的动力引擎》，载《中国海洋报》，2017 年 7 月 11 日，第 12 版。

有限度地允许中、日、韩三国加入俄罗斯的北极能源开发，且主要集中于天然气开发。[①] 时任韩国总统文在寅把能源、北极航道等内容纳入“新北方政策”的“九桥战略”框架中，强化俄韩关系，参与俄罗斯北极能源开发、推进北极航道商业化、建设北极物流体系。[②] 日本在冷战时期就已经与苏联进行过联合科考，日本北极外交的对象国第一位就是俄罗斯。[③]

中、日、韩在北极事务中除了上述共同点，三者参与北极事务呈现出以下不同的特征与趋势。

第一，政策目标不同。《日本北极政策》提出，日本的北极政策目标是“把日本作为国际社会重要的一分子，通过对北极问题的参与，为国际社会做出贡献。”[④]韩国《北极政策执行计划》指出，韩国的愿景是“成为创造可持续发展的北极的极地领先国家。”[⑤] 2018 年《中国的北极政策》确定的政策目标是“认识北极、保护北极、利用北极和参与治理北极，维护各国和国际社会在北极的共同利益，推动北极的可持续发展”，即成为坚守“尊重、合作、共赢、可持续”基本原则的负责任大国。[⑥] 有俄罗斯评论家认为，相较于韩国“极地领先国家”的目标，北极对于中国虽然重要，但并不是外交政策的优先事项。[⑦]

第二，北极事务的侧重点和优先事项不同。韩国作为第一个公布国家北极战略的亚洲国家，采取“小步快走”的策略，在北极战略着眼点较高的

---

① 肖洋：《中日韩俄在参与北极治理中的合作与竞争》，载《和平与发展》，2016 年第 3 期，第 84 页。

② 郭锐，孙天宇：《韩国“新北方政策”下的北极战略：进程与限度》，载《国际关系研究》，2020 年第 3 期，第 136 页。

③ 同①，第 83 页。

④ 日本首相官邸：《我が国の北極政策》，2015 年 10 月 16 日，http//www.kantei.go.jp/jp/singi/kaiyou/dai14/shiryou1_2.pdf。访问时间：2022 年 1 月 4 日。

⑤ Ministry of Oceans and Fisheries of Korea，The Master Plan for Arctic Policy，December10，2013：5-6.

⑥ 韩立新，蔡爽，等：《中日韩北极最新政策评析》，载《中国海洋大学学报(社会科学版)》，2019 年第 3 期，第 65 页。

⑦ See Valeriy P. Zhuravel，China，Republic of Korea and Japan in the Arctic Politics，Economy，Security，Arktika I Sever 24，2016：99-126.

同时更具有“经济利益优先”的务实性，关注北极航道的开发和利用①，在参与北极事务上沿用了该国经济先行、文化辅助的对外经济发展模式。② 2017年7月，习近平主席就打造“冰上丝绸之路”与俄方达成共识，将在北极航道试航、北极地区油气勘探开发、北极航道沿线的交通基础设施建设项目等方面取得合作进展。③《中国的北极政策》白皮书指出，中国北极事务的侧重主要为北极科考、环境保护、北极航道利用与开发和北极能源资源的开发与利用这四个方面，强调“尊重、合作、共赢、可持续”并延续了“冰上丝绸之路”倡议。此外，中国在主要北极政策主张中，则是把不断深化对北极的探索和认知(即北极科考)和北极的环境和气候变化作为较优先考虑的问题。④ 日本作为亚洲发达国家，首先关注的是北极的环境保护和原住民问题。日本与中、韩两国的竞争焦点是经济问题，尤其是北极航道与资源开发领域，并将其将北极战略的重点放在航运情报与物流链上：一是增强国立极地研究所的软硬件建设，使之成为日本北极考察的中坚力量和国际极地科考组织合作的重要纽带；二是积极应对海运物流格局转变，推动北极的商业化航运，加大对北极地区自然资源的开发力度，构建北冰洋—西太平洋海运枢纽港的方案，特别是将北海道的苫小牧港打造成东北亚—北极海运贸易的中转枢纽。⑤

第三，北极外交的定位与特点不同。从2006年加入北极理事会到2018年《中国的北极政策》白皮书发布，中国经历了从争取“近北极国家”身份承认⑥

① 李旻：《韩国北极政策“小步快走”》，载《世界知识》，2017年第2期，第29页。

② 罗毅，夏立平：《韩国北极政策与中韩北极治理合作》，载《中国海洋大学学报(社会科学版)》，2019年第2期，第42页。

③ 参见“商务部：推进冰上丝绸之路开展北极地区油气勘探开发”(2017年11月9日)，资料来源于 http：//finance. people. com. cn/n1/2017/1109/c1004-29636859. html。访问时间：2022年1月4日。

④ 韩立新，蔡爽，等：《中日韩北极最新政策评析》，载《中国海洋大学学报(社会科学版)》，2019年第3期，第65页。

⑤ 肖洋：《日本的北极外交战略：参与困境与破解路径》，载《国际论坛》，2015年第4期，第75页。

⑥ 孙凯：《中国北极外交：实践、理念与进路》，载《太平洋学报》，2015年第5期，第37页。

到“北极事务重要利益攸关方”[①]的身份定位调整阶段。“身份升级”后，中国参与北极事务进入了“怎么做”的阶段。一方面，中国加强了与北极国家尤其是北欧国家的双边外交，推动关于北极科研、环保、航运、可持续发展等领域的国际合作，有效稀释了个别北极国家对中国的抵制；[②] 另一方面，中国的合作对象主要是俄罗斯，也与冰岛通过签订备忘录的形式进行深层次合作，但与其他北极国家间的实质性合作仍然有限。由于“民主国家”和共同“价值观”的“身份认同”，日本没有太多来自“身份承认”方面的压力[③]，因此充分利用涉北极议题的国际组织和北极多层治理的“二轨机制”，增强话语权，提升存在感。日本除了夯实和美国的北极合作，也十分重视与俄罗斯在北极航道、资源开发等方面的合作，拓展与北欧国家的外交互动。尽管日本科考早于中国，又有系统的北极科考规划和软硬件配套设施，但随着中国国力的持续增长和极地科考装备的全面提升，日本面临被中国全面赶超的压力。[④] 韩国将北极公共外交视作重要手段，北极公共外交工作可以追溯到20世纪90年代。韩国2013年《北极政策综合计划》强调该国北极外交领域主要包括强化北极圈国际合作、强化北极相关国际组织活动以及促进与北极原住民合作。[⑤] 时任韩国总统文在寅提出“新北方政策”“极地活动基本振兴计划”等国家层面战略，展现韩国政府对北极持续的关注与重视。[⑥]

结合中、日、韩北极事务的异同，无论是从“动态竞争”或北极地缘政

---

① 国务院新闻办公室：《中国的北极政策》白皮书(全文)，2018年1月26日，资料来源于http：//www.scio.gov.cn/zfbps/32832/Document/1618203/1618203.htm。访问时间：2022年1月4日。

② 参见郭培清，孙凯：《北极理事会的“努克标准”和中国的北极参与之路》，载《世界政治与经济》，2013年第12期，第139页；唐国强：《北极问题与中国的政策》，载《国际问题研究》，2013年第1期，第25页；贾桂德，石午虹：《对新形势下中国参与北极事务的思考》，载《国际展望》，2014年第4期，第27页。

③ 李振福，何弘毅：《日本海洋国家战略与北极地缘政治格局演变研究》，载《日本问题研究》，2016年第3期，第6-7页。

④ 肖洋：《日本的北极外交战略：参与困境与破解路径》，载《国际论坛》，2015年第4期，第74页。

⑤ Ministry of Oceans and Fisheries of Korea，The Master Plan for Arctic Policy，December10，2013：8.

⑥ 沈芃：《韩国的北极公共外交：现状、特点与启示》，载《辽东学院学报(社会科学版)》，2021年第2期，第23页。

治角度得出“竞争大于合作论”的观点，还是从国家利益角度得出的“合作与竞争并存论”，更多是从地缘政治和双边、多边关系全局做出的分析。这三种观点的缺陷在于，没有将中、日、韩参与北极事务的不同阶段和北极事务的不同侧重点考虑进去。2013 年 5 月，中、日两国获得北极理事会正式观察员地位，这是两国参与北极事务的标志性事件。以这一时间点为界，结合三国北极外交不同阶段的特征，中、日、韩在北极事务中的竞合关系可以分成两个时期予以考察。

2013 年 5 月以前，在中、日、韩获得北极理事会正式观察员身份前，三国为了获得这一身份展开外交斡旋，在北极事务中的竞争大于合作。2013 年前，只有欧洲的英国、法国、德国、西班牙、意大利、荷兰和波兰拥有北极理事会正式观察员的身份。在 5 月的第八届北极理事会部长会议上，与中、日、韩等国家一同角逐正式观察员身份的欧盟和绿色和平组织被拒之门外。[①] 中国早在 2006 年便提交申请并成为临时观察员国，但成为正式观察员的道路并不平坦。2013 年 5 月 15 日的第八届北极理事会部长会议上，或出于中国“进军北极”后的安全环境考量，或出于来自北极地方社区的国内压力，俄罗斯和加拿大在辩论中对中国的申请表示不同程度的反对。但中国最终获得了北欧 5 国的支持，成为北极理事会正式观察员。[②] 由于中、韩两国尤其是中国积极参与北极对日本的触动，2009 年以来日本开始重视北极问题。[③] 自 2009 年提出申请到 2013 年“晋升”为正式观察员期间，日本采用增加向北极理事会各工作组派遣专家和政府官员、积极参与北极议题探讨等形式，争取北极国家对其正式观察员身份申请的支持。从参会次数和与会官员级别来看，日本被视为北极理事会非成员国中“参与最为积极、

① See Alex Boyd, “China seeks observer status with the Arctic Council”, 7 May, 2013, available at http: //barentsobserver. com/en/arctic/2013/05/china-seeks-observer-status-arctic-council-07-05。访问时间：2017 年 10 月 15 日。

② 朱梓烨：《中国“转正”：北极八国的怕和爱》，载《中国经济周刊》，2013 年第 19 期，第 33 页。

③ 陈鸿斌：《日本北极政策分析》，载《北极地区发展报告（2014）》，刘惠荣主编，社会科学文献出版社，2015 年，第 215 页。

重视程度最高的国家之一”①，这些措施对日本取得北极国家的支持起到了加分的作用。

2013年5月至今，中、日、韩在北极事务上的合作大于竞争。但从未来远景看，将出现合作与竞争并存，甚至竞争大于合作的趋势。中、日、韩成为北极理事会正式观察员后，为三国参与北极地区事务的决策提供了可能。继2016年4月28日韩国首尔的中、日、韩“北极合作谈判机制”首轮谈判后，2017年6月8日，第二轮中、日、韩“北极事务高级别对话”在日本东京举行。会后发布的中、日、韩《联合声明》中指出，三国除了指出北极面临的机遇和挑战具有全球性影响外，还强调应通过参与工作组、任务组和专家组工作等方式对北极理事会做出更大贡献，并再次确认北极科学研究是三国合作和开展联合行动最有潜力的领域。② 从目前趋势来看，中、日、韩在北极问题上采取集体行动和常态化的合作与对话，不仅有利于制定统一的北极立场、有效地捍卫近北极国家的共同利益，也有助于提高整个亚洲在北极问题中的地位。不过从长远来看，未来随着北极海冰消融，北极航道的利用、北极油气和矿产资源开采开发，以及北极渔业资源的开发等将逐步成为现实，而中、日、韩又都将夯实各自同北极理事会各国的互动关系，因此，中、日、韩北极事务合作与竞争并存，未来部分领域竞争大于合作的趋势难以避免。

三、中日韩北极事务的合作进展与合作领域

中、日、韩三国已将北极合作事务提上日程。1999年11月，时任中国

---

① 2009—2013年5月，日本共参加北极理事会北极高级事务人员会议、部长会议和各主要工作组、主要任务组、专家组和其他相关会议共32次，派遣的与会官员基本为日本北极事务大使、驻北极国家大使（俄罗斯、丹麦、瑞典、芬兰等）或外务省同级别官员。参见王竞超：《日本北极航道开发战略研究：战略动机、决策机制与推进模式》，载《世界经济与政治论坛》，2017年第3期，第89页；内閣官房総合海洋政策本部事務局：“北極海に関する取組について”，资料来源于 http://www.kantei.go.jp/jp/singi/kaiyou/sanyo/dai14/siryou3.pdf。访问时间：2022年1月4日。

② 参见“第二轮中、日、韩北极事务高级别对话联合声明”（2017年6月14日），资料来源于 http://www.fmprc.gov.cn/web/wjb_673085/zzjg_673183/yzs_673193/dqzz_673197/zrhhz_673255/xgxw_673261/t1470216.shtml。访问时间：2022年1月4日。

国务院总理朱镕基、日本首相小渊惠三、韩国总统金大中在菲律宾出席东盟与中日韩(10+3)领导人会议期间举行的早餐会，启动了三方在“10+3”框架内的合作。2000年，三国领导人在第二次早餐会上决定在10+3框架内定期举行会晤。2008年12月13日，三国首次在“10+3”框架外举行中日韩领导人会议。[①] 2015年11月1日，第六次中日韩领导人会议公布了《关于东北亚和平与合作的联合宣言》，表明将建立三国北极事务高层对话，探讨合作项目及如何就北极深化合作。2015年11月，在第六次中、日、韩领导人会议上，三国发表《关于东北亚和平与合作的联合宣言》，声明为了共享北极政策、挖掘北极合作项目、谋求增强北极合作方案，计划举办高层对话。[②] 2016年4月，这一计划得到了实现，在中、日、韩北极事务高层对话中，三国就交流北极政策、深化合作达成共识，并探讨了航运、资源等具体的合作项目，倡导运用科考力量获得高水平的北极知识、促进三国科研领域合作、打造北极新时代紧密的合作伙伴关系。2019年12月24日在中国成都举行的第八次中日韩领导人会议上，三国领导人发布《中、日、韩合作未来十年展望》的文件，再次强调“在北极等领域开展合作的重要意义”。[③] 2019年末肆虐全球的新冠肺炎疫情为中日韩合作带来了客观阻碍，但并未影响实务部门和智库之间的交流。例如，2021年2月3日，中、日、韩极地合作在线学术研讨会上，三方就极地治理中的科学、法律、政策等问题进行交流，共同探讨和拓展可合作空间。[④]

中、日、韩政府高层和实务界的积极互动，无疑为三国涉海和极地具体实务部门的合作参与北极事务营造了良好的政治环境。结合中、日、韩

① 参见中华人民共和国外交部：“中日韩合作”，https：//www. fmprc. gov. cn/web/wjb_673085/zzjg_673183/yzs_673193/dqzz_673197/zrhhz_673255/zrhhzgk_673257/。访问时间：2022年1月4日。

② 参见《关于东北亚和平与合作的联合宣言》(全文)，2015年11月1日，http：//www. gov. cn/xinwen/2015-11/01/content_2958060. htm。访问时间：2022年1月4日。

③ 参见“中、日、韩合作未来十年展望(全文)”，2019年12月24日，http：//www. xinhuanet. com/world/2019-12/24/c_1125383968. htm。访问时间：2022年1月4日。

④ 参见“中、日、韩极地合作学术研讨会暨东黄海研究智库联盟学术会议于2月3日在线举行”，2021年2月18日，http：//www. cimamnr. org. cn/info/1389。访问时间：2022年1月4日。

过去的合作经验，以及各自参与北极事务中的优势和劣势，未来可以合作的具体领域如下：

第一，以北极航道为抓手，开创中、日、韩合作先河。中、日、韩之间可以在北极航道问题上密切合作，如与俄罗斯协商破冰船费用、相关信息共享等，增强北极航道商业通航的便利化和可操作性。中、日、韩可以通过合作的方式优先推进船舶用品流通、建立海运交易所和船舶管理设施、建设相关商业园区等，最大限度地发挥北极航道的联动效应。此外，还可以共同合作参与和开发俄罗斯北极沿岸港口建设，在技术上互相交流，减少投资和商业运营的风险。①

第二，参与北极气候变化和海洋环境保护事务的国际合作机制。气候变化和北极海洋环境息息相关，对东亚地区的中、日、韩等国家的区域环境有着重大影响，中国在气候变化问题上的态度格外引人注目。控制全球温室气体减排也应当是全人类共同的责任。联合国提倡的健康有序的发展包括两个方面，即努力消除贫困和走可持续发展道路，这种共同责任与共有家园的模式，同样适用于同处于东亚屋檐下的中、日、韩三国。② 2019年12月24日《中、日、韩合作未来十年展望》就提出，中、日、韩“认识到采取切实可行的行动应对气候变化的紧迫性，重申致力于全面落实《联合国气候变化框架公约》和《巴黎协定》”。③ 可见，中、日、韩参与北极气候变化与海洋环境保护事务的合作机制分别以联合国政府间气候变化专门委员会（IPCC）和联合国环境规划署（UNEP）为平台，通过《巴黎协定》和《西北太平洋行动计划》在气候变化应对和北极海洋环境保护方面的规制，为实现北极的可持续发展做出积极贡献。④

第三，北极科考活动。北极科学考察属于低政治敏感度事务，中、日、

---

① 龚客瑜：《北极事务与中日韩合作》，载《韩国研究论丛》，2014年第2期，第41-42页。

② 参见具天书，邱道隆，张植荣：《环境外交：发展的动力学分析——兼论中、日、韩三国环境合作与问题》，载《中国地质大学学报（社会科学版）》，2012年第2期，第46-52页。

③ 《关于东北亚和平与合作的联合宣言》，2015年11月1日。

④ 白佳玉：《中、日、韩合作参与北极事务的可行性研究》，载《东北亚论坛》，2016年第6期，第119-120页。

韩一直将北极科学考察作为参与北极事务的重要突破领域，将进一步推进并深化科学考察作为重要政策目标。目前，中、日、韩在北极科学考察方面的合作主要通过国际北极科学委员会(IASC)这一非政府间国际组织平台进行，而联合国的下属机构，例如，粮农组织(FAO)、世界气象组织(WMO)、联合国教科文组织(UNESCO)设立的政府间海洋学委员会等也为三国提供了海洋科学研究的合作平台。①

第四，北极渔业等资源开发。目前，中、日、韩在海洋渔业与资源开发方面的合作体现在《北极公海渔业协定》的谈判中，可为共同参与北极其他资源开发提供有益的借鉴经验。相较于北极理事会北极治理方式的封闭性和北极国家涉北极议题讨论的排他性，2017 年年底通过的《北极公海渔业协定》不仅涉及北冰洋公海核心区的渔业问题，还采用北极沿岸 5 国加上中国、欧盟、冰岛、韩国、日本 5 个成员加入谈判即“A5+5 机制”来达成。

四、我国推进北极治理中日韩合作的路径与完善

北极的气候环境影响我国的气候与环境变化，北极航道的开通直接关系到我国未来国民经济的可持续性发展，中国参与北极治理的过程经历了三个阶段。2006 年以前，以北极科学研究和科学合作为主的“北极科学外交”阶段；2006—2013 年，以中国加入北极理事会历程为代表的争取“身份承认”的“北极身份外交”阶段；2013 年至今，中国的北极外交从拥有北极事务合法参与权和北极事务“利益攸关方”身份的阶段，聚焦到对北极事务综合考虑的“综合北极外交”的阶段；② 2017 年，中国的北极外交更因为中、俄间达成“冰上丝绸之路”的共识而引人注目。因此，中国对北极的战略选择应该是我们发挥大国作用，致力于构建北极地区新秩序。无论从自身利益，还是从世界经济协调发展来看，中国都应该在北极新秩序的构建过程中发

① 白佳玉：《中、日、韩合作参与北极事务的可行性研究》，载《东北亚论坛》，2016 年第 6 期，第 120-121 页。

② 孙凯：《中国北极外交：实践、理念与进路》，载《太平洋学报》，2015 年第 5 期，第 37 页。

挥作用。[1]

在分析中、日、韩参与北极事务的竞合趋势时，既要看到北极治理的主流，也需注意其支流。从东北亚地区层面来看，中、日、韩在加强北极科考、强化国际合作等方面基本立场一致，产生分歧的可能性较小，但在北极航道、未来的资源和能源开发、北极外交和话语权等方面仍可能出现某种程度的竞争。但更应看到，合作正成为北极治理的主流。一方面，北极治理形成了“全球—区域—国家”三层次、多利益攸关方参与的多元格局。随着北极事务的全球性影响和北极开发前景可期，北欧5国一贯在北极合作问题上奉行多边主义，新形势下与域外国家合作更为开放主动，北极国家与域外国家开展合作的需求不断增强。在北极合作问题上最为保守的俄罗斯也出现积极的态度转变，强调在北极理事会框架内加强与域外国家合作，俄外长拉夫罗夫明确提出将中国作为北极合作的优先伙伴，俄罗斯北极事务大使巴尔宾提出北极应成为“合作之地”。[2] 另一方面，中、日、韩文化相亲、地理上纬度相近、都高度依赖石油、天然气等资源。无论在北极潜在的油气资源联合开发上，还是北极航道的开辟利用上，相较于其他北极观察员，日、韩都是中国可以重点联合的力量。

中国作为北极圈外的国家，在北极开展最早也是较主要的活动——科学考察始于1990年。中国对北极事务关切度的大幅提升始于2007年俄罗斯“北极点插旗事件”。[3] 而中国的北极外交历经三个不同阶段，直至如今进入考虑“布局之后怎么做”的阶段。结合我国“北极议程”的重点和中、日、韩北极竞合关系，我国未来参与北极事务可以从以下几个方面予以完善和加强。

第一，我国北极政策的布局和推进可吸收日、韩的优点，使其更精细化和具有可操作性。《中国的北极政策》白皮书虽然结构完整，也体现我国

① 柳思思：《“近北极机制”的提出与中国参与北极》，载《社会科学》，2012年第10期，第32页。

② 徐宏：《北极治理与中国的参与》，载《边界与海洋研究》，2017年第2期，第5-6页。

③ 刘惠荣：《中国与北极：合作与发展之路》，《北极地区发展报告(2014)》，社会科学文献出版社，2015年，第4-5页。

北极各项议程布局全面的特点，但缺乏日本、韩国那样先后配套、逐步落实的北极政策具体执行计划。我国应加快海洋基本法立法，还可借鉴韩国、日本的做法，在《中国的北极政策》白皮书指导下，制定年度或者每五年的北极政策执行计划，包括对前一年度或一段时间中国北极政策取得的进展与评价，年度重点关注的问题、推进战略和具体举措，对应的主管部门、协助部门等。在具体北极政策推进战略选择方面，应注意与日、韩的合作与差异化竞争，以互信互利、合作共赢为原则和基础，共同参与推动东北亚区域北极事务合作。①

第二，扬长避短，在推进“冰上丝绸之路”时注意发挥自身优势，避免和日韩的同质化竞争。在秉持“四项原则”的基础上，我国在将北极事务嵌入“一带一路”倡议后，应继续落实“冰上丝绸之路”倡议、推进与俄罗斯在北极的全面合作。2017 年 6 月和 7 月，我国政府发布的《“一带一路”建设海上合作设想》首次将北极航道确定为“一带一路”的三大海上通道之一②，中、俄领导人又达成了“冰上丝绸之路”的合作共识，今后两国应继续深化有关北极航道的开发、利用和运营、北极航道沿线港口基础设施建设等方面的合作，将“冰上丝绸之路”从“倡议”落实到具体的项目。鉴于中、日、韩在北极资源开采、北极航线开发、利用和港口建设、极地装备制造等方面存在激烈竞争，中国的北极政策推进计划选择应注意发挥低成本优势。例如，中国在港口基础设施、铁路、公路、海底隧道、桥梁建设等方面都有较大的低成本优势，因此可立足俄罗斯建成标志性精品项目，再逐渐扩大北极航线沿岸国家的港口基建市场份额。针对日、韩有较大竞争优势的北极破冰船、抗冰型与环保型商船、北极海工装备等领域，中国政府应加大政策与资金扶持力度，政企与金融领域应进一步加强沟通，加大上述船型和北

① 韩立新，蔡爽，等：《中、日、韩北极最新政策评析》，载《中国海洋大学学报（社会科学版）》，2019 年第 3 期，第 66 页。

② 参见“国家发展改革委、国家海洋局联合发布《“一带一路”建设海上合作设想》”（2017 年 6 月 20 日），资料来源于 http：//news. xinhuanet. com/politics/2017-06/20/c_1121176743. htm。访问时间：2022 年 1 月 5 日。

极海工装备的设计、建造，逐渐缩小与日、韩在此方面的差距。①

第三，加强官民并举统筹北极外交。首先，从国家层面应继续加强与北极国家的合作，夯实与俄罗斯和北欧国家的双边关系；其次，官方外交活动是中国北极外交的主要方式，但并非中国北极外交的全部，还应继续打造内外结合、各方互动、官民并举的统筹北极外交②；最后，北极国家往往视中国为"威胁"，将中国参与北极事务的活动称为“北极野心”。韩国作为第一个公布国家北极战略的亚洲国家，其采取“小步快走”的外交策略，却赢得了许多北极国家对韩国较高的好感度。③ 日本的北极政策中，也极为重视北极环境和原住居民等具有人文关怀的议题，以提升对外形象。未来我国仍需统筹北极外交，补足北极人文议题的短板。

第四，近期的北极渔业问题，不失为中国联合日、韩拓展北极事务的有效探索。2017 年年底通过的《北极公海渔业协定》采用北极沿岸 5 国加上中国、欧盟、冰岛、韩国、日本 5 个成员加入谈判即“A5+5 机制”达成。根据该协定的规定，缔约方大会的决定采取“协商一致”的原则，该协定的生效须得到所有缔约方(9 个国家和欧盟)的批准，这样就赋予了每个缔约方一票否决的权利，避免在缔约方大会的决策机制和该协定的生效这两个焦点问题上将北冰洋沿岸国与非沿岸国进行区别对待。④ 尽管在北极公海核心区渔业谈判早期，北极沿岸 5 国过于主导谈判议题⑤以及把冰岛在内的非沿岸国排斥在谈判外并招致批评⑥，

---

① 韩立新，蔡爽，等：《中、日、韩北极最新政策评析》，载《中国海洋大学学报(社会科学版)》，2019 年第 3 期，第 66 页。

② 赵可金：《统筹外交——对提升中国外交能力的一项研究》，载《国际政治研究》，2011 年第 3 期，第 113-128 页。

③ 肖洋：《韩国的北极战略：构建逻辑与实施愿景》，载《国际论坛》，2016 年第 2 期，第 15-16 页。

④ 《国际磋商各方就〈防止中北冰洋不管制公海渔业协定〉文本达成一致 超前给北冰洋公海捕捞打上封条》，载《中国海洋报》，2017 年 12 月 5 日第 2234 期，第 A4 版。

⑤ 邹磊磊，黄硕琳：《试论北冰洋公海渔业管理中北极 5 国的“领导者”地位》，载《中国海洋大学学报(社会科学版)》，2016 年第 3 期，第 6-7 页。

⑥ See Ministry of Foreign Affairs of Iceland，“Due to ‘5-state consultation’ on fishing in the Arctic Ocean” 2015，available at https：//www. mfa. is/news-and-publications/nr/8460。访问时间：2022 年 1 月 4 日。

但最终“A5+5 机制”还是形成了北冰洋沿岸国和非沿岸国与欧盟平等磋商的模式。作为“A5+5 机制”的重要参与方，中国已经为《北极公海渔业协定》的多轮谈判和协定的文本生效做出了贡献，今后北极渔业问题或将成为中国拓展北极事务的新起点。《北极公海渔业协定》虽然禁止商业捕捞，但为了更好地养护北极渔业资源，并不禁止未来北极公海核心区的探捕和科学研究性质的捕捞。随着中、日、韩对该协定的批准，三国在探捕和科研捕捞方面可以达成合作。

Theory and Practice of the Competing and Cooperative Relationships between China, Japan and South Korea in Arctic affairs

LIU Dan

Abstract: China, Japan and South Korea have entered a new stage of participation in Arctic affairs, marked by the official observer status of the Arctic Council in 2013. China, Japan and South Korea have similarities and differences in the various affairs and fields involved in Arctic governance, and the academic community has different views on the competing & cooperative relationships between the three nations. Combined with the theoretical views regarding the relationship between China, Japan and South Korea in Arctic affairs and the cooperation already carried out, the prospects for cooperation between the three northeast Asian countries in the future are promising. China should continue to promote cooperation in Arctic affairs between China, Japan and South Korea from the institutional, institutional and diplomatic perspectives.

Key words: China, Japan and South Korea; Arctic affairs; Competing & cooperative relationships; Path selection

海权视域下的中国北极政策研究

杨 震 蔡 亮[①]

摘 要：步入后冷战时代的中国面临一个与冷战时代截然不同的地缘政治环境。国家利益的需求与安全环境的变化决定了中国在地缘战略选择上采用了海权优先的地缘战略。在海权思想的指导下，中国积极参与北极开发，在取得累累硕果的基础上出台了北极政策。而这方面的进展反过来又进一步促进了中国海权的建设与发展。作为北极地区的利益攸关方，中国积极参与北极开发将会为该地区的发展与保护贡献自身的力量。

关键词：海洋战略；北极；科学考察；海权；外向型经济

中国在冷战结束后面对巨变的国际形势和地缘政治环境，出于对经济、安全以及政治等诸多因素的考虑采取了海权优先的地缘战略。中国充分认识到，作为资源的来源，海洋在人类文明的发展过程中起到了至关重要的作用。[②] 党的十九大因此提出“海陆统筹，加快建设海洋强国”。[③] 在此背景下，中国出台了北极政策。本文拟对中国北极政策提出的战略背景、内容特征及对策建议等问题进行探讨。

---

① 杨震（1977— ），男，江苏海安人，上海政法学院东北亚研究中心副主任，复旦大学南亚研究中心特聘研究员，主要研究方向：海洋安全与海权理论。蔡亮（1980— ），江苏阜宁人，上海国际问题研究院研究员，主要研究方向：日本问题（上海 200137）。本文为 2019 年度教育部哲学社会科学研究重大课题“印度社会经济发展与对外政策”（19JZD055）的阶段性成果。

② Geoffrey Till, Seapower: A Guide for the Twenty-first Century, London: Frank Cass, Inc., 2004: 8.

③ 习近平：《决胜全面建成小康社会夺取新时代中国特色社会主义伟大胜利》，载《人民日报》，2017 年 10 月 28 日。

一、中国海权发展是北极政策的战略背景

中国于1978年开始的改革开放至今已经40余年。这场史无前例的改革不仅改变了中国社会的生存方式，更使中国的经济结构发生了巨变。这种巨变主要体现在工业原料、能源、产品、利润、就业、市场、效益等不再仅仅依赖于本土，而是严重依赖于外部世界。已经有5000年历史的“传统农业内向型”经济生存方式由此发生了转变，很大程度上向“依赖海洋通道的外向型”转变。[①] 发展海权成为中国地缘政治学界的共识。作为一个客观历史存在，海权处于不断地发展演进之中。

后冷战时代海权所处的时代与冷战前及冷战时代相比，发生了深刻而巨大的变化。由于国际政治文化、国际战略格局、海权观念以及海洋科学技术的发展变化，使后冷战时代的海权在要素、构成，以及观念方面发生了巨大而影响深远的变化。一般认为，海权的本质是对海洋的有效控制以及在此基础上的开发和利用。换言之，所谓后冷战时代的海权，是在国际政治多极化、经济全球化、军事信息化的信息时代通过政治、经济、法律、军事、科技、文化等多种途径和手段对海洋进行控制、利用、管理和开发的一种综合能力。[②]

具体而言，适宜发展海权的先天性要素地理条件、依赖国际贸易并不断催生海外利益的外向型经济和以这种经济类型为基础的上层建筑构成了后冷战时代海权的要素。而海上管理机构、海洋武装力量、海洋法律体系、海洋经济产业体系和海洋科技实力构成了后冷战时代海权的主要部分。[③]

中国是世界上最大的陆海复合型国家之一，也是唯一一个连接心脏地带和欧亚大陆边缘地带的大国，拥有发展海权的便利条件。在对安全、外交、政治和经济等诸多因素进行考虑与论证后，发展海权已经成为中国政

---

① 倪乐雄：《21世纪对海权的沉思——文明转型与中国海权》，文汇出版社，2011年，第189页。

② 杨震：《后冷战时代的海权》，博士学位论文，复旦大学，2012年5月，第212页。

③ 杨震：《后冷战时代海权发展演进探析》，载《世界经济与政治》，2013年第8期，第100页。

府决策层的共识。

在党的十九大会议上，习近平总书记提出“坚持陆海统筹，加快建设海洋强国”。建设海洋强国意味着中国将眼光投向远洋而不仅仅是渤海、黄海、东海和南海这四大边缘海。在世界海权格局中，北极具有越来越重要的地位，中国这个走向海洋强国的洲际型国家兼全球最大工业国家在该地区的利益也呈与日俱增的态势。北极地区作为人类共有的财富，北极事务不再只涉及传统意义的北极国家，非北极国家在北极问题的处理上也逐渐并应当具有话语权。[①] 此外，北极地区的快速升温带来了自然环境和社会环境的重大改变，大大提升了北极地区在世界格局中的地位，显著加强了北极地区与世界其他地区之间的互动。中国是深受北极环境变化影响的主要国家之一，中国在北极的战略利益日益增长。北极对中国的战略影响全面上升，在生态系统、粮食安全、环境政治、能源政治、航道利用等领域，中国在北极的非传统安全利益越来越突出。随着北极地区国际政治的复杂性与不确定性加大，中国在北极的战略利益，尤其是非传统安全利益面临压力。中国需要预测和预知在北极地区多种战略利益的增长，并对可能的风险与挑战早做分析和评估。[②]

这里需要特别指出的是，由于北极冰盖融化而产生的“北极航道”问题直接将发展海权、建设海洋强国的中国与北极联系在一起。预计到 2030 年，北部和西北部的通道每年有大约 110 天具备通航能力，大约有 45 天可以便捷通过。[③] 学者陆俊元指出，经过改革开放以来的积累，中国国家利益和权益在中国主权边界之外迅速增长，呈现一个海外利益在地域空间上快速拓展的过程。无论在其他国家的主权范围之内——从周边到外围，还是在国

① 李振福：《大北极国家网络及中国的大北极战略研究》，载《东北亚论坛》，2015 年第 2 期，第 31 页。

② 陆俊元：《中国在北极地区的战略利益分析——非传统安全视角》，载《江南社会学院学报》，2011 年第 6 期，第 1 页。

③ National Intelligence Council，Global Trends 2030：Alternative Worlds，a publication of the National Intelligence Council，December，2012：117，http：//www. dni. gov/index. php/about/organization/national-intelligence-council-global-trends。访问时间：2022 年 1 月 6 日。

际公域——深海、极地、外层空间等，中国国家利益迅速成长，导致中国国家利益的地域空间成长。按照“核心层—内层—外层”圈层结构模式来看，核心层的边界没有改变，但是，在内层和外层区域的利益不断积聚，而且，其边界逐渐往外迁移，尤其是外层区域的地域空间大幅扩展。全球气候的快速变暖正在深刻地改变北极地区的自然和社会环境，变化中的北极地区对北半球乃至世界产生广泛的影响，北极地区与北极事务同中国利益的各种链接逐渐建立起来。而且，随着全球化进一步深入发展、国际社会相互依赖加强以及在国际关系互动加剧等因素驱动下，北极地区与中国利益的关联性正在日益强化。根据乐观的预期，北极地区在不太远的将来很可能将进入一个开发利用的时代。石油、天然气和矿产资源的开采、“东北航道”的商业性通航、北极地区的生态环境保护和可持续发展等各种人类活动都将超越地域的限制，从北极地区的区域性事务逐渐向全球性事务方向发展。这些事务都将与中国产生越来越紧密的关联。北极地区同中国之间日益加强的关联性使两者在利益方面形成了相互依存关系，这是构成中国北极利益的根本原因。中国在北极地区的利益可能来源于在该地区的投入、活动及其各种延伸产品，来源于中国对北极地区诸多要素的需求，也可能来源于北极地区各种因素对中国的正面的或负面的影响及其后果。北极地区的快速升温造成了自然环境和社会环境的重大改变，显著加强了北极地区与世界其他地区之间的相互影响。北极环境变化深刻影响着中国，既可能给中国带来北极航道利用、资源利用等机遇，又可能给中国造成生态环境方面的影响，特别是负面的影响。随着北冰洋海冰快速融化，北极航道夏季通航的事实已经确立，一些先行先试的海运公司已经尝到了利用新航路的甜头。中国位于北极航道在太平洋的终端附近，将是北极航道的一个“大用户”，新航路的开通将给中国带来诸多机遇和挑战。可以预计，以“东北航道”为例，新航道的开通将缩短中国同欧洲之间的运输周期，降低运输成本，给中国的对外航运和贸易带来直接的经济利益；将影响中国的区域经济发展格局，给东部沿海特别是北部沿海地区带来新的经济增长机会；为中国与欧洲、北美、俄罗斯之间的联系增加新的纽带，有利于加强中国同这些国家之间的关系。同时，敏感的北极航道可能加大北极地缘政治的复杂性，给中国处理与北极国家之间的关系增加难度，并可能给作为一个航道使用者的中国带来战略被动性。①

美国著名学者莫顿·D. 卡普兰甚至这样高度评价北极对于中国及世界地缘政治格局的影响："假想一下，北极地区如果变得温暖，在未来几十年里将赋予海权和制空权什么意义？超音速运输机将美国西海岸和亚洲城市之间的距离削减了2/3，极地航线越来越多地投入使用，美国、俄罗斯和中国将被锁定在一个日益紧固的世界里；地理将会变得更具实感，并因而更重要。"②

北极区域内国家也纷纷出台了北极战略，以加强在该地区的开发。冷战结束以来，挪威有了独立的北极政策，并居于外交领域首要地位。这一时期的政策类型不同于冷战时期的单一性特征，具有涵盖军事安全、环境保护、渔业合作、科学研究等诸多领域的综合性特征。2006年12月，《挪威政府的高北战略》出台，这是挪威历史上第一个系统而全面的北极战略文件。2009年3月，挪威根据高北地区快速发展的现实更新了北极战略的版本，颁布了《北方新基石：挪威政府高北战略的下一步行动》，内容与上一个版本相比更具可操作性。③ 丹麦2016年出台《变革时期的丹麦外交与防务》和《国防部未来在北极的任务》，强调了丹麦王国作为"北极超级大国"的地位，标志着丹麦北极战略从温和保守向主动进取转变。④ 2000年，加拿大政府公布了《加拿大对外政策中的北方因素》，将北极事务纳入外交范畴；2009年又颁布《加拿大北部战略：我们的北方、我们的遗产、我们的未来》，首次明确了加拿大北极战略的四大支柱，包括行使加拿大对北极的主权、

---

① 陆俊元，张侠：《中国北极权益和政策研究》，时事出版社，2016年，第21–22页。

② ［美］莫顿·D·卡普兰：《即将到来的地缘战争》，涵朴译，广东人民出版社，2013年，第43页。

③ 孙超，潘敏：《不断演变与发展的挪威北极政策》，载《中国海洋报》，2016年10月26日，第A4版。

④ 肖洋：《格陵兰丹麦北极战略转型中的锚点？》，载《太平洋学报》，2018年第6期，第78页。

促进社会经济发展、保护北极环境遗产以及改善北极治理与强化分权；2010年，加拿大政府再次发布文件《加拿大北极外交宣言》，该文件在提出“北极外交”概念的基础上，将加拿大在北极所扮演的角色确立为“负责任的管理者”，并指出扮演这一角色是加拿大行使主权的根本手段。① 需要特别指出的是，区域外国家兼第二次世界大战战败国日本于2015年发布了其官方北极政策报告《我国的北极政策》，对日本的北极政策进行了系统阐释。② 在此背景下，中国出台了北极政策。该政策的出台意味着中国的北极开发进入了一个新阶段，也为中国海权理论的构建增加了新的研究对象。

二、北极日益成为各国关注的焦点

北极地区指北极圈以北的地区，包括北冰洋海域、边缘陆地海岸带及岛屿、北极苔原以及最外侧的泰加林带，总面积约2100万平方千米。北极地区岛屿主要有格陵兰岛、加拿大北极群岛、斯瓦尔巴德群岛、法兰士约瑟夫地群岛、新地岛、北地群岛、新西伯利亚群岛和弗兰格尔岛等；水域主要为北冰洋，北冰洋约有700万平方千米终年被冰雪覆盖。北极地区的陆地、岛屿及其近岸海域和大陆架分别属于俄罗斯、加拿大、美国、丹麦、芬兰、冰岛、挪威和瑞典8个环北极圈的国家。③ 北极地区拥有丰富的油气资源。全球约有30%未开发的天然气、13%的石油蕴藏在这里。该地区的煤炭储量更是高达1万亿吨，约占全球煤炭储藏总量的25%。此外，北极地区还有富饶的林业、渔业资源以及镍、铅、锌、铜、钴、金、银、金刚石等稀有矿产资源，是名副其实的天然“聚宝盆”。在全球资源争夺日益紧张的今天，北极地区无异已经成为北冰洋沿岸国家觊觎博弈的重点目标。④

美国认为，美国在北极地区存在领土和居民，自然涉及美国的安全利

① 唐小松，尹静：《加拿大北极外交政策及对中国的启示》，载《广东外语外贸大学学报》，2017年第4期，第6-7页。

② 梁怀新：《日本北极政策研究：实施动因、战略规划与未来走向》，上海交通大学凯原法学院第二届“全球治理与海洋权益维护”学术研讨会，2019年，第3页。

③ 刘新华：《试析俄罗斯的北极战略》，载《东北亚论坛》，2009年第11期，第63页。

④ 李抒音，王继昌，等：《俄罗斯军情解析》，中国人民解放军出版社，2017年，第48页。

益。客观地说，美国在北极地区的安全应该主要针对阿拉斯加与美国本土的安全。从陆地面积来看，阿拉斯加州约占美国领土总面积的1/6。它是美国重要的能源基地和矿产资源供应地。阿拉斯加本身存在合理的安全需求。另外，作为美国本土安全的外围屏障，阿拉斯加对美国核心地区的安全具有保护作用。根据美国自身的国家安全理论，对美国本土安全的威胁主要来自欧亚大陆，因此，防范欧亚大陆对美国的威胁成为美国长期坚持的国家安全战略目标。阿拉斯加接近欧亚大陆，离美国在战略上的假想敌近，而离美国人口、经济、财富等高度集中的本土远，因此，美国可以利用阿拉斯加为保卫其核心地区安全服务。以阿拉斯加为基地，可以起到战略侦测和预警作用，将可能针对美国本土的威胁消灭在远离其本土的地方。在冷战时期，美国北极地区的安全风险主要来自美苏战略竞争带来的挑战，美国与苏联隔白令海峡军事对峙。在北冰洋水下，美国与苏联通过战略核潜艇进行制海权争夺，一度形势紧张，美国与苏联处在相互威胁之中。冷战结束后，美国在北极地区的安全压力基本消除。2007年8月，俄罗斯在北极海底插旗事件之后，北极地区出现了一波军事化现象，有关国家加强了北极地区的军备建设和军事行动，美国北极地区的军事安全面临新的形势。[①] 北极地带正在迅速变化。最显著的变化之一是海冰的减少，这首先可能导致美国北极地区船只交通的增加。商船可以利用更便捷的路线，游船和休闲娱乐船只有望为该地区带来更多的游客，垂钓范围在变化，油气公司随着探测活动在向前推进，并取得在北极海底钻探的租约。美国提出有必要提升美国在北极地区的通信系统和环境反应管理能力、观察和预报海冰的能力，以及该区域地图和航海图的精确度。因为，这些行动关系着美国在北极地区的海洋安全和安保，而改进北极地区通信系统，将提高美国预防和响应海洋事件和环境影响的能力。联邦机构将通过发展技术能力和伙伴关系，来升级北极地区的通信系统。各机构将加强现有通信系统，以便船只、飞机和海岸站点彼此有效通信、接收信息，如实时天气和海冰预

① 陆俊元，张侠：《中国北极权益和政策研究》，时事出版社，2016年，第17-18页。

报，这将大大减少海上丧生的风险或财产损失及海洋环境破坏的风险。各机构还将相互合作，并与美国国内各团体、工业界及视情况所需的一些国家合作，在建设新通信系统前弄清用户需求和现有能力，以提高美国对北极地区环境事件的预防和响应能力，确保各机构采取协同行动，把灾难的可能性降到最低，一旦发生灾害事件，尽快做出响应。

其次，北极地区船只交通量的增多会提高相撞、搁浅和其他严重海上事件的风险，导致死亡及财产损失、海洋环境的破坏。因此，美国认为一个协同性的、准备充分的全风险响应管理系统，将减轻海洋污染事件对脆弱的北极群落和生态系统的影响。为了提高响应能力，美国联邦机构将开展联合应对漏油的研讨会和演练，开发并应用响应协同和决策支持工具，如北极环境响应管理应用软件，并加强冰层覆盖的水体中的漏油预防、控制和应对设施、预案及技术。提高北极海冰预报，维持海上安全。海冰预报是北极地区最紧急和最具即时性的需求之一。为了确保最具战术性的长期性的海冰预报可用于安全操作和计划拟定，美国联邦机构将合作以更好地确定海冰融化和再生成的数据，更好地了解海冰分布的变化模式，制作更好的冰缘地图，扩大海冰观测项目的参加度，并与国际伙伴合作在更大区域范围进行更好的基于模型的预报。更好的观测将带来更准确的预报，这将使北极海上安全和安保活动更有信息依据。

最后，为实现安全航行和更精确的定位，应提高北极地区地图测绘和航海制图能力。水文地理制图方面的进展将通过减小破坏性的海上事件的风险，提高北极地区的航海安全。对此，美国联邦机构将与国内团体和利益相关者保持一致，为海岸和水文地理测量活动更新航海图、建立优先项。此外，针对阿拉斯加的映射重力数据将有助于纠正在北极定位上的米级误差。这些工作将有助于美国海军和海军陆战队的行动，并有助于确保北极地区所有海员的安全和安保。[①]

美国还认为，除了霍尔木兹海峡和马六甲海峡等咽喉要道，至2025年，

---

① National Ocean Council：National Ocean Policy Implementation Plan，April，2013：11-12.

由于北极冰层融化、巴拿马运河拓宽等类似原因，海上还将出现新的交通要道，而美国海上力量也将保护其盟友和合作伙伴在这些新航道上的航行自由。①

2018 年 12 月 13 日，美国国会研究服务部发布《北极变化：背景和国会的议题》的报告。该报告全面介绍了美国的北极定位和政策主张，详细分析了北极气候变化对领土争端、商业航运、矿产资源勘探、地缘政治环境等的影响。介绍了美国应对北极形势发展变化的战略路线图。该报告的发布，预示着美国将重新调整北极政策，加快推进北极战略布局，大力拓展北极地缘战略利益。美国作为北极国家，自认其在北极地区拥有重大利益，战略上长期关注北极问题。近年来，随着全球气候变暖趋势加快，北极适航海域有所扩大，北极地区战略价值凸显，美国随即全面着手北极战略布局。美国先后发布一系列政策文件，形成了完整的北极战略。美国国会此次发布《北极变化：背景和国会的议题》报告，是内因和外因共同作用产生的，具有深层而长远的战略考量。第一，维护领土主权安全。北冰洋海冰消融速度远快于之前预期，海冰面积逐渐缩小，水域面积不断扩大，这促使北极周边国家对各自领海和专属经济区范围提出新的主张。美国宣称，其在北极行使的权利，包括领海内的主权、专属经济区和大陆架内的主权权利及管辖权，以及在毗连区的各项权利。美国在北极地区的扩展大陆架主张，可以从阿拉斯加北海岸延伸 600 多海里。此次国会关于北极的报告，专门讲了北极扩展大陆架提交领土争端和主权问题，强调美国和其他国家一样，正利用《联合国海洋法公约》的有关规定来确定其大陆架界限。第二，拓展战略能源利益。北极地区蕴藏着大量油气、矿产、渔业等自然资源。美国科研机构评估，“广阔的北极大陆架，可能是地球上最大的未勘探石油远景区”。北极技术上可开采的常规油气资源，约占世界未发现油气资源的 12%，占世界未发现天然气矿床的 30%。海冰面积的减少为这些资源的开发

---

① Jonathan Greenert, Navy 2025: Forward Warfighters, Proceedings Magazine, December Vol. 137/12/1, 2011: 306. http: //www. usni. org/magazines/proceedings/2011-12。访问时间：2022 年 1 月 6 日。

提供了可能，并将为北极周边国家带来巨额经济利益。2013年的美国北极战略强调，北极地区的能源资源是美国国家安全战略的核心组成部分，可以为未来的美国能源安全提供保障。国会关于北极的报告，援引海洋能源管理局等相关机构的研究成果称：美国阿拉斯加大陆架地区还有约270亿桶石油和3700亿立方米天然气尚未被发现。未来35年内，美国对北极的海上石油和天然气勘探"将有助于维持国内供应，因为美国页岩油和致密油的产量可能会下降"。在全球战略能源需求日增、供应趋紧的态势下，北极势必成为美国理想的战略能源保障基地。第三，控制海上战略通道。国会关于北极的报告指出，北极冰层的减少可能导致未来几年内，两条跨北极海路(东北和西北航道)的商业航运量增加。北冰洋的海冰融掉后，北极航道打通，华盛顿到莫斯科的航线比经过欧洲的航线缩短1000千米，伦敦到东京的航线缩短1.16万千米，欧、亚与北美之间的航道缩短6000千米以上。这种交通的前景，提出了一个重大的管辖权问题。这些新适航水道对于促进北极地区经济发展和安全稳定具有重要战略意义，意味着世界海运版图的重新划分。美国认为，海洋航行自由是国家的头等大事，过境航道制度适用于北极航道，有必要提前进行战略布局，强化对适航水道的实际把控，进一步拓展海上安全纵深，从而奠定其在北极地区的战略主导权。第四，应对地缘政治竞争。国会关于北极的报告提出一个基本问题，即未来几年，北极是否会继续像冷战后那样气氛相对缓和。诸如，北极领土争端，通过北极的商业航运，北极石油、天然气和矿产勘探，濒危北极物种，以及北极军事行动的增加等问题，可能会使该地区在未来几年成为国际合作或竞争的舞台。目前，北极周边国家正积极"进军"北极。俄罗斯利用地利之便一马当先，公开宣称拥有北极地区主权，以政治、军事、经济手段全面推进其北极战略。其中，尤以军事手段引人注目。加拿大则将其"纳努克行动"北极军演常态化，在康沃利斯岛设立北极基地。挪威、丹麦、芬兰、瑞典也先后提出其北极战略，4国还于2009年11月签署《北欧防务合作备忘录》，抱团应对北极地缘政治竞争。报告对此不仅表示了担忧，还专门分析了北极的地缘政治对第二次世界大战以来美国主导的国际秩序构成挑战，美国在总体政策制定中应优先考虑北极。综合分析，国会关于北极的报告，既是基于美国对未来北极地缘战略态势的新判断，也是基于现有实力和维护北极利益的新选择。其战略价值取向延续性大于变化性，追求的是一种渐进性的战略目标。①

在北极问题上，俄罗斯的态度更为积极。苏联解体后，俄罗斯对北极的科学考察、开发、提出领土要求的步伐明显加快。1997 年，俄罗斯批准《联合国海洋法公约》。2001 年，俄罗斯向联合国大陆架限界委员会提出 120 万平方千米的领土主张。2007 年，一支俄罗斯科考队在北冰洋罗蒙诺索夫海岭插上了国旗，宣示俄罗斯的主权。2008 年 9 月，俄罗斯通过了《2020 年前及更远未来俄罗斯在北极的国家政策原则》，提出分阶段实施北极战略规划，包括将北极建成俄罗斯主要的资源基地，完成俄罗斯在北极地区的边界确认，确保实现“俄罗斯在北极能源资源开发和运输领域的竞争优势”等。这是俄罗斯也是世界上第一份关于北极的国家战略文件，明确界定了俄罗斯在北极的各种利益，成为指导俄罗斯在北极行动的指南，它的颁布标志着俄罗斯的北极战略终于浮出水面，其“北极战略”日渐清晰。《2020 年前及更远未来俄罗斯在北极的国家政策原则》很明确地指出：驻北极地区的俄罗斯武装力量部队和其他军队、队伍和机构组成的独立部队集群，能够在各种军事政治局势条件下保障俄罗斯在该地区的军事安全。这为俄罗斯筹备和组建北极部队奠定了坚实的政策基础。2013 年 2 月，普京又签署《2020 年前俄罗斯北极地区发展与国家安全保障战略》，明确提出将在北极地区部署一支包括武装力量、边防部队和海岸警卫队在内的混合武装力量。②

总体来说，海洋温度上升带来新的挑战和机遇，在北极和南极最明显，那里融化的冰川导致更大范围的海上活动。在未来几十年里，北冰洋将变得越来越容易接近，将更广泛地为那些想获得该地区丰富资源和贸易通道

① 宋汝佘：《国会画就路线图，美北极战略或调整》，载《世界军事》，2019 年第 7 期，第 30 页。

② 李抒音，王继昌，等：《俄罗斯军情解析》，中国人民解放军出版社，2017 年，第 326 页。

的人所使用。石油和天然气开采、商业捕鱼、旅游和矿产开采等预期中的海上活动的增加预计将逐渐增加该地区的战略重要性。①

三、中国北极政策的主要内容及特点

对中国而言，北极是一个稳定的地区，在这一地区没有冲突，也缺乏一个明确霸权的影响(例如美国)。在北极，中国有条件自由地扩大其经济影响力。为此，中国支持北极地区现有的安全架构，这使得中国可以将其纳入自身的发展框架内(例如“一带一路”倡议)而在很大程度上不致遭到反对。中国在北极的利益主要体现在两个方面：一是获取该地区丰富的自然资源，包括俄罗斯的天然气和石油；二是使用北极航线，即北海航线和西北航道，进口这些自然资源，并出口自己的货物。因此，该地区的资源和航运通道为中国的能源来源地多样化提供良机，并使其国际贸易遍及四方。②

2018 年 1 月 29 日，中国颁布了《中国的北极政策》。该文件是一份 8500 余字的白皮书，总共分为四个部分：北极的形势与变化；中国与北极的关系；中国的北极政策目标和基本原则；中国参与北极事务的主要政策主张。该文件对中国参与北极开发的环境、目标及手段进行了相当详细的论述。鉴于其权威性和全面性，可以将其看作是当前中国北极政策的总体论述和标志性文献。

中国的北极政策有以下鲜明特点：首先是非军事化。北极地区是实施战略威慑的理想地域。北冰洋为战略核潜艇的隐蔽活动提供了天然保护。北冰洋超过 1 米厚的冰层能够有效阻挡电磁波对核潜艇的搜索；冰层断裂碰撞的噪声基本掩盖了潜艇的噪声，使得声呐监视设备无用武之地；该地区恶劣的气候条件对先进的海洋监视卫星等设备形成严重干扰；北极地区电

---

① U. S. Department of the Navy，A Cooperative Strategy for 21st Century Seapower：Forward Engage Ready，2015：8. http：//www. navy. mil/local/maritime/150227 - CS21R - Final. pdf，p. 8。访问时间：2022 年 1 月 6 日。

② Malte Humpert，China Looks to the Arctic，Foreign Policy[N]，Feb 28，2018：6.

离层的频繁变化也严重妨碍雷达系统对核潜艇的监测。冷战后北极的军事地位并没有削弱，反而有所加强。目前，美国在阿拉斯加部署首个反导系统，通过北极建立空防要塞。俄罗斯仍将大多数最先进的战略核潜艇部署在北冰洋，以充分保护其核威慑力量。[①] 将潜艇部署在北冰洋，在冰层之下活动，具有许多优势：(1)潜艇以北冰洋为攻击点具有突出的区位优势，打击面广。美国、俄罗斯、英国、法国都拥有射程超过1万千米的潜射洲际弹道导弹，从北冰洋可攻击北半球的所有目标。(2)北冰洋外围分布众多战略目标，这里离敌方目标相对较近，潜艇从这里发起攻击，留给对方作出反应的时间相对较短，突袭效果加强。(3)厚实的冰层为潜艇的隐蔽和航行提供了良好的保护，有利于提高潜艇的隐蔽性和生存能力。卫星或侦察机几乎无法对冰层下的潜艇目标及其活动进行侦察。(4)冰层阻碍了猎潜艇等水面舰艇的航行，使潜艇有效避开了“天敌”的威胁。专门用来对付潜艇的猎潜艇等水面舰艇难以在北冰洋的冰区航行，投掷深水炸弹和发射反潜导弹等常规的反潜手段无法在北冰洋实施，潜艇在北冰洋冰层下活动却少了“天敌”，更加安全。(5)冰层膨胀或断裂所发出的噪声为潜艇的活动提供了掩护，使利用声呐系统搜寻和跟踪潜艇变得更加困难。(6)北冰洋是潜艇训练的特殊场所，复杂、特殊、恶劣的环境条件，将帮助潜艇训练出随时抵达世界任何战略海区的能力。[②] 巨大的冰盖、冰岛、冰山和浮冰虽不利于船只的行驶，但对潜艇的活动十分有利，如由于冰的遮蔽可以使潜艇摆脱飞机和侦察卫星的监视；浮冰的漂流有碍于监听设备的追踪；冰与冰之间的挤压和与水之间的冲刷而产生的噪声，使舰艇的声呐装置受到干扰等。苏联与美英等国在海底进行的核潜艇演习调查活动持续了很长时间。核潜艇的水下活动是掌握海底地形、海水、洋流状况所不可或缺的手段。由此得到的数据和情报可以称之为“生命线”。[③] 各国在北极地区的军事博弈从来就没有停止过。而中国的北极政策却显示出和平开发与利用的特色。在《中国的

① 赵青海：《可持续海洋安全问题与应对》，世界知识出版社，2013年，第212页。
② 陆俊元：《北极地缘政治与中国应对》，时事出版社，2010年，第47-48页。
③ 路浩：《愈演愈烈的北极之争》，载《兵工科技》，2015年第11期，第9页。

北极政策》白皮书中，中国明确提出和平利用北极，致力于维护和促进北极的和平与稳定，保护北极地区人员和财产安全，保障海上贸易、海上作业和运输安全；并主张通过和平方式解决涉北极领土和海洋权益争议，支持有关各方维护北极安全稳定的努力。

其次是凸显合作开发的特色。在资源与能源方面，北冰洋拥有极其巨大的潜力，是世界上最大且尚未充分开发的“富矿区”。北冰洋为浅大洋，沿岸地区大陆架面积宽阔而坡面平缓，大陆架面积约占大洋总面积的30%。这样的地理特征决定了它可观的资源蕴藏量。根据美国地质勘探局的评估，北极地区原油储量约900亿桶，天然气储量约47万亿立方米，分别占全球未探明石油储量的13%和未采天然气储量的30%。煤炭总储量占全球煤炭储量的1/4，同时富含镍、铅、锌、铜、钴、金、银、金刚石、石棉和稀有元素等矿产资源。沿岸区域高度原生态的环境和常年大风天气使渔业、森林、风能等资源也极为丰富。北冰洋在资源上的大储量、高质量和种类多样性使沿岸各国纷纷加大了在该区域的资源开发力度，也吸引了其他域外国家参与相关开发项目。[①] 作为资源消费大国，中国也参与到北极开发中去。在《中国的北极政策》中，中国提出坚持共商、共建、共享原则，并与各方增进共同福祉、发展共同利益，这是合作开发特色的凸显。

最后是注重国际机制的作用。在国际舞台上，国际机制不仅可以加强各方沟通，而且能够降低交易成本，同时还能协调各方立场。北极开发涉及国家多，范围广，事务烦琐。在这样的背景下，国际机制所起的作用不仅在于上述的三个方面，还能成为各方摩擦或者冲突的“缓冲器”。中国对此有充分而深刻的认识，因此在其北极政策中郑重提出，积极参与北极国际治理，坚持维护以《联合国宪章》和《联合国海洋法公约》为核心的现行北极国际治理体系，努力在北极国际规则的制定、解释、适用和发展中发挥

① 卢昊：《日本对北冰洋的战略关注及行动》，见《日本海洋战略转型与中日关系》，杨伯江主编，社会科学文献出版社，2017年，第131页。

建设性作用，维护各国和国际社会的共同利益。[①] 这不仅是中国对于参与北极开发时自身地位的客观全面的认识，更是将北极开发引向健康发展的政治智慧的体现。

四、中国参与北极开发的对策与建议

由于气候变暖导致北极圈海域冰盖逐渐融化，北极航道有望开通，北极地区海底资源的大规模开发成为可能。美国、加拿大、挪威以及俄罗斯等北极国家都加强了在北极地区的力量。目前，美国已开始在从阿拉斯加到格陵兰再到冰岛的北极圈内建起了环北冰洋地区的弹道导弹预警系统。加拿大在北极地区举行了代号为“纳努克行动”的例行军事演习，这是加拿大历史上在北极地区举行的最大规模的军事演习。北极冰盖融化后，俄罗斯的地缘战略地位将大为改善，北方舰队的航空母舰和核动力巡洋舰可随时西出北大西洋进抵欧洲，东进白令海抵近阿拉斯加驶入北太平洋，左向可觊觎美国西海岸，右向可直达东北亚，国际地缘战略态势也将因此发生重大变化。[②] 各国围绕北极的利益博弈越来越激烈。作为北极地区的利益攸关方，中国参与北极开发需要做好以下几个方面的工作。

第一，对北极海冰融化的前景及影响进行预判与研究。美国认为，在北极日益重要的今天，加强极地破冰能力已经成为未来美国新国家政策的重要组成部分。全球气候变化正在打开极地交通航线，提高商业利用度，引发领土争端。因此，美国需要破冰能力，需要做出预算决定，确保现有的破冰船得到维护，新破冰船建造顺利推进。[③] 到 2030 年，北部和西北部的通道每年有大约 110 天具备通航能力，大约有 45 天可以便捷通过。然而，对北极地区的商业利用取决于北极沿海基础设施建设的发展、统一的商业船只安全标准和完备的搜寻营救能力。北极国家通过北极委员会推动公共

---

① 中华人民共和国国务院新闻办公室：《中国的北极政策》，人民出版社，2018 年，第 10 页。

② 李双建：《主要沿海国家的海洋战略研究》，海洋出版社，2014 年，第 71-72 页。

③ 耿卫，马增军，等：《美国海军作战概念 2010》，辽宁大学出版社，2010 年，第167 页。

政策的出台，可以减少分歧，避免潜在的冲突发生。

同时，气候变化及其相关议题(如北极冰川融化)将继续推动北极地区利益的全球化拓展。美国能源署估计北极地区蕴藏着全球22%的常规油气资源，但是开采这些能源的成本、风险、耗时都要比其他地区高得多。一系列相关国家都计划扩大科研投入，并投资添置破冰设备以增强它们作为北极行为体的合法性。① 随着全球气候变暖、北极冰盖加速融化，北极的战略地位日益凸显，北极在航道、能源等方面的巨大潜力使其将来可能成为人类大规模经济活动的热点地区，世界多国因此围绕北极展开激烈的争夺。② 北极的解冻将会带来两大战略后果：一是当地开采能源和资源更为方便；二是海上航行路线有可能显著缩短。未来几十年，北极解冻的一个最重要的战略后果是，那些富裕但缺少资源的贸易大国如中国、日本、韩国将由北极解冻带来的更多能源供应和航道的便利中获得更多好处。③ 凡事预则立，不预则废。做好在北极解冻问题上的预测工作，未雨绸缪，方能在未来该地区的博弈中占据主动。

第二，加强对北极地区交通及开发设备的研发。由于北极高寒、多暴风雪、阳光斜射、海冰反射多等原因，北极冬季冰量极大，基本覆盖整个海域，难以通航。盛夏季节，北冰洋表面的海冰裂解、融化，靠近大陆的海区会形成狭窄的通航水域，现在的东北航线和西北航线就在这一区域，但由于北冰洋几乎被岛屿和大陆架环抱，海冰难以扩散。在这狭窄的通航水域内，漂浮着大量的浮冰，多年的大块浮冰都达到20米厚，且经常处于运动之中。由于浮冰阻挡了船舶的航线，船舶需要频繁改变航向和不断变速，从而使得船舶操纵导航困难。同样，北极陆上地区地形多为布满巨石的山地和沼冻原，道路数量有限，工程作业难度大，冬季积雪深，温度低，气象条件复杂以及极夜等现象使部队进攻行动变得异常复杂，推进和机动

① National Intelligence Council, Global Trends 2030: Alternative Worlds, a publication of the National Intelligence Council, December, 2012: 65, http: //www. dni. gov/index. php/about/organization/national-intelligence-council-global-trends。访问时间：2022年1月6日。

② 李抒音，王继昌，等：《俄罗斯军情解析》，中国人民解放军出版社，2017年，第325页。

③ National Intelligence Council, Global Trends 2025: A Transformed World, November 2008: 53.

的速度大打折扣。北极地区海冰浮动频繁，地形地貌发生变化的速度较快，同时由于北极地区基本处于北纬70°以上，经线逐渐变密，纬线周长缩短，导致确定基本导航参数困难。极地地区的地磁特征使传统的罗盘、罗经难以发挥作用。例如，当地理纬度大于70°时，由于陀螺罗经指向力矩太小造成误差变大。在纬度高于87°时，陀螺罗经完全不能指示正确航向。

此外，由于接近极地地区时投影变形急剧增大，在中低纬度地区常用的墨卡托投影海图在极地地区已不宜使用，专用的极区海图发行的却比较少。北极地区条件恶劣，对北极海底地形、海流、冰层、磁差等水文要素的研究较少，许多地方及水域未经系统测量，助航标志缺乏，大部分极区海图是以空中照片为基础制作的。所以极地海图没有其他地区的海图那么可靠，北极大部分水域，尤其是北纬75°以上根本没有海图。目前常用的导航卫星也由于轨道分布问题，导致北极地区卫星覆盖少，导航精度差。北极地区终年严寒，冬季平均气温为零下二三十摄氏度，夏季平均气温也在零度以下。每年夏季，由于大量海冰融化，湿度较高，在北极地区出现雾的概率很高，短则持续几个小时，长则持续几天。再次，北极地区的气旋云系比较明显，影响范围比较广。在夏季，气旋一般在近岸海域产生和发展，登陆后消亡。在冬季，由于冰岛低压和阿留申低压的影响，常在亚欧大陆北部沿岸海域和阿拉斯加北部沿岸海域形成气旋而产生暴风雪天气，恶劣的气候严重影响着装备的使用适应性。① 上述情况严重制约北极地区的开发与发展。作为一个工业大国，中国应该立足自身，根据北极特殊的地形地貌和气候条件，开发出能在当地有效作业的交通工具及开发设备，这不仅是中国参与开发北极所需要的硬件，也是中国增加在北极事务发言权的有效途径。

第三，加强对北极地区的科考力度。极地是地球系统的重要组成部分，与全球气候、海平面变化、生物地球化学循环、生态系统和人类活动等有着密切联系。北冰洋（不含大陆架）是世界科学界触及不多的水域，也是反

① 王继新：《俄罗斯北极武器装备的发展》，载《兵器知识》，2017年第8期，第47-48页。

映全球环境、气候变化最敏感的区域。北极还是生物多样性、板块构造等学科研究的理想地区。世界人口、经济、政治等重心位于北半球，北极与北半球的相互影响最为直接，对北极海冰的研究可以帮助人们了解和分析全球气候的变化，认识气候变化引起的生态系统变化及其对人类的影响。北极大气、海洋、陆地、生态和社会的变化对北半球乃至全球的气候和经济社会发展产生重大影响。北极冰融将导致全球海平面上升，海冰的减少将降低对阳光的反射，冰层融化又将加速甲烷等温室气体的释放，这将进一步加剧全球气候的变化。因此，世界各国，特别是北半球国家均高度重视北极科研。[①] 作为北极地区开发的积极参与者，中国是一个科技与工业实力快速发展的大国。中国在制造业产出方面处于世界领先地位，总额超过2.01万亿美元。其次是美国(1.867万亿美元)、日本(1.063万亿美元)、德国(7000亿美元)和韩国(3720亿美元)。制造业占中国国内生产总值的27%，占全球制造业产出的20%。[②] 强大的制造业为科学考察提供先进装备，而科学考察的结果不仅能够直接用于北极开发，还可以成为与其他国家合作开发的有效工具。

第四，积极参与到北极航线的开发中。北极航线为联系欧、亚、北美三大洲的海上捷径，主要分为“东北航道”和“西北航道”。东北航道是联结大西洋和太平洋间的海上捷径，也是联系欧洲、亚洲两地的最短航线。俄罗斯将其北方沿海的这段航道称为“北方海航道”，它西起摩尔曼斯克港，经北冰洋南部的巴伦支海、喀拉海、拉普捷夫海、东西伯利亚海、楚科奇海、太平洋的白令海和日本海到俄罗斯东亚的符拉迪沃斯托克港，全长约5620海里。该航线20世纪30年代初正式开辟，全线通航期为2~3个月。从新地岛以东的喀拉海到白令海峡段全年大部分时间被冰覆盖，通航较困难，需破冰船领航等陆基支援。沿线主要港口有迪克森、杜金卡、伊加卡、

① 赵青海：《可持续海洋安全问题与应对》，世界知识出版社，2013年，第213页。

② Darrell M. West and Christian Lansang，Global manufacturing scorecard：How the US compares to 18 other nations，July 10，2018，https：//www. brookings. edu/research/global-manufacturing-scorecard-how-the-us-compares-to-18-other-nations/。访问时间：2022年1月6日。

季克西、佩韦克、普罗维杰尼亚等。摩尔曼斯克港位于巴伦支海西部，是俄罗斯北方的一个不冻港。巴伦支海东部每年有110天的无冰期，其余时间，俄罗斯商船要依靠破冰船来保障航线常年相对通畅。目前，俄罗斯破冰船在摩尔曼斯克港和位于西伯利亚北部的杜金卡港之间全年巡航，为商船开辟海路通道。[①] 中国是航运大国，北极航线的开通对于中国来说具有不可低估的重要意义。积极参与北极航线开发，不仅使中国能够降低对马六甲海峡等风险程度高的海上航线的依赖程度，还有利于中国参与北极开发手段的多样性，并增加与北极周边国家的共同利益，从而减少中国在北极事务上面临的阻力。而航道的开辟不可避免地涉及港口建设、航道维护以及全球导航系统等中国能够发挥优势的领域，这对于拓展中国国家利益来说具有重大意义。

第五，处理好北极地区的大国关系。这里主要是指美国和俄罗斯两国。美国认为自身是一个北极国家，在北极地区拥有广泛的重要利益。在北极地区，美国海军声称将全力满足美国国家安全的需要，保护环境，负责任地开发资源，对原住居民负责，支持科学研究并就广泛议题加强国际合作。[②] 如前所述，俄罗斯在北极也采取了积极进取的姿态。气候变暖造成北极解冻速度加快、北极航道通航时间日益延长，将使俄罗斯整个北线破天荒地面临更大的安全压力，这种压力一旦形成，将改变俄罗斯原有的三面防御而无“后顾之忧”的国防结构——这与曾为中国安全提供绝对保障的东海和南海在被拥有蒸气动力和远航技术的西方人征服后所引起的中国安全“后院起火”的情形非常相似。鉴于俄罗斯人口增长速度过于缓慢以及北方边境过于漫长，这种新产生的安全压力未来对俄罗斯来说将是难以承受的，但这同时又对中俄战略合作提供了更为广阔的空间。[③] 鉴于北冰洋变暖加速和北极航道的运输功能日益提升的趋势，支持俄罗斯在北极航道上的诉求

① 赵青海：《可持续海洋安全问题与应对》，世界知识出版社，2013年，第210页。

② The White House, National Security Strategy 2010, May, 2010, p. 50, http: //www. whitehouse. gov/sites/default/files/rss_viewer/national_security_strategy. pdf。访问时间：2022年1月6日。

③ 张文木：《气候变迁与中华国运》，海洋出版社，2017年，第273页。

的政策，参与北极开发而又不在其中担纲，应当是有利于中国长远利益的外交选择。① 从这一点来看，这无疑有利于中国的国家利益。

第六，加强北极地区的海上公共安全产品提供。由于北极独特的环境，所有经济活动，无论是对自然资源的开发还是扩展航运，都伴随着巨大的风险。即使冰层覆盖减少的夏季几个月中，在冰封水域中的航行都不容许发生一点失误。在北海航线，一系列险些发生的事故(包括 2010 年两艘俄罗斯油轮相撞)表明重大事故并不是是否发生的问题，而是什么时候发生的问题。尽管海上航运在中短期内将集中于沿俄罗斯的海岸线上(这主要是为了出口油气资源)，但未来一个成熟的“冰上丝绸之路”无疑将会持续地利用北冰洋中部和西北航道。然而，这些新航路上冰况的季节性变化，缺乏准确的航海图和海上救援，以及搜索和救援设施所额外增加的距离，无疑将进一步加剧这一行为的风险。② 美国因此认为，为了适应预计会增加的海上活动，海上武装力量将评估进入和驻扎北极的必要性，改进海上领域意识，争取与北极伙伴国的合作，加强该地区海上安全。这将要求美国进一步发展其在北极行动的能力，包括在冰覆盖和冰阻碍的水域行动的能力。海岸警卫队将使用多用途的国家保安舰提供专门的季节性驻扎，进行指挥、控制和空中监测，并且将开始一种新的重型破冰设备的设计工作，以便支援在北极和南极的行动。海岸警卫队还将争取组建一支海上救助、协调和行动队伍，向北极理事会全体 8 个成员国开放。这支队伍的目的是协调多国搜救行动、训练演习、海上交通管理、救灾，以及信息分享。③ 作为北极的利益攸关方，中国有能力、有责任加强对北极地区的海上公共安全产品提供，这不仅可以减少诸如“中国威胁论”和“中国海军民族主义”之类的谬论，还有助于提高中国在北极事务上的发言权。

---

① 张文木：《全球视野中的中国国家安全战略(中卷下)》，山东人民出版社，2010 年，第 772 页。

② Malte Humpert，*China Looks to the Arctic*，Foreign Policy，Feb 28，2018.

③ U. S. Department of the Navy，A Cooperative Strategy for 21st Century Seapower：Forward Engage Ready，2015：15. http：//www. navy. mil/local/maritime/150227-CS21R-Final. pdf。访问时间：2022 年 1 月 6 日。

五、结论

北极已经日益成为世界海权战略格局的热点地区。有鉴于中国在北极日益增长的利益，参与北极开发已经成为这个走向海洋强国的陆海复合型国家的战略选择。具体来说，中国在北极开发问题上需要做好以下工作：加强对北极地区交通及开发设备的研发；对北极海冰融化的前景及影响进行预判与研究；加强对北极地区的科考力度；积极参与北极航线的开发；处理好北极地区的大国关系；加强北极地区的海上公共安全产品提供——中国是海上公共安全产品的提供者而非秩序破坏者。① 有理由期待，中国在未来的北极开发中将起到越来越重要的作用。

A Study on China's Arctic policy from Seapower Perspective

YANG Zhen，CAI Liang

Abstract：Entering the post-Cold War era，China is facing a geopolitical environment that is completely different from that of the Cold War era. The demand of national interests and the change of security environment determine that China adopts the geostrategy of Seapower first. Guided by the idea of Seapower，China has taken an active part in the development of the Arctic and adopted its Arctic policy on the basis of fruitful achievements. This progress in turn further promotes the construction and development of China's maritime rights. As a stakeholder in the Arctic region，China's active participation in the development of the Arctic will contribute to the region's development and protection.

Key words：Maritime Strategy；The North Pole；Scientific Investigation；Seapower；Export-oriented Economy

---

① 杨震，刘丹：《中国国际海底区域开发的现状、特征与未来战略构想》，载《东北亚论坛》，2019 年第 3 期，第 125 页。

浅析南极领土主权问题及其治理挑战

郑英琴[1]

摘　要：领土主权问题始终贯穿着南极地缘政治和国际治理的发展历史。1959 年签订的《南极条约》虽然暂时搁置了主权问题，但并未彻底解决该问题。领土主权未决给南极治理带来了一定的挑战，例如安全隐患和治理之争等。随着国际社会对南极的兴趣与日俱增，在国际格局转型中，南极的领土主权问题将会继续影响南极国际治理的发展。维护南极的国际合作、共建南极命运共同体是引领南极走向服务于全人类利益的关键。

关键词：南极；治理；领土主权

领土主权问题始终贯穿着南极地缘政治和国际治理的发展历史。1959 年签订的《南极条约》冻结了南极主权问题，但并未最终解决该问题。有观点认为，冻结南极主权是对国际空间公地化、化解领土争端的一次伟大尝试。[2] 笔者认为，《南极条约》通过搁置南极领土主权问题，确立了“和平”“非军事化”和“科学”等作为南极治理的主导价值，并且明确规定南极的使用在于服务全人类利益，从而奠定了南极作为“准全球公域”的法律基础。[3]“准全球公域”的定位使得南极暂时抛开领土主权争端；不过，未来南极的主权归属是否会随着《南极条约》到期而发生变化，仍待考察。可以说，作为南极国际治理的核心问题，主权归属未决造成了南极地区安全的脆弱性

---

① 郑英琴（1983—　），女，汉族，福建厦门人，上海国际问题研究院海洋与极地研究中心助理研究员，法学博士，主要研究方向：全球公域、南极治理。

② 杨昊，蔡拓：《公地化：解决领土主权争端的另一种思考》，载《国际安全研究》，2013 年 3 期，第 75 页。

③ 郑英琴：《南极的法律定位与治理挑战》，载《国际研究参考》，2018 年第 9 期，第3 页。

以及管治的竞争性。本文就南极领土主权问题及其带来的治理挑战进行阐述。

一、南极领土主权问题的发展历程

南极被人类发现之初一直作为无主地存在。18 世纪，人类开始对南极大陆及其周边海域进行探险，对南极次区域岛屿的探险最早可追溯到法国探险家的活动。[①] 此后，英国、俄国、美国等国家的探险家也陆续来到南极及其附近海域。其中，英国在南极的探险和科考活动较为积极。1908 年，英国率先对包括南极半岛在内的部分地区提出领土主权要求；第一次世界大战爆发后，挪威人在罗斯海地区的捕鲸活动频繁，促使英国于 1923 年又对罗斯海地区提出了主权要求。随后，英国将其在南极的部分领土权利转让给新西兰和澳大利亚。新西兰 1923 年称对“罗斯属地”拥有主权，澳大利亚则于 1933 年宣示了南极领土主张。1924 年，法国基于“首先发现”的原则对南极部分地区提出主权要求。1939 年，挪威对南极大陆的部分海岸地区提出了主权要求。此外，南美洲临近南极的国家阿根廷和智利也分别于 1925 年和 1941 年对南极部分地区提出了主权要求，并称其为“阿根廷南极属地”和“智利南极属地”。如此一来，截至 1943 年，共有 7 个国家即英国、新西兰、法国、阿根廷、澳大利亚、挪威和智利对南极提出了领土主权要求，其主权声索区约占南极大陆总面积的 83%。当时除了挪威[②]，其他 6 个声索国均根据扇形原则，即以南极极点作为领土主权要求的终点，以经线和纬线为边界使其声索区呈现为扇形，界定其主权声索范围。

南极主权声索国之间存在着领土要求的竞争，形成两个对立的派别：以英国、法国、澳大利亚、新西兰和挪威为一方形成“五国集团”，智利和阿根廷则处于对立的另一方。“五国集团”之间的领土声索区不存在重叠问

① 1739 年 1 月让-巴蒂斯特·夏尔·布韦(Jean-Baptiste Charles Bouvet de Lozier)对戈纳维尔(Gonneville's Land)的探险；1772 年 2 月伊夫-约瑟夫·德·凯尔盖朗-特雷马克(Yves-Joseph de Kergulen-Trmarec)探险发现凯尔盖朗群岛(Kergulen Island)，并将其标注为法国属地。

② 挪威一开始并没有对南极领土主权声索区的北界进行限定，其余 6 国则将北界限定在南纬 60°。后来挪威也改为以“扇形原则”进行界定，实际上改变了其主权声索区的面积。

题，因此相互之间不存在竞争，彼此也承认各自的南极领土主权要求。而阿根廷和智利的南极主权声索区不仅分别和英国存在着重叠和争端，而且两国之间也互有冲突。值得指出的是，国际社会并不承认这 7 个国家对南极的主权要求。此外，当时的两个大国——美国和苏联其实也曾觊觎南极的领土主权。美国曾做出各种方案，计划对南极提出主权要求，但遭遇主权声索国的拒绝；加上冷战背景下，出于“将苏联势力排除出南极范围”以及防止苏联将对南极的主权声索原则照搬到北极的考虑，美国转而放弃宣布对南极的主权要求，但保留主权声索权利。[①] 1958 年，美国国务院向阿根廷、澳大利亚、比利时、智利、法国等 11 国提出了美国关于南极洲政策的公开设想，希望通过谈判，实现南极自由进出和只能用于和平目的等目标。这直接促成了 1959 年《南极条约》的出台。

《南极条约》确立了南极仅用于和平目的，保证在南极地区进行科学考察的自由，促进科学考察中的国际合作，禁止在南极地区进行一切具有军事性质的活动及核爆炸和处理放射性废物，冻结对南极的领土主权要求等。[②]《南极条约》的核心在于对南极领土主权的处理。条约暂时搁置了主权问题，冻结既有的主权声明并禁止提出新的主权要求，但对既有的权利要求并未明确否认，这对于已提出主权要求的国家明显有利。因为按照条约第四条的规定，本条约中的任何规定不得解释为：任何缔约国放弃它先前已提出过的对在南极洲的领土主权的权利或要求；任何缔约国放弃或缩小它可能得到的对在南极洲的领土主权的要求的任何根据，不论该缔约国提出这种要求是由于它本身或它的国民在南极洲活动的结果，或是由于其他原因；损害任何缔约国关于承认或不承认任何其他国家对在南极洲的领土主权的权利、要求或要求根据的立场。

可以说，《南极条约》对南极领土主权问题的冻结大大降低了南极地区

① 美国南极政策的转变可参见郑英琴：《美国主导全球公域的路径及合法性来源——以南极为例》，载《美国问题研究》，2014 年第 2 期，第 140 页。

② 参见《南极条约》全文，南极条约秘书处官网：http：//www. ats. aq/documents/ats/treaty_original. pdf。访问时间：2022 年 1 月 2 日。

因领土争端而发生冲突的风险。一是《南极条约》的规定使得南极地区成功地实现了非军事化(直到1982年英国与阿根廷发生的马岛战争才打破了非军事化的局面)和无核化，成为冷战期间一块难得的“净土”。二是《南极条约》在一定程度了满足了当时主要大国的要求，特别是美国的要求，可谓实现了南极版的“门户开放政策”[①]。三是基于当时的技术条件，开采南极资源的可能性非常小，因此领土问题可能引发冲突的概率大幅降低。主权问题的搁置也降低了主权声索国与非主权声索国之间由于争夺南极领土和资源而爆发冲突的可能。但领土主权暂时冻结并不意味着该问题的彻底解决，其始终是南极国际事务的核心议题甚至可以说是一个治理隐患。

南极外大陆架的主权归属也面临着同样的挑战。《南极条约》的适用范围里没有明确提及外大陆架问题。条约第4条第2款规定：“在本条约有效期间所发生的一切行为或活动，不得构成主张、支持或否定对南极的领土主权的要求的基础，也不得创立在南极的任何主权权利。在本条约有效期间，对所在南极的领土主权不得提出新的要求或扩大现有的要求。”[②]有学者认为，这一条款并没有明确规定南极外大陆架是否属于不允许提出“新的要求或扩大现有的要求的对象”。[③] 南极外大陆架问题在《南极条约》的形成初期也没有引起人们的重视。1982年《联合国海洋法公约》缔约后，大陆架问题又浮出水面。《联合国海洋法公约》规定的专属经济区制度、大陆架制度和国际海底区域制度是否适用于《南极条约》涵盖的区域，成为一个新的法律问题，也是《南极条约》协商国需认真思考和解决的问题。[④] 按照大陆架划界审议规程，2009年5月13日是大多数沿海国提交大陆架划界申请案的最后期限。在这一期限到来之前，南极领土主权声索国抓住《南极条约》规定

---

① 郭培清：《美国政府的南极洲政策与〈南极条约〉的形成》，载《世界历史》，2006年第1期，第90-91页。

② 《南极条约》全文，第4条第2款。

③ Christopher C. Joyner, “United States Foreign Policy Interests in the Antarctic,” The Polar Journal, 2011, 11 (1): 22.

④ 朱瑛，薛桂芳：《大陆架划界对南极条约体系的挑战》，载《中国海洋大学学报(社会科学版)》，2012年第1期，第10页。

的模糊之处，纷纷向联合国大陆架界限委员会提交各自的南极外大陆架划界案。2004 年 11 月，澳大利亚首先提出其“南极领土”及所属赫德岛和麦克唐纳群岛等 200 海里外大陆架划界申请案，对面积约 68 万多平方千米的大陆架提出主权要求；[①] 其后，新西兰、阿根廷、挪威、智利、英国和法国也提交了涉及南极地区的大陆架划界案。主权声索国对南极外大陆架划界的提案要求遭到了非主权声索国的强烈反应，特别是来自德国、印度、日本、俄罗斯、荷兰和美国的反对。非主权声索国以《南极条约》第 4 条为依据，坚决反对 7 个国家对“南极条约区域”内海域任何形式的主权要求。[②]

南极地区的大陆架主权主张，其实质也是对南极领土主权的主张；南极外大陆架的主权声索问题意味着南极的领土主权之争已经延伸至具有明显资源意义的南极海域地区，其核心是渔业、空间等资源之争。对于南极而言，资源安全的含义在于获取资源的能力以及国家是否可能在南极条约体系框架内合法地开采大陆架的资源。[③] 主权声索国对南极外大陆架的主权伸张不仅会对南极条约体系带来潜在影响，也是对南极条约体系的实质挑战。因为如此一来，南极条约体系与《联合国海洋法公约》之间关于大陆架资源主权归属的规定便出现矛盾。《关于环境保护的南极条约议定书》第 7 条禁止南纬 60°以南任何矿产资源活动，规定“任何有关矿产资源的活动都应予以禁止，但与科学研究有关的活动不在此限”。而《联合国海洋法公约》第 77 条则规定：“沿海国为勘探大陆架和开发其自然资源的目的，对大陆架行使主权权利”，上述权利“是专属性的”。目前，南极地区的管治以南极条约体系为主导，但条约体系与其他国际法之间的冲突和矛盾如何调和，尚待解决。另一个留待解决的问题是南极地区的国际海底区域问题。《联合

① 《澳大利亚大陆架划界案执行摘要》，http：//www. un. org/depts/los/clcs－new/submissions－files/aus04/Documents/aus－2004－c. pdf。访问时间：2022 年 1 月 4 日。

② Christopher C. Joyner，“The Antarctic Treaty and the Law of the Sea：Fifty Years On，” Polar Record，2010，Vol. 46：16.

③ MeL Weber，Delimitation of the Continental Shelves in Antarctic Treaty Area：Lessons for Regime，Resource and Environmental Security，in Alan D. Hemmings，Donald R. Rothwell and Karen N. Scott（ed.），Antarctic Security in the Twenty－First Century：Legal and Policy Perspectives，London and New York：Routledge，2012：178.

国海洋法公约》对国际海底区域进行了界定，明确了“区域”是国家管辖范围以外的海床和洋底及其底土，“区域及其资源是人类共同继承财产”。尽管南极地区领土主权问题暂时“冻结”，但是南纬60°以南国际海底区域的存在是毋庸置疑的。那么，随着国际海底区域的采矿规章以及海洋生物多样性养护与可持续利用国际协定等法规的推进，未来南极地区国际海底区域的管治要遵循哪一个法规，也是潜在的治理挑战。可以预见的是，未来以争夺专属经济区和大陆架资源、国际海底区域资源以及深海生物资源利用为主要目的的南大洋海洋权益之争将愈演愈烈。

综上所述，1961年生效的《南极条约》暂时“冻结”了南极的领土主权争端，并确立了非军事化、和平利用、科学考察优先和开放视察等基本原则。经过数十年的演进，《南极条约》已发展成为南极条约体系，建立了南极条约协商会议等国际治理和协调机制，内容涉及南极动植物养护、南极海洋生物资源养护、南极环境保护等多个领域。总体来看，和平、科学、环保是南极治理的主基调，但领土和资源的争端仍暗流涌动。特别是上述南极主权声索国采取各种措施，扩大其在南极外大陆架和南大洋的声索范围，并采取国内立法等举措，意图巩固其在南极地区的所谓“主权权益”。有学者认为，由于南极没有原住居民，主权声索国的领土要求引发了类似于将南极殖民化的争议。①

二、从领土主权问题看南极治理面临的挑战

南极主权未定、南大洋海洋权益竞争初见端倪，这给南极国际治理带来了挑战，南极条约体系也面临新的考验。

1. 安全隐患②及资源之争

虽然南极治理机制的设置，规定南极对国际社会完全开放及各国可自由参与、基于共识的决策制定、开展共同安全基础上的科研活动及科研合

① Alan D. Hemmingst, Beyond Claims: Towards A Non-Territorial Antarctic Security Prism for Australia and New Zealand, New Zealand Yearbook of International Law, 2008, vol. 6: 77-92.

② 参见陈玉刚：《试析南极地缘政治的再安全化》，载《国际观察》，2013年第3期，第60页。

作等，这一定程度上淡化了南极的主权之争，强化了南极作为准全球公域的性质。但在现实的治理中，南极主权未决的事实是导致南极治理各种困境的最深层原因，也由此引发了安全隐患。表现为：主权声索国将其声索区的安全上升到“国家安全”层面，从而带来额外的安全成本，也增加了与他国在相关区域发生冲突的可能性。例如之前相关国家在南极海域的捕鲸之争。更重要的是，主权声索国把对南极的主权主张视为国家特定及法定权利的一部分，把对这种主张的挑战视为对其国家安全的挑战。这种安全考虑使得主权声索国对于其他国家在南极的存在和行动更为敏感。① 以澳大利亚为例，澳大利亚的南极领土主权要求承袭于英国，其主权声索区面积占南极大陆的42%（相当于澳大利亚大陆面积的3/4）。澳大利亚一直将南极视为其后院和势力范围，领土主权要求及由此引发的对南极的安全关切是澳大利亚在南极的核心利益。不可否认，澳大利亚在南极条约体系的发展历程中扮演了重要角色，也一直致力于维护其在南极国际治理中的引领性作用。但在国际权力转移的背景下，澳大利亚对于南极治理格局的发展变化，相较于非主权声索国更为敏感，认为其在南极事务中的地位受到多方挑战。比较典型的例子是2020年4月，由澳大利亚政府建立并资助的智库——澳大利亚战略政策研究所（ASPI）发布了特别报告《保持警惕：管理澳中南极关系》，将中国和俄罗斯在南极的正常活动视为对南极条约体系的挑战和潜在破坏。② 毋庸置疑，南极在澳大利亚国家利益中的地位之高源于其对南极的主权声索，澳大利亚意图通过多种方式提升南极意识中“澳南极属地”的存在感。此外，各国在南极地区展开的战略空间竞争可能成为南极地区的冲突隐患。突出表现为有一定实力的国家纷纷在南极建设考察站、营地等各种基础设施，并设立南极保护区和管理区，这在某种程度上是对南极空间的争夺和治理权的竞争；这种竞争一旦过于激烈化，将会埋下一定

---

① Alan D. Hemmingst, Beyond Claims: Towards A Non-Territorial Antarctic Security Prism for Australia and New Zealand, New Zealand Yearbook of International Law, 2008, vol. 6: 7-92.

② Anthony Bergin & Tony Press, Eyes wide open: Managing the Australia-China Antarctic relations, Apr 27, 2020. https: //www. aspi. org. au/report/eyes-wide-open-managing-australia-china-antarctic-relationship。访问时间：2022年1月4日。

的冲突隐患。

领土主权未决引发的另一种隐患是资源之争。领土是资源的依托，领土问题未决带来了资源归属的不确定性。尽管《关于环境保护的南极条约议定书》规定“科学研究除外，禁止任何与矿产资源相关的活动”；第25条第2款规定，议定书自生效之日起有效期为50年。换言之，2048年1月14日前，不允许在南极从事任何与矿产资源相关的活动。但实际上，各国围绕南极资源的开发利用已展开了激烈的讨论。南极资源问题的核心在于环境保护与资源利益之间如何取舍。多数研究注意到，南极资源开发问题的核心还在于南极的主权问题。但“资源开发也不完全依赖于主权问题的解决，它甚至会反作用于主权的争夺”。特别是主权声索国寻求成为其主权声索区内的资源及其他商业行为的最大获益者，种种保护既得利益及获取更大收益的行为加大了对南极进行开发的可能。[①]

2. 南极条约体系具有一定的不确定性

不可否认，半个多世纪以来，南极条约体系为化解各方在南极问题上的冲突、维护南极地区的稳定提供了一个有效的治理框架。但也面临着一些挑战，例如，扩员问题、与其他国际法在南大洋的管辖重叠及冲突问题、在生物勘探和旅游等议题上存在立法空白等问题。此外，还存在条约体系成员国与体系外国家[②]之间的矛盾以及条约对体系外国家是否具有约束力的问题，这其实是领土主权问题所引申的治理权之争的相关表现。

例如扩员问题。《南极条约》从1961年生效时的12个原始缔约国发展到目前共有54个缔约国，其中29个国家为协商国。[③] 在一些非条约成员国看来，南极作为人类共同财产，南极资源亦为全人类共同拥有，所谓南极

---

① Alan D. Hemmingst, Beyond Claims: Towards A Non-Territorial Antarctic Security Prism for Australia and New Zealand, New Zealand Yearbook of International Law, 2008, vol. 6: 77-92.

② 南极条约体系外国家特别是那些虽然与南极条约体系没有直接关联，但也在南极地区活动，主要是其船舶在南极海域及南大洋水域活动的国家，南极条约体系的规定对其是否同样具有约束力，引发了体系内外国家在南极治理方面的争议。

③ 具体可参见南极条约秘书处官网：http://www.ats.aq/devAS/ats_parties.aspx?lang=e。访问时间：2022年1月4日。

条约协商国对南极的管理实际上是一种少数国家的"俱乐部"治理，协商国通过行使管辖权实质性地享有在南极的利益和权益，这与保护人类共同财产之间存在对立性的矛盾。为了获得国际社会的认可并加强其合法性，《南极条约》及其体系中的其他公约和法规均对所有国家开放，只要满足缔约条件均可自愿加入。2019年第42届南极条约协商会议通过《纪念〈南极条约〉60周年布拉格宣言》，鼓励各国加入《南极条约》，同时鼓励《南极条约》缔约国中尚未批准南极条约体系其他文件的国家批准它们。"宣言"虽强调南极条约体系的开放性，但成员的资质和门槛问题是否会有所改变，尚待观察。

又如南极条约体系与其他相关国际法之间的关系问题。目前，南极条约体系相对独立，但在渔业、海上安全、生物勘探和气候变化等领域，将不可避免地与其他机制产生更多的利益联结和互动。[①] 这样就会产生如上文所述的管辖重叠或冲突问题，特别是南极条约体系与《联合国海洋法公约》之间的潜在冲突。一是关于南极外大陆架的划界问题；二是南大洋保护区的管辖存在重叠问题；三是海洋生物资源以及海底基因资源的管辖问题，这也涉及目前海洋法的热门议题——"国家管辖范围以外区域海洋生物多样性(BBNJ)养护与可持续利用协定"，其中最主要的问题是南极海洋区域应该适用于哪一个条约；四是南极国际海底区域的采矿问题，"深海采矿规章"处于出台前的酝酿阶段，其是否适用于南极海洋区域，尚待讨论。

3. 国际体系变革对南极治理秩序的影响

由于参与的历史及科研实力等方面的差异，各国在南极治理中的地位存在明显差别。南极治理中其实一直存在着"权利平等形式"下的不平等现实[②]，体现为包括主权声索国在内的原始缔约国实质上一直牢牢把握着南极治理的话语权，甚至在一定程度上"垄断"了南极国际治理的主导权。在国

① Alan D. Hemmings, Donald R. Rothwell and Karen N. Scott, "Antarctic security in a global context," in Alan D. Hemmings, Donald R. Rothwell and Karen N. Scott edit, Antarctic Security in the Twenty-First Century: Legal and policy perspectives, London and New York: Routledge, 2012: 82-88.

② 石伟华：《既有南极治理机制分析》，载《极地研究》，2013年第1期，第93页。

际体系大重组的背景下，即美国等西方国家的相对衰弱以及新兴国家的群体性崛起，南极政治也面临新一轮热化与重组的可能。目前，突出表现为南极政治中的守成国对新兴国家的防范与猜忌——担心新兴国家挑战既有的南极治理机制；但同时，各国又不得不维护并且深化国际合作以保证南极治理的顺利进行。各国的互不信任加剧了相互之间对对方南极行为动机的揣测以及未来南极条约体系走向的不确定性。南极条约体系的任何一点变化都有可能对该地区总体的氛围和地缘战略造成影响。

三、结语

随着人类在南极的活动日益多样化、各国对南极资源的关注日增以及科学技术的高速发展及广泛传播，在国际权力格局变化的背景下，南极已成为一个复杂的地缘政治空间，也是国际关系的一个重要舞台。南极作为一个准全球公域，未来南极政治的发展及治理模式的走向取决于南极主要国家在参与中如何平衡国家私利与全球公利，并且是否坚持以国际合作为主而不是纠缠于意识形态下的国际竞争。南极事务中的守成国与崛起国之间应进一步沟通对话，加强相互理解与合作，以建设南极人类命运共同体为价值导向，致力于将南极的保护和利用服务于全人类共同利益，使未来的南极治理真正有利于各国的共同发展。

The Sovereignty Issue of the Antarctic and Confronted Challenges of its Governance

ZHENG Yingqin

Abstract: The territorial sovereignty issue has always been the key issue through the Antarctic geopolitical development and its governance. The Antarctic Treaty in 1959, which has temporarily "frozen" this issue, yet not solved this problem. The uncertainty of sovereignty has caused vulnerability in the security as well as rivalry in the governance of the Antarctic region. With the growing interest of the international community in the Antarctic, especially under the background of the power transformation, sovereignty issue will continue to exert its influences in the Antarctic. Promoting international cooperation to co-build the common future of the Antarctic is the key of its governance.

Key words: the Antarctic; governance; sovereignty

论中国深度参与治理“区域”环境的基础理论问题

王　勇[1]

摘　要：中国深度参与“区域”环境治理涉及诸多基础理论问题。首先，中国须以构建“海洋命运共同体”作为指导思想。其次，中国须明确深度参与“区域”环境治理的目标、角色定位与方式。再次，须明确中国深度参与“区域”环境治理的法理基础和法律依据。通过明确上述基础理论问题，可以为中国更好地参与“区域”环境治理从而发挥引领国的作用指明方向。

关键词：“区域”环境治理；中国；深度参与；基础理论；海洋命运共同体

一、中国深度参与“区域”环境治理的指导思想——构建“海洋命运共同体”

2019 年 4 月 23 日，习近平主席在中国人民解放军海军成立 70 周年的讲话中首次提出构建“海洋命运共同体”的理念：“我们人类居住的这个蓝色星球，不是被海洋分割成了各个孤岛，而是被海洋连结成了命运共同体，各国人民安危与共。”[2]海洋命运共同体是中国为了解决国际海洋问题提出的

---

① 王勇（1977—　），男，汉族，浙江台州人，华东政法大学国际法学院教授、博士生导师，法学博士，主要研究方向：国际海洋法。本文为上海市哲学社会科学规划一般课题“中国深度参与治理国际海底区域环境的国际法问题研究”（项目编号：2020BFX012）与中国海洋发展基金会和中国海洋发展研究中心 2019 年度海洋发展研究领域重点项目“海洋命运共同体与国际海洋法发展研究”的阶段性成果。

② 《习近平集体会见出席海军成立 70 周年多国海军活动外方代表团团长》，http：//www.qstheony.cn/yaowen/2019-04/23/c_1124404165.htm。访问时间：2020 年 12 月 9 日。

理念，这一理念实际上与国际海洋法一脉相承，对于“区域”环境治理具有指导意义。根据《联合国海洋法公约》，“区域”指国家管辖范围以外的海床和洋底及其底土。本节通过梳理海洋命运共同体的国际法基础、理论价值和实现路径，来分析中国深度参与“区域”环境治理的指导思想——“海洋命运共同体”理念。

（一）海洋命运共同体的国际法基础

1. 国际法原则

追溯海洋命运共同体的国际法基础，我们可以从国际法的渊源中发现端倪，主要体现在国际法原则的基础理念中。体现海洋命运共同体的国际法原则可以概括为以下两个方面：一方面是立足于整个国际法的基本原则，包括国家主权平等原则、不干涉内政原则、不使用武力或武力威胁原则、和平解决国际争端原则等，这些基本原则与海洋命运共同体的精髓相辅相成，是在保护全球海洋环境上应当遵循的基本准则，也是海洋命运共同体的基础。[①] 另一方面是根据环境法的特点提出的新原则或对原有国际法原则加以发展从而适用于海洋环境领域的特有原则，这方面的原则主要有：人类的共同继承财产原则、国际合作原则、可持续发展原则、公有资源共享原则、共同而有区别的责任原则、风险预防原则等。随着海洋法的发展，这些原则发展出其在海洋环境治理尤其是“区域”环境治理中的独特内涵，体现了海洋作为一个整体的共同性和“区域”环境的特殊性。

2. 重要的国际条约

（1）《联合国宪章》

《联合国宪章》第1条明确将“维持国际和平及安全”作为其宗旨[②]，第2条规定了“和平解决国际争端”的原则，其在序言中也强调了和睦相处、同

---

① 密晨曦：《海洋命运共同体与海洋法治建设》，载《中国海洋报》，2019年9月17日，第2版。

② 1945年《联合国宪章》第1条：“维持国际和平及安全；并为此目的：采取有效集体办法，以防止且消除对于和平之威胁，制止侵略行为或其他和平之破坏；并以和平方法且依正义及国际法之原则，调整或解决足以破坏和平之国际争端或情势。”

心协力等美好愿景。[1]《联合国宪章》的宗旨、原则以及序言都希望维护国际社会的和平与安全、通过和平手段来解决国际问题，“海洋命运共同体”的理念与此一脉相承，体现了国际社会的普遍价值追求和全体人类的共同诉求。

(2)《联合国海洋法公约》

中国提出的“海洋命运共同体”理念与《联合国海洋法公约》(以下简称《公约》)所倡导的理念相一致。《公约》“前言”中规定要将海洋问题作为一个整体加以考虑[2]；此外，《公约》还在前言和第136条中明确指出“区域”及其中蕴含的资源是人类的共同继承财产。[3] 中国政府提出的海洋命运共同体理念，将海洋生态环境视为一个不可分割的整体，并希望通过合作的方式来解决环境问题、和平利用海洋，这与《公约》的理念相吻合，反映了国际海洋法的发展趋势和价值目标，是国际海洋法发展与完善的必然选择。

(3)《生物多样性公约》

《生物多样性公约》在序言中明确了生物多样性的重要性和人类活动导致生物多样性严重减少的现实性，将维护生物多样性作为全人类的共同关切事项，认识到增强国家间的友好关系对保护和持久使用生物多样性和实现人类和平的关键性影响。[4] 序言中的这些表述立足于整体视角考虑生物多样性，将包括人类在内的整个生物体系视为一个整体，展现了各国及

---

① 1945年《联合国宪章》第2条：“为求实现第1条所述各宗旨起见，本组织及其会员国应遵行下列原则……各会员国应以和平方法解决其国际争端，避免危及国际和平、安全及正义。”

② 1982年《联合国海洋法公约》前言：“意识到各海洋区域的种种问题都是彼此密切相关的，有必要作为一个整体来加以考虑。”

③ 1982年《联合国海洋法公约》前言：“联合国大会在该决议中庄严宣布，除其他外，国家管辖范围以外的海床和洋底区域及其底土以及该区域的资源为人类的共同继承财产，其勘探与开发应为全人类的利益而进行，不论各国的地理位置如何。”第136条：“‘区域’及其资源是人类的共同继承财产。”

④ 1992年《生物多样性公约》序言：“意识到生物多样性的内在价值，和生物多样性及其组成部分的生态、遗传、社会、经济、科学、教育、文化、娱乐和美学价值，还意识到生物多样性对进化和保持生物圈的生命维持系统的重要性，确认生物多样性的保护是全人类的共同关切事项，重申各国对它自己的生物资源拥有主权权利，也重申各国有责任保护它自己的生物多样性，并以可持久的方式使用它自己的生物资源，关切一些人类活动正在导致生物多样性的严重减少……注意到保护和持续利用生物多样性最终必定增强国家间的友好关系，并有助于实现人类和平。”

国际法对整个人类利益的关注。同样，中国倡导构建的“海洋命运共同体”也强调人类发展与海洋环境及海洋生物多样性的整体性，想要实现人类社会的长久发展，坚持“海洋命运共同体”的理念指导具有无可比拟的重要性。

3. 正在制定的国际法规则

目前，针对海洋环境遭受的破坏和海洋生物面临的生存压力，国际社会正在采取措施力求保护海洋、维持生态平衡。为此，各个国家及国际组织都在制定和完善包括“区域”规则在内的海洋规则，期待通过健全的海洋法治来维护我们赖以生存的海洋环境。首先，负责“区域”管理的国际海底管理局(以下简称海管局)正在制定《“区域”内矿产资源开发规章》。自2016年以来，海管局每年都出台一个《“区域”内矿产资源开发规章》，每一年的规章草案都会基于谈判协商对之前的草案进行补充和完善；最新的2019年草案设专章对“区域”环境保护问题做了规定，以期在进行矿产资源开发时最大限度地保护“区域”海洋环境。其次，国家管辖范围以外区域海洋生物多样性(BBNJ)的养护和可持续利用的规则正在谈判制定之中，事关占全球海洋面积64%的国家管辖范围外区域海洋的国际法律秩序的调整和海洋遗传资源等多方面利益的再分配。[①] 最后，国际海事组织等国际组织在航行和环保方面的法律规则也在不断发展之中。[②] 这些关涉“区域”的国际海洋规则的制定，涉及法律、科学技术和国家政策等多个方面，“海洋命运共同体”理论的作用不言而喻。

(二)海洋命运共同体的理论价值

1. 海洋命运共同体的内涵

有“海洋宪章”之称的《公约》对海洋法规则进行了系统阐述，但由于其

① 中国海洋发展研究中心：《国家管辖范围以外区域海洋生物多样性养护和可持续利用国际协定政府间谈判第三次会议在纽约联合国总部召开》，http：//aoc. ouc. edu. cn/2019/0919/c9829a267469/pagem. htm。访问时间：2022年1月12日。

② 参见海管局网站，https：//www. isa. org. jm/。访问时间：2022年1月10日。

是国际政治斗争与各方利益妥协的结果，必然在创设及分配海洋权益方面存在制度设计上的不足。[①] 随着海洋经济的发展，国际海洋法因制度设计上的不足，在某些方面已不能适应当今社会的发展，国际社会亟须新理念和新制度的引领。在此背景下，中国适时提出“海洋命运共同体”理念，适应国际海洋法的发展和现实需要。海洋命运共同体是世界各国在尊重彼此政治、经济和文化的前提下，以海洋生态环境的整体性和人类社会发展的持续性为基础，在海洋领域形成休戚与共的整体，通过相互合作来保护和利用海洋。[②] 海洋命运共同体思想是人类命运共同体思想在海洋领域的具体体现，是人类命运共同体思想的重要组成部分，是中国参与全球海洋治理的基本立场和方案。[③] 虽然《公约》也强调了海洋的整体性，但其人为地将海洋分割成领海、毗连区、专属经济区、大陆架、公海、国际海底区域、用于国际航行的海峡等各个不同的领域，会使国际社会在一定程度上忽略海洋作为“共同体”的本质属性[④]，而海洋命运共同体完全立足于海洋的整体性，符合人类社会的整体价值追求、国际海洋法的价值目标和当下解决海洋环境问题的需要。

2. 海洋命运共同体的理论价值

（1）体现人类共同的价值追求

人类命运共同体思想汇集了民胞物与、立己达人、协和万邦、天下大同等中华优秀传统文化智慧，体现了和平、发展、公平、正义、民主、自由等全人类共同的价值追求，反映了世界各国人民对和平、发展、繁荣的向往，

① 姚莹：《“海洋命运共同体”的国际法意涵：理念创新与制度构建》，载《当代法学》，2019年第5期，第138页。

② 孙超，马明飞：《海洋命运共同体思想的内涵和实践路径》，载《河北法学》，2020年第1期，第186页。

③ 同①，第143页。

④ ［美］路易斯·亨金：《国际法：政治与价值》，张乃根，马忠法，等译，张乃根校，中国政法大学出版社，2005年，第159-160页。转引自姚莹：《“海洋命运共同体”的国际法意涵：理念创新与制度构建》，载《当代法学》，2019年第5期，第139页。

为人类文明的发展进步指明了方向。[①] 中国提出构建"人类命运共同体"，是新时代中国外交工作的总目标[②]，也是中国乃至国际社会的根本价值追求。

海洋命运共同体作为人类命运共同体的一部分，反映了中国乃至世界人民追求海洋和平与繁荣的愿望，体现了通过走互利共赢的海上安全之路、携手应对各类海上共同威胁和挑战来合力维护海洋和平安宁和通过促进海洋生态文明建设、加强海洋环境污染防治来保护海洋生物多样性、实现海洋资源有序开发利用的美好憧憬和价值理念。[③]

面对现代海洋问题，国际社会亟须获得一整套体现人类公平、公正、道义且具有普遍价值的指导理论和制度体系，它既要考虑各个国家的海洋权益和人类共同的价值追求，又能解决国际社会的海洋争端。对此，中国政府提出的"海洋命运共同体"理念，旨在通过海洋法治建立公正合理的海洋新秩序，推动包括"区域"在内的人类海洋事业的共同发展，而这些正是当前国际社会所需要的。

(2)反映国际海洋法的价值目标

"海洋命运共同体"理念集中反映了国际海洋法的价值目标。正如《公约》序言所述，它通过建立一种法律秩序来促进海洋的和平用途，公平有效地利用海洋资源，保护和保全海洋环境以及巩固各国之间和平、安全、合作和友好的关系，促进全世界人民经济和社会方面的进展。[④] 海洋命运共同

---

① 闻言：《坚持推动构建人类命运共同体努力建设一个更加美好的世界——学习习近平〈论坚持推动构建人类命运共同体〉》，http://theory.people.com.cn/n1/2018/1031/c40531-30373106.html。访问时间：2022年1月10日。

② 刘建飞：《推动构建人类命运共同体是新时代中国外交的总目标》，http://www.cntheory.com/zydx/2017-10/ccps171022L3XB_1.html。访问时间：2022年1月10日。

③ 《习近平集体会见出席海军成立70周年多国海军活动外方代表团团长》，http://www.qstheory.cn/yaowen/2019-04/23/c_1124404165.htm。访问时间：2022年1月10日。

④ 《联合国海洋法公约》序言："认识到有需要通过本公约，在妥为顾及所有国家主权的情形下，为海洋建立一种法律秩序，以便利国际交通和促进海洋的和平用途，海洋资源的公平而有效的利用，海洋生物资源的养护以及研究、保护和保全海洋环境，考虑到达成这些目标将有助于实现公正公平的国际经济秩序，这种秩序将照顾到全人类的利益和需要，特别是发展中国家的特殊利益和需要，不论其为沿海国或内陆国……相信在本公约中所达成的海洋法的编纂和逐渐发展，将有助于按照《联合国宪章》所载的联合国的宗旨和原则巩固各国间符合正义和权利平等原则的和平、安全、合作和友好关系，并将促进全世界人民的经济和社会方面的进展。"

体理念包含了“维护海洋和平安宁和良好秩序以及树立共同、综合、合作和可持续的新安全观”的内容，为实现《公约》的目标注入活力；海洋命运共同体思想还强调“重视海洋生态文明建设，实现海洋资源的有序开发利用”，与《公约》保护海洋环境的目标相一致。[①] 世界各国在追求自身海洋利益的同时，在海洋资源的开发和分配、海域界定、污染防治、纠纷解决等诸方面都需要建立在确定的制度和规则基础上的、可以为各国所享有的正义感和安全感的价值秩序[②]，“海洋命运共同体”的理念则有助于这种价值秩序的形成。

(3)解决海洋环境问题的现实需要

20世纪末至21世纪，包括海洋酸化、垃圾倾倒、石油污染、噪声污染等在内的全球性海洋问题日益显现，人类赖以生存的海洋正在承受着巨大的压力。作为“海洋宪章”的《公约》在制度设计上存在不足，无法满足国际社会治理海洋环境的现实需求，我们亟须新的理念和制度来发展国际海洋法。[③] “海洋命运共同体”理念的提出，是对人类通过破坏环境、掠夺资源的方式发展经济的模式在思想上的转变，体现了中国乃至世界人民保护海洋环境、维护生态平衡的诉求，是中国对全球海洋治理的贡献。在海洋法治建设中，大到国际社会应当遵循的海洋秩序、小到每一份塑料垃圾的归属等具体的国际海洋规则的制定，都有必要在“海洋命运共同体”理念的指导下进行。[④]

3. 海洋命运共同体的实现路径

从宏观角度来说，构建“海洋命运共同体”归根结底就是立足于时代发展的新情况和新诉求，建立一个适应当代发展需要和考虑后代持久利益的

---

① 孙超，马明飞：《海洋命运共同体思想的内涵和实践路径》，载《河北法学》，第1期，第184页。

② 杨华：《海洋法权论》，载《中国社会科学》，2017年第9期，第170页。

③ 姚莹：《“海洋命运共同体”的国际法意涵：理念创新与制度构建》，载《当代法学》，2019年第5期，第138页。

④ 密晨曦：《海洋命运共同体与海洋法治建设》，载《中国海洋报》，2019年9月17日，第2版。

新型的全球海洋治理体系。对此，我们应遵从思想到行动再到制度的路径，最终形成一个完善的全球海洋治理体系。首先，构建“海洋命运共同体”需要形成国际社会公认的指导思想。“人类命运共同体”的倡议符合世界各国人民的共同利益和人类普遍的价值追求，得到了国际社会各成员的一致认可。“海洋命运共同体”作为“人类命运共同体”在海洋领域的具体体现，得到世界各国的拥护和支持指日可待。其次，构建“海洋命运共同体”需要国际社会统一的行动支持。面对层出不穷的国际海洋问题，依靠单个国家根本无法解决，因此需要国际社会采取共同行动来应对。通过坚持和平、发展、合作、共赢的原则和实践，积极推动各个国家特别是海洋大国在环境保护方面的交流与合作，才能在国际上构建起“海洋命运共同体”，解决海洋环境治理面临的困境。最后，构建“海洋命运共同体”需要国际社会完善的制度保障。只有指导思想和行动还无法完成国际海洋治理体系的完整构建，这一切还必须落实到制度实体上。[①] 通过建立事前预防、事中救济、事后归责在内的一系列完善合理的全球海洋治理体系来保障海洋环境的治理进程，才能真正将海洋环境保护落到实处。

二、中国深度参与“区域”环境治理的目标、角色定位与方式

（一）中国深度参与“区域”环境治理的目标

1. 保护“区域”海洋环境

既然我们要治理“区域”的海洋环境，那么中国深度参与“区域”环境治理的首要目标自然是保护“区域”海洋环境。如上所述，《公约》的目标在于促进海洋的和平用途，公平有效地利用海洋资源，保护和保全海洋环境以及巩固各国之间和平、安全、合作和友好的关系，促进全世界人民经济和

① 黄高晓，洪靖雯：《从建设海洋强国到构建海洋命运共同体——习近平海洋建设战略思想体系发展的理论逻辑与行动指向》，载《浙江海洋大学学报（人文科学版）》，2019 年第 5 期，第 4 页。

社会方面的进展。[1] 此外，海管局也将环境保护作为其责任之一："海管局有责任确保有效保护海洋环境，免受深海海底活动可能产生的有害影响。"[2] 随着区域活动的开展，对于区域环境保护的呼声也越来越高，同时"区域"活动对海洋环境的影响存在着不确定性问题，那么，妥善解决"区域"环境问题、实现"区域"可持续发展，从而达到保护"区域"海洋环境的目的，无疑成为"区域"环境治理的首要目标。

2. 促进"区域"国际合作

《联合国宪章》第 1 条明确将国际合作作为其宗旨之一，《公约》第 143 条、第 197 条至第 301 条等多项条款均对国际合作作了相关规定，《生物多样性公约》序言、第 5 条、第 8 条、第 9 条等条款也分别确认了国际合作原则，这些条约中的规定体现了国际合作在处理国际事务中的重要性。针对"区域"中不断涌现的全球性环境问题，国际社会必须加强国际合作，尽快出台完善的应对措施，共同应对"区域"治理的种种难题。然而，在全球性海洋事件频繁发生之际，国际合作却频频遭遇掣肘。自 2020 年年初新冠肺炎疫情暴发以来，国际社会本该携手合作、共同应对这场人类共同的危机，但一些国家却借此抹黑他国，引发国际政治动荡和全球治理倒退。[3] "区域"作为"公有地""人类共同继承财产"，依靠任何一个国家都无法从根本上解决其环境治理难题，必须加强国际合作，在该问题上形成国际社会共识，才能真正将区域环境保护落到实处。

3. 构建和谐海洋秩序

2019 年，习近平主席在集体会见出席海军成立 70 周年多国海军活动外方代表团团长时指出，海洋的和平安宁关乎世界各国人民的安危和利益，

---

① 《联合国海洋法公约》序言。

② 参见海管局网站首页："ISA has the duty to ensure the effective protection of the marine environment from harmful effects that may arise from deep-seabed related activities", https://www.isa.org.jm/。访问时间：2022 年 1 月 10 日。

③ 冯梁：《构建海洋命运共同体的时代背景、理论价值与实践行动》，载《学海》，2020 年第 5 期，第 16 页。

需要国际社会的共同维护，并提出要"坚定不移走和平发展道路。"[①]构建和谐的全球海洋秩序对于人类和平利用和保护海洋具有极其重要的意义，中国作为负责任的大国，在深度参与全球海洋治理体系变革的过程中应当秉持"海洋命运共同体"的理念，以构建和谐海洋秩序为目标。

早在公元前几百年，中国的传统思想中就形成了对人与自然之间关系的认识，诸如"天人合一""道法自然""裁成天地之道、辅相天地之宜""与天地合德"等不胜枚举，这些观念都是在强调人与自然是一体的，人与自然应当和谐共处。[②] 因此，中国深度参与"区域"环境治理应以构建和谐海洋秩序为目标。[③] 建立国际海洋新秩序体现了全球性思维，应当立足于全人类的共同利益，目的在于保障所有国家都能积极地参与包括"区域"在内的海洋环境的保护中来，共同维护我们脆弱而珍稀的地球生态环境。

(二)中国深度参与"区域"环境治理的角色定位

1. 坚持发展中国家立场

中国始终站在发展中国家的立场上，认为海洋"孕育了生命、联通了世界、促进了发展"[④]。中国主张应当兼顾国际社会中各方的利益特别是广大发展中国家的利益，考虑绝大多数国家的现实需求，一方面要促进对海洋的科研工作，另一方面还要保护公海和"区域"，确保可持续发展。在"区域"开发和环境治理上，发达国家始终不愿意承认共同但有区别的责任原则，不愿意同发展中国家分享经济及技术惠益，这对于经济发展程度不高的发展中国家参与"区域"环境治理非常不利。作为最大的发展中国家，中国始终站在发展中国家立场上，希望能和世界各国一道解决"区域"乃至全

---

① 《习近平集体会见出席海军成立 70 周年多国海军活动外方代表团团长》，http：//www. qstheony. cn/yaowen/2019-04/23/c_1124404165. htm。访问时间：2022 年 1 月 10 日。

② 《生态文明：从"天人合一、道法自然"到坚持人与自然和谐共生》，http：//www. ccdi. gov. cn/toutiao/202003/t20200302_212595. html。访问时间：2022 年 1 月 11 日。

③ 杨泽伟：《新时代中国深度参与全球海洋治理体系的变革：理念与路径》，载《法律科学(西北政法大学学报)》，2019 年第 6 期，第 180 页。

④ 《建设海洋强国，习近平从这些方面提出要求》，http：//cpc. people. com. cn/n1/2019/0711/c164113-31226894. html。访问时间：2022 年 1 月 11 日。

球海洋问题。

2. 做负责任的大国

在治理全球海洋环境方面，中国的立场非常鲜明——我国要用负责任大国的身份，承担起“区域”海洋环境保护的重任。随着中国国力和影响力的显著提升，中国参与全球海洋治理的角色定位已经发生了很大的变化。2016年，中国提出“促进海洋法治，建立和维护公平合理的海洋秩序”，实现海洋的可持续发展。① 2017年，党的十九大报告将“坚持人与自然和谐共生”和“中国坚持推动构建人类命运共同体”作为习近平新时代中国特色社会主义思想的重要内容。② 2019年，习近平主席提出构建“海洋命运共同体”，并指出要维护海洋的和平安宁和良好秩序。③ 其他诸如，中国深度参与治理“区域”环境、积极参与制定“区域”开发规章既是中国履行大国责任的重要的体现，也是中国积极构建海洋命运共同体的重要内容。④ 又如，中国作为“区域”的承包者和担保国，积极承担“区域”内矿产资源开发规章规定的相关责任，也是作为负责任的大国的体现。由此可见，中国作为新兴的海洋大国，推动“区域”环境治理机制的建立和完善，不但是维护中国在“区域”合法权益的需要，而且是中国发挥负责任大国作用的重要表现，同时也有利于中国有效应对海洋环境防治的种种挑战、维护地球的生态平衡。⑤

3. 深度参与并逐步发挥引领国作用

中国在参与“区域”环境治理过程中应当做到深度参与并且逐步发挥引

① 史霄萌，顾震球：《中国代表呼吁建立和维护公平合理的海洋秩序》，http：//world. people. com. cn/n1/2016/1208/c1002-28935286. html。访问时间：2022年1月10日。

② 习近平：《决胜全面建成小康社会夺取新时代中国特色社会主义伟大胜利——在中国共产党第十九次全国代表大会上的报告》，http：//www. xinhuanet. com/2017-10/27/c_1121867529. htm。访问时间：2022年1月10日。

③ 新华社评论员：《共同构建海洋命运共同体》，http：//www. xinhuanet. com//2019-04/23/c_1124406792. htm。访问时间：2022年1月10日。

④ 王勇：《国际海底区域开发规章草案的发展演变与中国的因应》，载《当代法学》，2019年第4期，第89页。

⑤ 杨泽伟：《新时代中国深度参与全球海洋治理体系的变革：理念与路径》，载《法律科学(西北政法大学学报)》，2019年第6期，第183页。

领国作用。自2001年海管局开始签订海底矿产资源勘探合同至今，中国已经获得了富钴结壳、多金属结核和多金属硫化物在内的三种海底矿产资源勘探权，在“区域”拥有五块专属勘探区。① 因此，中国在“区域”具有重要的战略利益。长期以来，中国一直积极地参与开发规章的制定、为“区域”的环境保护建言献策，积极参与联合国启动的《国家管辖范围外海域生物多样性国际协定》(BBNJ)议程的谈判与协商，积极制定和完善国内深海领域的立法、保护海洋的生物多样性并促进其可持续发展，这些都为中国后续深度参与“区域”的环境治理和发挥引领国作用形成了良好的基础和准备。

(三)中国深度参与“区域”环境治理的方式

1. 推动“区域”治理法律体系完善与健全中国国内深海立法相结合

当前，国际海洋法在海洋环境治理方面缺乏相应的法律体系，尤其是对“区域”的环境治理规则主要存在于一些零星、分散的国际法律文件中，从而缺乏系统性的法律治理体系和完整的治理方案，亟须相关立法跟进。

首先，推动“区域”治理法律体系的完善。当代全球海洋治理体系是以《公约》为核心的，而国际海底区域又以国际海底区域开发规章为核心，因此我们可以在现有的国际海底区域治理体系内进行革新和完善，对开发规章中的环境保护章节进行完善。一方面，进一步增强中国在有关国际海底区域国际条约规则制定过程中的议题设置、约文起草和缔约谈判等方面的能力；另一方面，进一步提升中国实践引导有关国际海底区域的国际习惯规则形成的能力。中国可以从国际习惯形成的一般国家实践和法律确信两个方面，进一步提升形成国际习惯规则的能力。为此，中国应充分发挥国家实践和法律规则对全球海洋治理体系的国际习惯规则形成的积极影响。

其次，健全中国国内深海法律制度。目前，我国已初步形成以2016年

① 中国在“区域”拥有的五块专属勘探区包括：中国大洋矿产资源研究开发协会在2001年获得的东太平洋多金属结核勘探矿区、2011年获得的西南印度洋多金属硫化物勘探矿区、2013年获得的西太平洋富钴结壳勘探矿区三块勘探合同区，中国五矿集团公司在2015年获得的多金属结核勘探合同区，北京先驱高技术开发公司在2019年获得的多金属结核勘探合同区。参见海管局网站，https：//www. isa. org. jm/exploration-contracts。访问时间：2022年1月10日。

颁布实施的《中华人民共和国深海海底区域资源勘探开发法》为基础，以国家海洋主管部门发布的深海行政规章为补充的“区域”资源勘探开发法律体系。[①] 但我国的深海法律制度在环境保护方面仍不够完善，存在海洋环境保护规定较为原则、争议解决方式缺失等重要问题。对此，在宏观层面，我们需要遵守海管局制定的各项勘探开发规章规定的原则、规则和制度，如预防性办法、最佳环保做法、海洋环境影响评价等；在微观层面，我国需要在根据《中华人民共和国深海海底区域资源勘探开发法》形成的法律体系的范畴内，细化环境保护义务的内容，制定单独的海洋环境保护实施细则，如详细规定国家、承包者各自承担的保护海洋环境的责任与义务。在实施细则中不仅侧重对事前的环境影响评价和事中的管理和监测，也要重视事后的环境修复和追踪，以及设立环境责任信托基金和环境履约保证金，明确环境影响评价和争议解决的规则及标准等。[②]

2. 运用科技手段解决国际海底区域的环境治理难题

“区域”蕴藏着非常丰富的自然资源，其中富钴结壳、多金属结核和海底热液硫化物矿床等被认为是21世纪最具有商业开发前景的资源，“区域”允许勘探的矿区也是以这三种资源为主。随着陆地资源日趋枯竭，海洋资源尤其是占地球表面积近一半的国际海底区域的开发利用，已经成为人类发展的必然选择。[③] 中国是海管局理事会的主要成员之一，在“区域”拥有五块专属勘探区和三种金属资源的勘探权和后续开采权。在深海科学研究、技术开发和设备供应方面，我国已经对深海勘察、深海多金属结核矿物开采、矿物运载与冶炼等高科技领域进行了深入的研究，具备了相应的技术基础，一批拥有自主知识产权的深海高新技术装备正在趋于成熟；但是，

---

① 黄影：《比较法视野下我国〈深海法〉的立法缺失及其未来完善》，载《边界与海洋研究》，2020年第4期，第76页；国家海洋局发布的行政规章包括《深海海底区域资源勘探开发许可管理办法》《深海海底区域资源勘探开发样品管理暂行办法》和《深海海底区域资源勘探开发资料管理暂行办法》等。

② 黄影：《比较法视野下我国〈深海法〉的立法缺失及其未来完善》，载《边界与海洋研究》，2020年第4期，第79-80页。

③ 李家彪：《加快深海科学技术研究促进深海科技快速发展》，载《中国海洋报》，2017年5月9日，第1版。

由于我国海洋事业起步较晚，在深海环境保护上面临着一定程度上的技术压力。[①] 在人类探索深海的过程中，不仅勘探和开发需要发展深海技术，对于“区域”环境保护更是需要技术的支撑。中国作为一个负责任的大国，要想在开发利用国际海底资源和保护“区域”环境中发挥更大的作用，就必须增强本国在“区域”的活动能力与监测能力，大力发展我国的深海高新技术。

3. 通过国际合作发挥中国的引领作用

中国要想在“区域”环境治理中发挥引领作用，必须通过国际合作治理“区域”的环境污染问题。一方面中国要支持海管局统一管理，另一方面中国要在环保信息与技术的交流共享、危机与争端的应对等方面发挥国际合作的作用。2019 年《“区域”内矿物资源开发规章草案》第四部分“保护和保全海洋环境”中第 53 条第 2 项[②]的规定展现了“区域”环保合作中的一个方面，中国可以通过参与相关方面的协商、编写和修改相关标准进而参与“区域”治理。此外，中国还可以在资金、技术和责任承担等方面引领国际合作。例如，在资金方面，中国已持续向海管局捐款累计超过 25 万美元，用于支付发展中国家的法律和技术委员会等委员参加会议的费用和发展中国家人员培训的费用；在责任承担方面，中国的海底矿产资源勘探合同承包者按照规定严格履行合同义务，中国政府也积极参与海管局有关深海环境保护和提升发展中国家能力建设的相关工作，等等。[③] 这些都给其他国家做出了良好的示范。

---

① 中国科学院：《提高自主创新能力促进我国大洋事业》，http：//www. cas. cn/xw/kjsm/gndt/200601/t20060126_1002195. shtml。访问时间：2022 年 1 月 10 日。

② 2019 年《“区域”内矿物资源开发规章草案》第四部分“保护和保全海洋环境”中第 53 条第 2 项：“承包者、海管局和担保国应就交流与事故有关的知识、信息和经验共同协商，并与显示感兴趣的其他国家和组织就这方面进行协商，利用此类知识和信息编写和修改标准和作业准则，以便在整个采矿周期内控制危害，还应与其他相关国际组织合作，借鉴其咨询意见。”

③ 中国大洋矿产资源研究开发协会：《外交部：常驻海管局代表田琦大使在中国大洋协会“合作、贡献与人类命运共同体”主题边会上致辞》，http：//www. comra. org/2019 - 07/31/content_40848549. htm。访问时间：2022 年 1 月 10 日。

4. 发挥各方在“区域”环境治理中的作用

“区域”海洋环境保护是一项系统工程，包括开采前的环境影响评价、开采过程中的环境监测和管理，以及开采结束后的环境治理和养护等工作。这一系列工作需要发挥相关各方的作用才能完成，尤其是需要发挥海管局、担保国和承包者三方的职责。2019年《“区域”内矿产资源开发规章草案》设第四部分“保护和保全海洋环境”专门规定“区域”的环境保护问题。该部分共分五节，包括“与海洋环境有关的义务”“编制环境影响报告和环境管理与监测计划”“污染控制和废物管理”“遵守环境管理与监测计划和执行情况评估”“环境补偿基金”五个部分内容。其中，规定保护和保全海洋环境的“一般义务”为：海管局、担保国和承包者各自酌情就“区域”内活动，规划、执行和修改相关措施，以有效地保护海洋环境。①

首先，承包者在“区域”资源开发过程中应注意保护和保全海洋环境，对其造成的海洋环境损害承担赔偿责任。“承包者应实施和维护一个考虑到相关准则的环境管理系统”，申请者或承包者“应编写环境影响报告、制定环境管理和监测计划”，承包者“按照环境管理和监测计划以及适用的标准和准则”进行污染控制和限制采矿排放物，“遵守环境管理和监测计划”并对执行情况进行评估，“及时执行和实施应急和应变计划以及海管局发布的任何紧急命令”。② 其次，担保国应采取一切必要措施，确保其担保下的承包者遵守《公约》和海管局的有关规定，并履行海洋环境保护的相关义务。最后，海管局在其职权范围内对承包者的开发活动进行监督和管理。③ 海管局为保护和保全海洋环境设立环境补偿基金，理事会根据委员会的意见制定相关标准，委员会或秘书长发布及审查相关准则。④ 海管局、承包者、担保

---

① 2019年《“区域”内矿物资源开发规章草案》第44条：“海管局、担保国和承包者各自酌情就‘区域’内活动，规划、执行和修改为应依海管局通过的规则、规章及程序有效保护海洋环境免受有害影响而必须采取的措施。”

② 2019年《“区域”内矿物资源开发规章草案》第46-53条。

③ 王超：《国际海底区域资源开发与海洋环境保护制度的新发展——〈“区域”内矿产资源开采规章草案〉评析》，载《外交评论》，2018年第4期，第87页。

④ 2019年《“区域”内矿物资源开发规章草案》第54-58条。

国三者既分工负责又相互合作，形成“区域”环保系统的闭环，共同维护“区域”海洋环境的可持续发展。

三、中国深度参与“区域”环境治理的法理基础和法律依据

（一）中国深度参与“区域”环境治理的法理基础

1. 国际合作原则

国际合作原则对于国际环境法具有特别重要的意义，如前所述，在“区域”的环境治理中，国际合作既是治理目标也是治理方法。环境没有国界，包括海洋污染等海洋环境问题需要国家之间的合作；如果没有国家间的合作，一个国家或地区的环境污染很可能就会演化成全球性的污染，想要保护全球环境只有通过国际合作才能完成。[①] 正是出于此种共识，有关环境保护的国际性法律文件均无一例外地对国际合作进行了明确的规定，如《联合国人类环境会议宣言》《里约环境与发展宣言》《生物多样性公约》等。

在“区域”内进行矿产资源的开采活动、海洋中的石油污染、海洋酸化和垃圾沉积等均会影响整个海洋生态系统的健康，而且，我们目前对于深海环境尚缺乏充分翔实的数据资料，专门针对深海采矿的海洋环境保护技术也仅仅处于初步的应用阶段，以上这些因素更是加剧了“区域”内矿产资源开发活动对于海洋生态系统乃至整个地球生态系统的潜在威胁。因此，在“区域”活动中广泛开展国际合作，从而最大可能地削减人类活动对海洋环境的威胁是十分必要的。

2. 可持续发展原则

1987 年，世界环境与发展委员会在《我们共同的未来》的研究报告中提出了可持续发展（Sustainable Development）的概念，可持续发展是指既能满

---

① 王虎华：《国际公法学》（第四版），北京大学出版社，2015 年，第 299 页。

足当代又不损害后代的发展。[1] 一些国际条约都直接或间接地支持了可持续发展的思想。1992 年《里约环境与发展宣言》、1992 年《生物多样性公约》、1995 年《世界贸易组织章程》等国际性法律文件都把可持续发展列在其序言之中或作为其宗旨之一，从而体现了可持续发展原则的重要性。

可持续发展原则强调环境的整体性，“区域”作为全球环境不可或缺的一部分，自然也必须遵守该原则，以维护人类的整体和长远的利益。环境与发展一体化的理念要求将环境与发展两种在某种情境下存在一定冲突的价值进行整合，正如《斯德哥尔摩宣言》中前瞻性地要求各国“在发展规划中采用一体化的、协调的方法，从而确保发展与保护人类环境相兼容”。要在“区域”资源开采这一关系全人类未来发展的活动中秉持可持续发展原则，就应当在保证代际公平的前提下兼顾环境保护与资源开发。[2] 如果不坚持可持续发展的原则，世界各国在“区域”恣意开采，海洋的整体性必然会使“区域”的环境污染影响到整个地球的生态安全。因此“区域”的开发利用必须坚持可持续发展原则，通过制定严密的海洋环境保护规则和完善的监督体系来确保“区域”的可持续发展。

3. 共同而有区别的责任原则

共同而有区别的责任原则是指，鉴于地球生态系统具有整体性，各国对保护全球环境负有共同的责任，又考虑到导致生态环境破坏的不同因素，发达国家和发展中国家应当承担有区别的责任，发达国家应比发展中国家承担更多的责任。[3] 1992 年里约环境与发展大会发布的《里约环境与发展宣言》，第一次以国际性文件的方式规定了共同但有区别的责任（common but differentiated responsibilities），并将其作为一项原则确定下来。[4]

---

① 王虎华：《国际公法学》（第四版），北京大学出版社，2015 年，第 299 页。

② 李如是：《国际海底区域海洋环保中的国际合作原则研究》，厦门大学，2018 年硕士学位论文，第 10 页。

③ 王曦：《国际环境法》（第二版），法律出版社，2005 年，第 108 页。

④ The Rio Declaration on Environment and DevelopmentPrinciple 7：States shall cooperate in a spirit of global partnership to conserve，protect and restore the health and integrity of the Earth's ecosystem. In view of the different contributions to global environmental degradation. States have common but differentiated responsibilities. The developed countries acknowledge the responsibility that they bear in the international pursuit of sustainable development in view of the pressures their societies place on the global environment and of the technologies and financial resources they command.

共同但有区别的责任原则内涵包括了“共同”和“区别”两个方面。一方面，我们强调“区域”作为公有领域的公有性，世界上所有国家在开发“区域”资源和保护“区域”环境上负有共同的责任，无一例外地都应当积极参与到全球环境保护中来，共同解决环境问题。另一方面，由于发达国家已经走了“先污染后治理”的道路，在经济和技术上都具有明显的领先优势，而发展中国家尚处于经济社会的发展时期，考虑到二者在解决环境问题的能力方面存在较大的差异，发达国家应当在“区域”环境保护上承担更多的责任，并在技术和资金方面积极支持发展中国家治理“区域”环境。

4. 风险预防原则

国际上明确地将风险预防确定为一项原则是在1992年联合国《里约环境与发展宣言》中，其在原则15中规定，各国应为了保护环境广泛适用预防措施，当出现严重的或不可逆转的损害威胁时，不能因为缺乏科学上的充分证据而延迟采取措施防止环境恶化。[①] 环境遭受破坏在很多情况下是难以预测、后果严重、不可逆转的，风险预防原则就是针对环境的这些特点提出来的。一般情况下，只有在确有科学证据证明已经或即将出现严重的环境问题时，针对该问题的相关措施才会出台；但风险预防原则强调不以存在科学上的证据作为不作为的理由，要求在环境破坏尚未不可逆转之前采取行动加以预防，以免环境恶化至难以制止和扭转的程度。[②] 此外，1992年《生物多样性公约》在序言中也提及风险预防原则[③]。

2019年《“区域”内矿产资源开发规章草案》在第44条“一般义务”中也对风险预防原则(Precautionary Principle)作了相关规定：“采用《里约环境与

① The Rio Declaration on Environment and DevelopmentPrinciple 15：In order to protect the environment，the precautionary approach shall be widely applied by States according to their capabilities. Where there are threats of serious or irreversible damage. lack of full scientific certainty shall not be used as a reason for postponing cost—effective measures to prevent environmental degradation.

② 王曦：《国际环境法》(第二版)，法律出版社，2005年，第108页。

③ 1992年《生物多样性公约》序言：“注意到生物多样性遭受严重减少或损失的威胁时，不应以缺乏充分的科学定论为理由，而推迟采取旨在避免或尽量减轻此种威胁的措施。”

发展宣言》原则15所反映的预防性办法，评估和管理‘区域’内开发活动损害海洋环境的风险。”[①]海管局在制定勘探规章时采纳预防性办法，是风险预防原则在进行矿产资源开发中保护“区域”环境的体现，尽可能地在合理范围内采取必要措施防止、减少和控制对海洋环境造成的危害。[②] 风险预防原则作为国际环境法的基本原则，不仅仅应适用于“区域”矿产资源开发，勘探、科学研究等“区域”活动，而且还应当适用于所有有关“区域”环境保护与治理的活动。

5. 损害预防原则

损害预防原则在英文中被表述为“principle of prevention”或“principle of preventive action”，它是指在环境损害发生之前国家应尽可能地采取措施，防止可能造成的环境损害。[③] 1982年《公约》第194条[④]、1992年《生物多样性公约》序言[⑤]等相关的国际环境公约及文件均对损害预防原则进行了规定。

风险预防原则和损害预防原则虽都属于事前的预防性原则，但二者适用的范围有所不同。风险预防原则针对的是严重的或不可逆转的损害威胁，并且不能因为缺乏科学上的充分证据而延迟采取措施；而损害预防原则更为宽泛，并非专门针对以上情况。[⑥] 索取资源和倾倒废物是人类利用海洋的两大方式，“区域”也通过这两种方式承受着人类的索取和污染。在“区域”环境损害发生之前，国家应尽可能地采取措施，防止可能对“区域”环境造成损害的各种行为。

---

① 2019年《“区域”内矿物资源开发规章草案》第44条。

② 王超：《国际海底区域资源开发与海洋环境保护制度的新发展——〈“区域”内矿产资源开采规章草案〉评析》，载《外交评论》，2018年第4期，第87页。

③ 王曦：《国际环境法》(第二版)，法律出版社，2005年，第108页。

④ 1982年《联合国海洋法公约》第194条第1款：“各国应在适当情形下个别或联合地采取一切符合本公约的必要措施，防止、减少和控制任何来源的海洋环境污染。”

⑤ 1992年《生物多样性公约》序言：“注意到预测、预防和从根源上消除导致生物多样性严重减少或丧失的原因，至为重要。”

⑥ 同③，第111页。

(二)主要法律依据

1.《联合国海洋法公约》

《公约》是国际海洋法的最权威和最主要的法律渊源，其中专门规定了海洋环境和“区域”环境的保护。首先，《公约》第 12 部分通过共计 45 条条款专门规定了“海洋环境的保护和保全”，但规定较为笼统，并没有对处理污染问题确立相应的标准、监管和惩罚，缺乏可执行性。[①] 其次，《公约》第 145 条规定了“区域”海洋环境的保护[②]，但内容非常少，规定不详实。最后，《公约》也显示出一些海洋大国与发展中国家之间的立场冲突，国家管辖范围外海域的环境保护存在管辖的真空，笼统和拘束力不强的表述给不愿履行环境保护义务的国家以理由，因此国家管辖范围外海域垃圾治理还需要更加专业和细化的条约进行管辖。

2.《生物多样性公约》

《生物多样性公约》(Convention on Biological Diversity，CBD)适用于缔约方国家管辖范围内的生物多样性组成部分，以及该缔约方管辖或控制的国家管辖区外的过程和活动。CBD 所指的生物多样性不仅指其生态、社会、经济、教育等方面，它更实质性地要求缔约国采取足以维持生存种群和保护受威胁物种的保护措施，包括建立保护区和在保护区内外对生物资源进行调控和管理。CBD 第一条明确规定了其目标[③]，缔约国实现这些目标的方法之一是“尽可能适当地”评估那些可能产生“重大不利影响”的拟议项目的环境影响。同时，CBD 也采取了预测原则和预防原则，但这两项原则都只

---

① 1982 年《联合国海洋法公约》第 192-237 条，其中第 192 条确定了各国在保护和保全海洋环境中的一般义务，第 194 条规定了“防止、减少和控制海洋环境污染的措施”，第 207 条只是鼓励各国“制定全球性和区域性规则、标准和建议的办法及程序，以防止、减少和控制这种污染”。

② 1982 年《联合国海洋法公约》第 145 条：“海洋环境的保护应按照本公约对‘区域’内活动采取必要措施，以确保切实保护海洋环境，不受这种活动可能产生的有害影响。为此目的，海管局应制定适当的规则，规章和程序，以便除其他外：(a)防止、减少和控制对包括海岸在内的海洋环境的污染和其他危害，并防止干扰海洋环境的生态平衡，特别注意使其不受诸如钻探、挖泥、挖凿、废物处置等活动，以及建造和操作或维修与这种活动有关的设施、管道和其他装置所产生的有害影响；(b)保护和养护‘区域’的自然资源，并防止对海洋环境中动植物的损害。”

③ 1992 年《生物多样性公约》第 1 条。

包含在序言中。[①]

3.《国际防止船舶造成污染公约》(MARPOL)

《国际防止船舶造成污染公约》旨在预防和最大限度地减少船舶的意外和例行污染。1988 年 12 月生效的附件五专门规定了防止船舶垃圾污染的规定，并禁止将各种形式的塑料丢弃到海洋中。2018 年 3 月 1 日正式生效的附则五的 2016 年修正案的修正内容主要涉及船舶垃圾的分类、排放和记录。这是 MARPOL 体系中对海洋微塑料问题最明显的规制，完全禁止在海上处理任何形式的塑料。2016 年修正案要求固体散装货物应按照修正案附录 I 的标准进行分类，船舶应将垃圾分为 A 至 K 类，塑料作为禁止倾倒的 A 类海洋垃圾。[②] 该修正案规制了船舶丢弃垃圾进入海洋，从源头上减少了洋面垃圾沉入海底的可能性。

4.《国际海底区域开发规章草案》

2016 年，海管局出台首个《"区域"内矿物资源开发规章草案》，截至 2019 年共计发布 4 份开发规章草案。总体来说，《"区域"内矿物资源开发规章草案》关于环境保护的条款规定愈发细致且数量增多，主要体现在环境履约保证金、环境补偿基金、环境管理与监测计划、环境影响报告书、承包者对于海洋环境的义务等方面的规定越来越详细和集中。[③] 以 2019 年《"区域"内矿物资源开发规章草案》为例，其沿用《公约》，并设第四部分"保护和保全海洋环境"专门对"区域"矿产资源开发过程中的海洋环境保护进行具体规定。该部分包括 5 节、共计 12 条，规定了"与海洋环境有关的义务""编制环境影响报告和环境管理和监测计划""污染控制和废物管理""遵守环境管理与监测计划和执行情况评估""环境补偿基金"5 个方面。[④] 此外，在第

① 1992 年《生物多样性公约》序言。

② Marine Environment Protection Committee (MEPC), Amendments to the Annex of the International Convention for the Prevention of Pollution from Ships, London, U. K., 28 October, 2018.

③ 王勇：《国际海底区域开发规章草案的发展演变与中国的因应》，载《当代法学》，2019 年第 4 期，第 80-81 页。

④ 2019 年海管局法律和技术委员会：《"区域"内矿物资源开发规章草案》，第 44-56 条。

十部分“一般程序、标准和准则”规定了标准和程序的制定和修改。[①] 纵观《“区域”内矿物资源开发规章草案》的制定和修改历程，我们可以发现环境保护在其中的比重越来越大、规定越来越详细，体现了海管局乃至国际社会对“区域”环境保护事业的重视。但我们也应当清醒地认识到，“区域”环保的迫切性和草案规定的不足之处，应当通过实际的行动不断完善保护“区域”环保规定。

5.《国家管辖范围外区域生物多样性养护和可持续利用国际协定》

《国家管辖范围外区域生物多样性养护和可持续利用国际协定》(Biological Diversity of Areas Beyond National Jurisdiction，以下简称 BBNJ 协定)聚焦国家管辖范围以外区域生物多样性的养护和可持续利用问题，该问题不只是单个国家面临的治理难题，而是关系到人类生存和发展的共同利益所在。2015 年第 69 届联合国大会启动了 BBNJ 协定的谈判议程，迈出了全球海洋治理在 BBNJ 领域的重要一步；生效后的 BBNJ 协定将是具有法律效力的国际条约，并且和《公约》及其两个执行协定将成为全球海洋治理中更为全面而有效的国际法规制。[②] 在联合国所主导的 BBNJ 协定谈判中，国际社会已就 BBNJ 协定的内容达成了四个议题框架下的初步共识，这四个议题分别是海洋遗传基因资源、海洋保护区、环境影响评估、海洋能力建设和技术转让。[③] 由于经济发展和科技研究的程度差异，不同国家对国家管辖范围以外区域生物多样性养护和可持续利用的实际效果不同。发展中国家一致认为，发达国家应该在经济、技术等方面支持其海洋能力建设。针对发展中国家的现实诉求和生物多样性养护和可持续利用的需要，如何平衡地构建海洋能力建设与技术转让制度是未来 BBNJ 协定的重要议题。

① 2019 年海管局法律和技术委员会：《“区域”内矿物资源开发规章草案》，第 94 条。

② 江河，胡梦达：《全球海洋治理与 BBNJ 协定：现实困境、法理建构与中国路径》，载《中国地质大学学报(社会科学版)》，2020 年第 3 期，第 49 页。

③ 同②，第 52-53 页。

On the Basic Theoretical Problems of China's Deep Participation in the Environmental Governance of the "Area"

WANG Yong

Abstract: China's deep participation in environmental governance of "Area" involves many basic theoretical issues. First of all, China should take the construction of "maritime community with shared future" as its guiding ideology. Secondly, China should make clear the goal, role orientation and mode of deep participation in environmental governance of "Area". Thirdly, it clarifies the legal basis and legal basis of China's deep participation in environmental governance of "Area". By clarifying the above basic theoretical problems, we can point out the direction for China to better participate in environmental governance of "Area" and play the leading role.

Key words: Environmental Governance of "Area"; China; Deep participation; Basic theory; Maritime community with shared future

我国深海海底区域资源勘探开发立法研究

徐向欣　王　冲①

摘　要：第十二届全国人大常委会第十九次会议通过了《中华人民共和国深海海底区域资源勘探开发法》(以下简称《深海法》)。作为我国首部涉及海底资源勘探和开发的专门立法，《深海法》填补了我国相关领域的法律空白，使我国在参与国际海底资源开发活动中有法可依，对保障国家权益具有现实意义。但由于多方面原因，《深海法》仅是一部框架性法律。在这部法律的框架之下，仍有许多问题需要审慎思考，尤其在抑制风险方面，如使其发挥作用，需要通过完善的国内立法来免除我国作为担保国的国家责任，这应是我国深海资源勘探开发立法的重中之重。这方面，国际海洋法法庭海底争端分庭的《国家担保个人和实体在“区域”内活动的责任和义务的咨询意见》(以下简称《咨询意见》)在通过担保国国内立法免除担保责任方面有重要参考意义，我国应以《深海法》为框架和指导，吸纳《咨询意见》中的建议，制定相应的配套法规和条例。因此，本文在简要阐述《深海法》基本内容的基础上，重点介绍《咨询意见》的相关内容，并结合《咨询意见》对《深海法》配套法规、条例的内容提出具体建议，使其符合“必要和适当”的标准，以确保这套法律体系成为我国参与国际海底区域资源勘探和开发活动的有力保障。

①　徐向欣(1988—　)，女，汉族，黑龙江齐齐哈尔人，上海交通大学凯原法学院博士后，法学博士，主要研究方向：国际海洋法。王冲(1988—　)，男，汉族，吉林长春人，上海交通大学党政办公室助理研究员，法律硕士，主要研究方向：国际海洋法。

关键词：国际海底区域；《联合国海洋法公约》；《咨询意见》；中国；担保国的责任和义务

2016年2月26日，《中华人民共和国深海海底区域资源勘探开发法》由第十二届全国人大常委会第十九次会议正式通过，于2016年5月1日起正式施行。[①] 作为在国际海底管理局拥有最多深海资源勘探合同的担保国，制定深海采矿的专门立法使我国在参与国际海底区域资源开发活动中有法可依，对保障国家权益、参与相关国际事务具有重要的现实意义。但需要注意的是，该项立法实为一柄双刃剑，处理不当也可能成为伤及自身的利器。根据国际海底管理局的规定，我国深海采矿的相关立法出台后，需要向其交存并公示。[②] 中国所担保的承包者在国际海底区域(以下简称"区域")[③]从事深海采矿过程中一旦发生对海洋环境或海洋生物的损害，中国交存于国际海底管理局的法律文本将是评断担保国责任的重要依据。若我国立法不够完备，届时很可能使我国处于不利和被动的境地。由于时间、立法初衷及立法技术所限等多方面原因，《深海法》仅是一部框架性法律。在这部法律的框架之下，仍有许多问题需要审慎思考，并需要通过一系列配套法规、条例对其进行细化和完善，尤其在抑制风险方面，如使其发挥作用，需要通过完善的国内立法来免除我国作为担保国的国家责任。

1982年《联合国海洋法公约》(以下简称《公约》)及《关于执行1982年12月10日〈联合国海洋法公约〉第十一部分的协定》(以下简称《执

① 《深海法》于2015年10月31日提请第十二届全国人大常委会第十七会议初次审议；2015年11月6日至12月5日公开征求意见；2016年2月26日第十二届全国人民代表大会常务委员会第十九次会议正式通过，并由国家主席习近平签署第42号国家主席令予以公布。

② 《公约》第153条第4款指出，担保国有义务根据《公约》第139条"采取一切必要措施"确保受担保的承包者遵守规定。《公约》附件三第4条第4款明确规定，担保国的"确保责任"在其"法律制度范围内"适用，因此，这种责任要求担保国制定并采取法律、法规及行政措施以确保承包者的遵守。2011年，国际海底管理局第17届会议期间，理事会邀请担保国及管理局其他成员向管理局秘书处提供相关国家法律、条例和行政措施的信息或文本。参见 Decision of the Council of the International Seabed Authority(ISBA/17/C/20, 21 July 2011), Paragraph 3。

③ 我国海洋法理论中通常将"The Area"译作国际海底区域，简称"区域"；《深海法》中采用了"深海海底区域"的表述，本文中一并称为"区域"。

行协定》)针对在“区域”进行的资源勘探和开发活动设立了缔约国担保制度。[①] 深海采矿过程中，如果发生损害，缔约国应对由于其未履行《公约》规定的义务而造成的损害承担赔偿责任。[②]《公约》同时规定，如果担保国采取了一切“必要和适当”(necessary and appropriate measures)的措施以确保担保人切实遵守规定，则该担保国对于因这种没有遵守本部分规定而造成的损害，应无赔偿责任。[③] 这一规定事实上有条件地减免了担保国的责任，对担保国有利。但问题在于，对于减免担保国责任的重要前提，即何为“必要和适当”的措施，《公约》并没有给出具体的解释。这种不确定性使担保国需要承担潜在的巨大风险，使许多国家望而却步。[④] 为了确保“区域”资源勘探和开发活动的顺利进行，国际海底管理局理事会就担保国责任问题形成决定，并由国际海底管理局秘书长正式提交国际海洋法法庭海底争端分庭，最终通过第 17 号案形成了颇具影响力的《咨询意见》。[⑤]

国际海洋法法庭海底争端分庭的《咨询意见》在通过担保国国内立法免除担保责任方面有重要参考意义。《咨询意见》是关于担保国责任的重要参考，它不仅明晰了担保国责任和义务的应有之义，还对担保国的国内立法

---

① United Nations Convention on the Law of the Sea (Montego Bay, 10 December 1982, in force 16 November 1994) 1833 UNTS 3, Article 153; The Agreement Relating to the Implementation of Part XI of the United Nations Convention on the Law of the Sea of 10 December 1982 (adopted by UNGA Resolution 48/263, New York, 28 July 1994, in force since 16 November 1994) 1836 UNTS 3.

② UNCLOS, Article 139, Paragraph 2.

③ 同②。

④ 2008 年 4 月，瑙鲁海洋资源公司和汤加近海采矿有限公司向管理局提交请求，核准在克拉里昂-克利伯顿中央太平洋断裂带多金属结核保留区内开展勘探多金属结核工作计划的申请书，瑙鲁和汤加作为担保国。2009 年 5 月，瑙鲁又请求延后考虑此份申请。2010 年 3 月，瑙鲁共和国提议管理局秘书处，向国际海洋法法庭海底争端分庭寻求一份关于担保国责任和赔偿责任问题的咨询意见。因为包括瑙鲁在内的许多发展中国家不具备在国际海底区域进行资源勘探和开发的技术能力和经济实力，它们必须寻求全球私营部门实体参与。作为担保国，若因其担保的“区域”内的活动而被追究责任，使该国可能面临的损失超过它本身所能承受的财力。如果担保国可能面临重大赔偿责任，瑙鲁与其他发展中国家一样，可能实际上无法参与“区域”内活动。详见 Proposal to seek an advisory opinion from the Seabed Disputes Chamber of the International Tribunal for the Law of the Sea on matters regarding sponsoring State responsibility and liability(5 March 2010 , ISBA/16/C/6).

⑤ Responsibilities and Obligations of States Sponsoring Persons and Entities with Respect to Activities in the Area (Seabed Disputes Chamber of the International Tribunal for the Law of the Sea, Case No 17, 1 February 2011).

提出了具体建议，我国应以《深海法》为框架和指导，高度重视《咨询意见》的作用，在后续的相关立法中吸纳《咨询意见》中的具体建议。如果我国相关立法按照《咨询意见》的建议完善相应部分，则可以最大限度地降低我国承担国家责任的风险；反之，我国不仅需要承担不可预估的赔偿责任，而且将会处于随之而来的巨大国际舆论压力之下。

鉴于此，本文基于对《深海法》基本内容的分析和《咨询意见》相关内容的介绍，结合《咨询意见》对《深海法》配套法规的立法内容提出具体建议，使其符合“必要和适当”的标准，以确保这套法律体系成为我国参与国际海底区域资源勘探和开发活动的有力保障。

一、我国《深海法》主要内容

1992 年以来，我国陆续出台了一系列规制采矿行为和环境保护的法律①，但这些法律的适用范围仅为我国国家管辖范围内的陆上矿产及海洋油气资源②，并不适用于深海海底资源的勘探和开发。③ 2011 年年底，我国启动了深海海底资源勘探和开发的立法工作，并于 2013 年将其列入全国人大二类立法计划中，2015 年形成了《深海海底区域资源勘探开发法(草案)》，

① 中国目前已经制定与勘探和开发本国管辖海区中的大洋矿产资源的活动有关的法律、细则和条例，其中包括《中华人民共和国矿山安全法》《中华人民共和国矿产资源法》《中华人民共和国矿产资源法实施细则》《中华人民共和国海洋环境保护法》《海洋石油安全生产规定》《防治海洋工程建设项目污染损害海洋环境管理条例》。

② 《中华人民共和国矿山安全法》第 2 条规定：“在中华人民共和国领域和中华人民共和国管辖的其他海域从事矿产资源开采活动，必须遵守本法。”《中华人民共和国矿产资源法》第 2 条规定：“在中华人民共和国领域及管辖海域勘查、开采矿产资源，必须遵守本法。”《海洋石油安全生产规定》第 2 条规定：“在中华人民共和国的内水、领海、毗连区、专属经济区、大陆架以及中华人民共和国管辖的其他海域内的石油开采活动的安全生产，适用本规定。”

③ 目前，在国际海底区域广泛勘探的资源包括多金属锰结核、多金属硫化物和富钴结壳。深海环境不同于陆上环境，深海生物资源和生态系统都有其特殊性，需要特殊保护。另外，每一种深海矿产资源的形成原理不同，因此其富集的位置和环境与油气资源大相径庭，甚至几种深海矿产资源的特性也各不相同，因此，对不同资源的勘探和开采需要区别对待。具体内容可参见：A Geological Model of Polymetallic Nodule Deposits in the Clarion－Clipperton Fracture Zone（ISA Technical Study：No. 6）（ISA，Kingston，2010），at p. 8. PM Herzig，S Peterson，MD Hannington and J Hein，Polymetallic Massive Sulphide and Cobalt-Rich Ferromanganese Crusts：Status and Prospects（ISA Technical Study：No. 2）（ISA，Kingston，2002），102.

提请第十二届全国人大常委会第十七次会议初次审议，2016年2月26日第十二届全国人大常委会第十九次会议正式通过《深海法》。

《深海法》共七章二十九条。第一章总则部分明确了立法目的、权力主体及受规制主体范围、从事"区域"资源勘探开发活动应遵循的原则等内容；第二章至第六章针对资源的勘探和开发、海洋环境保护、科学技术研究和资源调查、监督检查及法律责任设立专门章节；最后一章附则部分则对本法使用的术语进行定义和明确。《深海法》的主体部分包括如下内容。

（一）勘探、开发

《深海法》对"区域"资源勘探、开发活动做出规范和管控，是《公约》及《执行协定》、国际海底管理局规章[①]和《咨询意见》对缔约国的基本要求。为了保证我国深海海底资源勘探和开发活动的承包者有序、安全、合理地开展"区域"资源勘探、开发活动，《深海法》第二章规定了勘探、开发的主要内容包括：我国承包者在向国际海底管理局提交申请前，应当向国务院海洋主管部门提出申请，并明确列出申请者所应提交的材料；[②] 国务院海洋主管部门对申请者提交的材料进行审查，对于符合规定条件的应予以许可；[③] 承包者对合同区域内特定资源享有专属勘探及开发权，在从事深海资源勘探和开发过程中应当履行保障作业人员的人身安全、保护海洋环境、保护作业区域内的文物和铺设物、遵守中华人民共和国有关安全生产和劳动保护的法律法规的义务；[④] 勘探、开发合同转让、变更及终止的相关规

① 此处及后文所指国际海底管理局出台规章为《"区域"内多金属结核探矿和勘探规章》《"区域"内多金属硫化物探矿和勘探规章》以及《"区域"内富钴铁锰结壳探矿和勘探规章》，具体为：Regulations on Prospecting and Exploration for Polymetallic Nodules in the Area（ISBA/6/A/18，13 July 2000，as amended by ISBA/19/A/9 and ISBA/19/A/12，25 July 2013，and ISBA/20/A/9，24 July 2014）；Regulations on Prospecting and Exploration for Polymetallic Sulphides in the Area（ISBA/16/A/12/Rev. 1，15 November 2010，as amended by ISBA/19/A/12，25 July 2013 and ISBA/20/A/10，24 July 2014）；Regulations on Prospecting and Exploration for Cobalt-rich Ferromanganese Crusts in the Area（ISBA/18/A/11，27 July 2012，as amended by ISBA/19/A/12，25 July 2013）.

② 《深海法》第7条。

③ 同①，第8条。

④ 同①，第9条。

定；[①] 承包者在勘探开发过程中面对突发事件，应按照本章规定启动应急预案并采取相应的应急措施。[②]

（二）环境保护

《深海法》秉持了国际海底管理局规章重视海洋环境保护的精神，在第三章中对环境保护做出了专门规定。本章中的三条全部针对承包者的海洋环境保护义务，包括最佳环境做法[③]、环境影响评估报告、环境检测方案、保护和保全海洋资源。[④]

有关环境保护的规定，作为体现和履行我国的国际责任和承诺、维护人类共同利益的重要组成部分，需要体现可持续发展的要求。对"区域"资源勘探、开发活动管控不当，会造成"区域"内及其相关范围的海洋环境破坏，特别是对海洋生态系统的破坏。因此，《深海法》第三章对海洋环境保护的内容加以规范。

（三）科学技术研究与资源调查

为提高我国深海科学技术研究水平和深海资源勘探开发能力，《深海法》设第四章"科学技术研究与资源调查"，就深海科学技术研究和资源勘探开发能力建设进行专门规定，鼓励深海科学技术研究和专业人才培养，加强深海科学技术研究的公共平台建设，支持并促进有关单位和个人开展深海科学普及活动[⑤]，还强调了深海海底资源勘探、开发和资源调查活动后的资料汇交与共享问题。[⑥]

---

① 《深海法》第10条

② 同①，第11条。

③ 同①，第12条采用了"利用可获得的先进技术"的表述，建议改为"最佳环境做法"。"先进技术"的表述"best technology"出现在2000年的《"区域"内多金属结核探矿和勘探规章》中，但其后的修正案已改为"最佳环境做法"（best environmental practice）的表述。并且随后出台的《"区域"内多金属硫化物探矿和勘探规章》以及《"区域"内富钴铁锰结壳探矿和勘探规章》都沿用了"最佳环境做法"的表述，比"可获得的先进技术"含义更广泛。具体可参见《"区域"内多金属结核探矿和勘探规章》第31条第5款、《"区域"内多金属硫化物探矿和勘探规章》第33条第5款以及《"区域"内富钴铁锰结壳探矿和勘探规章》第33条第5款。

④ 同①，第12条至第14条。

⑤ 同①，第15条至第17条。

⑥ 同①，第18条。

(四)监督检查及法律责任

制度建设和监督检查是法律效力的重要保障，也是落实《公约》对缔约国的要求、管控其担保主体在“区域”内活动的重要体现。对于违反法律规定的行为，应通过强制手段加以规制。为此，《深海法》专设监督检查和法律责任两个章节。“监督检查”明确了监督主体和监督检查范围[①]，规定了承包者报告制度。[②] 为保证《深海法》中多项制度的有效实施，进一步强化对“区域”行为的有效控制，法律责任部分明确了造成海洋环境污染损害或者作业区域内文物、铺设物等损害的法律责任[③]及其他违法行为的法律责任[④]。

二、《咨询意见》对担保国深海采矿立法的建议

《公约》针对在国际海底区域进行的资源勘探和开发活动设立了缔约国担保制度。深海采矿过程中，如若发生损害，缔约国应对由于其未履行《公约》规定的义务而造成的损害承担赔偿责任。值得注意的是，这并不意味着担保国对其担保的承包者所造成的损害必然承担责任，担保国可以通过相应国内立法的完善避免承担赔偿责任。[⑤]

《公约》第 139 条第 2 款规定，“如缔约国……采取一切必要和适当措施，以确保……担保的人切实遵守规定，则该缔约国对于因这种人没有遵守本部分规定而造成的损害，应无赔偿责任”。而《公约》附件三第 4 条第 4 款进一步明确上文所述“必要和适当措施”为“担保国已制定法律和规章并采取行政措施”(Laws and regulations and administrative measures)。由于这一条款并未明确指出担保国的法律、规章和行政措施中应包含的具体内容，2011 年，国际海洋法法庭海底争端分庭发表了《国家担保个人和实体在“区域”内

---

① 《深海法》第 19 条：“国务院海洋主管部门应当对承包者履行勘探、开发合同的情况进行监督检查。”第 21 条：“国务院海洋主管部门可以检查承包者用于勘探、开发活动的船舶、设施、设备以及航海日志、记录、数据等。”

② 同①，第 20 条。报告内容包括：勘探、开发活动情况；环境监测情况；年度投资情况及国务院海洋主管部门要求的其他事项。

③ 同①，第 26 条。

④ 同①，第 23 条至第 25 条。

⑤ UNCLOS，Annex Ⅲ，Article 4，Paragraph 4.

活动的责任和义务的咨询意见》(即《咨询意见》)，解决了这一难题。《咨询意见》通过三个相互关联的问题阐述了“必要和适当措施”的应有之义，并在第三个问题中针对“必要和适当措施”提出了具体建议。①

《咨询意见》通过三个相互关联的部分阐释了担保国的责任问题。第一部分阐释了担保国所应承担的义务范围分为两类，即“确保遵守义务”(obligation to ensure compliance)和“直接义务”(direct obligations)；第二部分阐释了担保国需要承担责任的条件，即担保国如未履行《咨询意见》第一部分所规定的义务，并且由于担保国对这种义务的不作为而导致损害结果的发生需要承担责任。但如果担保国采取了一切必要和适当的措施以确保担保的承包者切实遵守规定，则该担保国对于因承包者没有遵守本部分规定而造成的损害，应无赔偿责任；第三部分针对“必要和适当措施”提出了具体的建议。《咨询意见》的三个部分相互关联，指引担保国应如何通过国内立法避免因承包者的过失而为其带来的无法预估的国家责任。

法庭的咨询意见虽然不具有法律约束力，但国际司法实践往往视其为对一般国际法的主导性权威论述。② 因此，只要我国在相应的深海采矿立法中汲取《咨询意见》中对缔约国深海采矿国内立法的建议，以确保承包者切实履行其在勘探合同和《公约》及其相关文件中所规定的义务，在此前提下即使发生损害，担保国也可最小化其承担赔偿责任的风险、甚至不需要承担任何赔偿责任。

(一)担保国应承担的责任和义务

《公约》规定缔约国应采取一切必要和适当措施，以确保承包者切实遵守规定。但究竟应遵守哪些规定，即担保国应承担哪些责任和义务，依据

① 海底争端分庭就如下问题发表咨询意见：一是《公约》缔约国在依照《公约》特别是依照第十一部分以及1994年《协定》(《执行协定》)担保“区域”内的活动方面有哪些法律责任和义务？二是如果某个缔约国依照《公约》第153条第2(b)款担保的实体没有遵守《公约》特别是第十一部分以及1994年《协定》(《执行协定》)的规定，该缔约国应担负何种程度的赔偿责任？三是担保国必须采取何种适当措施来履行《公约》特别是第139条和附件三以及1994年《协定》(《执行协定》)为其规定的义务？

② 高之国，贾宇，等：《浅析国际海洋法法庭首例咨询意见案》，载《环境保护》，2012年第16期，第53页。

《咨询意见》的阐释，担保国在《公约》及相关法律框架下主要有两项义务：

1. 确保遵守义务

指担保国有义务确保承包者遵守勘探开发合同及《公约》和相关法律文件中为其规定的义务[①]，即“恪尽职守”(due diligence)义务。[②] 也就是说，担保国有义务尽最大努力确保承包者遵守其应承担的义务。“恪尽职守”义务并没有确定的标准，而是随着时间、风险程度及具体活动的不同而变化。“恪尽职守”义务要求担保国在其国内法律体系之内采取一定的措施以确保其对承包者的约束。这种措施可以是法律、法规或者行政措施。这种措施达到“恪尽职守”义务的标准是“合理恰当”(reasonably appropriate)。[③]

2. 直接义务(Direct obligations)[④]

担保国遵守这些直接义务也作为其“恪尽职守”的表现。最重要的直接义务包括：

①对国际海底管理局的协助义务；

②采纳预防性方法(precautionary approach)的义务，这一义务不仅体现在《里约环境与发展宣言》第十五条原则中和国际海底管理局的规章之中，还被视为“恪尽职守”义务的重要组成部分，适用于国际海底管理局的规章之外；

③采纳最佳环境做法(best environmental practice)的义务；

④采取相应措施保证国际海底管理局为保障海洋环境的紧急措施得以执行的义务；

⑤提供追索赔偿的义务(recourse for compensation)。[⑤]

(二)《咨询意见》对担保国的立法建议

《公约》要求担保国在自身的国内法律体系内采取法律、法规和行政措

① Advisory Opinion, Paragraphs 107-108.
② 同①, Paragraph 110.
③ 同①, Paragraphs 117-120.
④ 同①, Paragraph 121.
⑤ 同①, Paragraphs 124-150.

施具有两个方面的功能：一是确保承包者履行其义务；二是用于免除担保国的责任。

相关立法的具体范围和内容取决于各国的法律体系，各担保国有权自主决定。但这种立法中应包括有效监督承包者活动的监督机制及用以协调担保国和国际海底管理局活动的协调机制。①

在承包者与国际海底管理局签署的勘探合同的有效期内，上述法律、法规和行政措施应保持有效。虽然这并非承包者与国际海底管理局签订合同的前提条件，但却是担保国履行"恪尽职守"义务和寻求免责的必然要求。② 在勘探阶段结束后，承包者应继续对其在作业过程中的不当行为所造成的任何损害，特别是对海洋环境造成的损害承担责任。③ 担保国的这些法律、法规和行政措施应不断审查，与时俱进，以确保其符合当时的标准。④

担保国采取的措施应包括法律、法规和行政措施。担保国和承包者之间的担保协议中的合同义务，不能代替担保国的法律、法规和行政措施。仅有合同义务，不能认为其履行了《公约》规定的义务。⑤ 担保国对其国内法律、法规和行政措施并不享受绝对的裁量权，担保国必须基于善意（good faith）的原则，采取合理的、相关的和有益于全人类整体利益的方式进行。⑥ 关于环境保护部分的规定，应以国际海底管理局规章的相关规定为最低标准，担保国的国内立法需比国际海底管理局的规章更加严格。⑦

需要被担保国纳入立法中的必要措施包括以下方面：申请者的财政和技术能力、准予担保的条件和承包者不遵守规定的罚则。⑧ 最后，法律咨询意见特别提及，分庭的裁判应以缔约国最高法院判决或命令的同样方式，

① Advisory Opinion，Paragraph 218.

② 同①，Paragraph 219.

③ 同①，Paragraph 221.

④ 同①，Paragraph 222.

⑤ 同①，Paragraph 223.

⑥ 同①，Paragraph 230.

⑦ 同①，Paragraph 240.

⑧ 同①，Paragraph 234.

在缔约国领土内得到执行。①

三、对我国深海海底区域资源勘探开发立法的完善建议

《咨询意见》对担保国立法建议不同层次的指引，可分为原则性指引和确定性指引。② 原则性指引不仅是我国立法过程中应遵循的原则，还应将其明确体现在法律文本中；确定性指引可分为两类：一类是担保国可根据自身情况酌定，如罚则问题；另一类是理论上确定要实施，但国际上尚未达成统一意见的制度，如预防性方法。下文将分别对这两种指引做具体论述。

我国制定的《深海法》基本涵盖了《咨询意见》中的"直接义务"内容，也通过监察和法律责任等强制手段在一定程度上满足了"确保遵守义务"。《深海法》秉承了《公约》及执行协定、国际海底管理局规章和《咨询意见》中高度重视海洋环境保护的精神，专章规制海洋环境保护行为。另外，还鼓励海洋科学研究和资源调查活动，强调资料的汇总和分享，重视保护海底文物，比较充分地体现了《公约》及执行协定、国际海底管理局规章和《咨询意见》的内容和要求。尽管如此，仍有一些内容应该在《深海法》的配套法规、条例中加以补充，使我国的深海资源勘探开发法律体系更加完善，最大限度地降低我国承担国家责任的风险。本文将对我国深海资源勘探开发立法中应补充的方面加以论述。

（一）我国深海资源勘探开发立法应遵循的原则

针对《咨询意见》中的原则性指引，《深海法》的配套法规、条例在制定过程中，除了遵循《深海法》中所述坚持和平利用、合作共享、保护环境、维护人类共同利益的原则，也应考虑以下三点原则：

1. 善意原则

基于全人类共同利益的考虑，对于勘探区内的特殊活动应基于善意的

① Advisory Opinion, Paragraph 235.

② 本文所述原则性指引是指在《咨询意见》中指出的、担保国在立法和实践过程中应遵循的指导思想，如"关于环境保护部分的规定，应把国际海底管理局的规章的相关规定作为最低标准，担保国的国内立法在此方面需比国际海底管理局的规章更加严格"等内容；确定性指引是指在《咨询意见》中明确指出担保国立法中应体现的具体规定，如"申请者的财政和技术能力"等内容。

原则处理，这方面担保国和承包者并没有绝对的裁量权。[①] 基于这一点，《咨询意见》没有给出具体示例，但根据国际海底管理局的三部勘探规章，我国立法中至少应包括处理“具有考古或历史意义的遗骸、文物和遗址”的条款。[②]

2. 最低标准原则

关于环境保护部分的规定，应把国际海底管理局规章的相关规定作为最低标准，担保国的国内立法在这方面需比国际海底管理局的规章更加严格。[③]

3. 审查原则

《咨询意见》建议，各担保国国内立法制定后应不断审查，以期确保符合《公约》和执行协定及国际海底管理局规章的规定。[④] 因此，我国立法中应增加“相关部门应依照《公约》和执行协定及国际海底管理局规章定期审查我国深海采矿方面的法律、规章及行政措施，以确保有效保护海洋环境，使其免受‘区域’内活动可能造成的有害影响。”[⑤]

(二)我国深海资源勘探开发立法应补充的内容

1. 申请者的准入条件

《咨询意见》建议担保国的相关国内立法应包括申请者的财政和技术能

① Advisory Opinion, Paragraph 230.

② 具体表述可参见《“区域”内多金属结核探矿和勘探规章》第35条、《“区域”内多金属硫化物探矿和勘探规章》第37条以及《“区域”内富钴铁锰结壳探矿和勘探规章》第37条。

③ 同①, Paragraph 240.

④ 同①, Paragraph 222. 根据《公约》第154条，大会每5年应对国际海底制度的实际实施情况进行一次全面和系统的审查。参照审查结果，大会可按照《公约》及其附件采取措施，或建议其他机构采取措施，以改进制度实施情况。国际海底管理局秘书长在其向国际海底管理局第20届会议提交的年度报告中请大会关注该问题。经过讨论，各方商定于第21届会议详细审议该问题。大会最终审议并通过启动定期审查的决定。独立专家在审查委员会监督下对大会、理事会、秘书处及下设机构履行职责情况进行审查并提出改进建议。审查委员会将向2016年第22届会议提交包括秘书处和法技委意见的临时报告，并向2017年第23届会议提交包括具体改进建议的最终报告。详见 http://china-isa.jm.china-embassy.org/chn/hdxx/t1286088.htm。

⑤ 具体表述可参见《“区域”内多金属结核探矿和勘探规章》第31条第1款、《“区域”内多金属硫化物探矿和勘探规章》第31条第1款以及《“区域”内富钴铁锰结壳探矿和勘探规章》第31条第1款。

力、给予担保的条件等内容，即申请者的准入条件。[①] 国际海底管理局规章中也就承包者的财政和技术能力予以说明，并要求担保国证明申请者拥有可以承担估计费用的财政能力。[②] 设立申请者的财政和技术能力的标准，可以保障“区域”资源勘探、开发活动有序、顺利进行。明晰给予担保的条件，可以使有财政和技术能力保障的实体公开竞争，为将来深海资源的商业开采奠定基础。

《深海法》第7条规定了审批前置程序，即申请者在向国际海底管理局提交申请前，应先向我国国务院海洋主管部门提交申请，并列明了申请者应提交的材料。[③] 第8条规定申请由我国国务院海洋主管部门审查并予以许可，但并未明示申请者的准入条件，尤其是申请者的财政和技术能力以及给予担保的条件等内容。

“区域”资源勘探和开发是一项浩大的工程，承包者必须具备足够的财政和技术能力支撑相关活动。从我国当前的情况来看，向国际海底管理局提交合同的三个承包者中国大洋矿产资源研究开发协会(以下简称大洋协会)、中国五矿集团公司(以下简称五矿集团)和北京先驱公司作为国家鼎力支持的实体，财政和技术实力自然毋庸置疑，[④] 只针对三个主体的立法似乎

① Advisory Opinion, Paragraph 234.

② 申请者的财政和技术能力可参考《“区域”内多金属结核探矿和勘探规章》第12条、《“区域”内多金属硫化物探矿和勘探规章》第13条以及《“区域”内富钴铁锰结壳探矿和勘探规章》第13条。

③ 申请者应提交的材料包括：(一)申请者基本情况；(二)勘探、开发区域位置、面积、矿产种类等说明；(三)财务投资证明和技术能力说明；(四)勘探、开发工作计划，包括勘探、开发活动可能对海洋环境造成影响的相关资料；(五)应急预案；(六)国务院海洋主管部门要求的其他材料。

④ 大洋协会是1990年4月9日国务院批准成立以参与国际海底资源研究开发活动为宗旨的专门机构；1991年3月5日，经联合国批准，成为国际海底管理局和国际海洋法法庭筹备委员会登记注册的国际海底开发先驱者；并分别于2001年、2011年和2014年与国际海底管理局签订多金属结核、多金属硫化物和富钴结壳三份勘探合同。具体参见http：//www. comra. org/2013-09/23/content_6322477. htm。中国五矿集团的前身是中国五金矿产进出口总公司，成立于1950年；1992年，中国五矿集团公司被国务院确定为全国首批55家企业集团试点和7家国有资产授权经营单位之一。1999年，中国五矿集团公司被列入由中央管理的44家国有重要骨干企业。2007年，中国五矿集团公司总经营额为218亿美元，利润达到70亿元人民币。同年，在中央企业业绩考核中，中国五矿集团公司评为A级，并位居世界500强企业第412位。具体参见http：//www. minmetals. com. cn/jlzx1/index_3. html。

是对立法资源的浪费。[①] 但应注意的是，随着工业对矿产资源和金属需求量的不断增大，逐渐枯竭的陆地矿产资源已经不能满足日益增长的供应需求，深海海底矿产资源将是解决这一矛盾的重要途径。[②] 加之科学技术的不断进步，深海海底资源勘探计划将会不断增加，资源开采活动也将为期不远。[③] 我国作为深海采矿活动的重要参与者，更应以发展的眼光对待这一问题，在《深海法》的配套法规、条例中完善相关制度。

2. 预防性方法和最佳环境做法

《咨询意见》第一部分阐述了担保国的直接责任[④]，其中重要的内容包括“预防性方法”和“最佳环境做法”。《咨询意见》中尽管对于“预防性方法”和“最佳环境做法”的具体措施并没有统一说法，但作为担保国的直接责任，这一表述应当出现在我国深海资源勘探开发立法中。瑙鲁曾建议能否用担保国和承包者之间的担保协议来代替担保国国内立法，用合同义务来替代法律义务。[⑤] 对此，《咨询意见》明确否定了用合同义务来代替法律义务的做法。理由就是担保国的立法具有公示力，一旦公示即具有公信力和稳定性，而担保协议只作用于担保国和承包者之间，具有私密性，且经合同双方合意即可修改。[⑥]《深海法》及其配套法规、条例是公示公信的载体，将“预防性方法”和“最佳环境做法”作为重要的担保国责任加以体现，才是我国遵守国际法义务，承担担保国责任的有力证明。因此，相应的配套法规、条例

① 2010年8月5日，瑙鲁在《咨询意见》审议期间向国际海洋法法庭海底争端分庭提交了书面陈述。瑙鲁认为，大部分担保国只担保一个承包者在国际海底区域从事资源勘探活动，鉴于此，担保国国内立法的受众主体只有一个，这是对立法资源的浪费。具体参见 Written Statement of the Republic of Nauru，https：//www. itlos. org/fileadmin/itlos/documents/cases/case_no_17/Statement_Nauru. pdf。

② 相关讨论参见 P. A. J. Lusty and A. G. Gunn，“Challenges to global mineral resource security and options for future supply”，Geological Society，Vol. 393，2015，p. 265-276；“Study to investigate the state of knowledge of deep-sea mining”（Final Report under FWC MARE/2012/06 - SC E1/2013/04），https：//webgate. ec. europa. eu/maritimeforum/sites/maritimeforum/files/FGP96656_DSM_Final_report. pdf.

③ 参见 C. L. Van Dover，“Tighten regulations on deep-sea mining”，Nature，Vol. 470，2011：32.

④ Advisory Opinion，Paragraph 121-140.

⑤ 参见前注 Written Statement of the Republic of Nauru.

⑥ 同③，Paragraph 223-226.

中应增加关于“预防性办法”和“最佳环境做法”的相应表述①。而对于其具体措施和内容，我国应追踪国际海底管理局规章的新近发展加以补充。

3. 环境影响评估

环境影响评估是对规划和建设项目实施后可能造成的环境影响进行分析、预测和评估的书面报告，以此来指导政策的制定，尤其针对可能会对环境产生重大不利影响的活动。② 环境影响评估是“区域”资源勘探和开发过程中保护海洋环境的重要措施。它首先体现为《公约》所有成员国的直接义务③，也是国际习惯法中的一般义务；④ 它既是国际海底管理局协助义务的题中之义⑤，也是“恪尽职守”的重要体现。⑥ 但《公约》及《执行协定》、国际海底管理局规章以及《咨询意见》在强调海洋环境评估的重要性之余，并未明示其具体标准和措施。各国原则上同意在国家管辖范围以外海域开展活动前应进行环境影响评估，但对评估的方式、内容和标准等关键问题存在分歧。⑦ 对此，国际海底管理局法律和技术委员会(以下简称法技委)根据国际海底管理局规章的要求发布了指导承包者实施环境影响评价的建议。⑧

---

① Advisory Opinion, Paragraph 236. 此外，其他应考虑纳入国内立法的担保国重要的直接责任有：根据《公约》第 153 条第 4 款协助国际海底管理局的义务；提供补偿性救援的义务。另外还可参见《“区域”内多金属结核探矿和勘探规章》第 31 条第 2 款和第 5 款、《“区域”内多金属硫化物探矿和勘探规章》第 33 条第 2 款和第 5 款以及《“区域”内富钴铁锰结壳探矿和勘探规章》第 33 条第 2 款和第 5 款。

② P. Sands, J. Peel, A. Fabra Aguilar, and R. MacKenzie, Principles of International Environmental Law, 3rd ed. Cambridge University Press, 2012: 601.

③ 《公约》，第 206 条。

④ Advisory Opinion, Paragraph 145, 147.

⑤ 同③，第 153 条第 4 款。

⑥ 《执行协定》，附件，第 1 节，第 7 段。

⑦ 欧盟、新西兰、澳大利亚等反对在环境影响评估领域仅靠各国自律，主张应制定专门的国际规则。海洋利用派国家则强调各国可通过国内立法规范环境影响评估工作，评估标准不宜过高，以免不当限制深海远洋活动。

⑧ 法技委针对环境影响评估共发布两份指导建议，第一份为专门针对多金属结核，第二份为针对所有资源的综合指导方针。具体为：Recommendations for the guidance of the contractors for the assessment of the possible environmental impacts arising from exploration for polymetallic nodules in the Area (ISBA/7/LTC/1/Rev. 1**, 13 February 2002, as amended by ISBA/16/LTC/7, 2 November 2010); Recommendations for the guidance of contractors for the assessment of the possible environmental impacts arising from exploration for marine minerals in the Area (ISBA/19/LTC/8, 1 March 2013).

这两份建议指明，在“区域”内勘探矿物的合同应要求承包者收集海洋和环境基线数据①、建立环境基线，以此作为基础来评估勘探工作计划可能对海洋环境造成的影响，并要求承包者制定监测和报告这些影响的方案。这两份建议还将“区域”内的活动分为不需要进行环境影响评估的活动及需要进行环境影响评估的活动两类，并针对后者列出了具体措施。② 这份建议导言部分的一段话尤为重要，应引起注意：“除非另有说明，本文件中有关勘探和试验开采的建议适用于所有类型的矿床。在某些矿址上，可能难以实施一些具体的建议。在这种情况下，承包者应向国际海底管理局提供这种论据，国际海底管理局可酌情免除对承包者的具体要求。”③各种深海资源特性差别大，甚至同一种类型的资源在不同矿址也显示出不同的特征。我国与国际海底管理局签订四份勘探合同，覆盖三类深海资源，面对的环境和情况最为复杂。因此国际统一的具体标准对我国相对不利，我国应根据深海活动的实践，参考法技委的建议，在配套法规、条例中确立符合我国情况、利于我国深海活动的标准。

4. 区分探矿和资源调查活动

探矿是深海海底资源勘探和开发的前置阶段。④ 国际海底管理局三部规章都对探矿进行了清晰的定义：探矿是指在不享有任何专属权利的情况下，在“区域”内探寻多金属结核/多金属硫化物/钴结壳矿床，包括估计多金属结核/多金属硫化物/钴结壳矿床的成分、规模和分布情况及其经济价值。⑤

---

① 记录试采前自然状况的基线数据十分重要，可以检测试采影响带来的变化，预测商业采矿活动的影响。基线数据的要求包括以下七类：物理海洋学、地质学、化学/地球化学、生物群落、沉积物性质、生物扰动和沉积作用。Recommendations for the guidance of contractors for the assessment of the possible environmental impacts arising from exploration for marine minerals in the Area, Paragraph 7, Paragraph 714.

② 同①。

③ 同①，Paragraph 5。

④ 《公约》，附件三，第2条，第3条。

⑤ 《“区域”内多金属结核探矿和勘探规章》《“区域”内多金属硫化物探矿和勘探规章》以及《“区域”内富钴铁锰结壳探矿和勘探规章》，第一条第三款e项。

《深海法》中的资源调查活动的定义即源于此。[①] 值得注意的是，《深海法》并没有将资源调查活动等同于探矿活动，将其置于“勘探、开发”一章，而是规定于“科学技术研究与资源调查”一章。考虑到“探矿”的特殊法律地位，有必要加以调整。

国际法意义上的“探矿”不同于一般的海洋科学研究及资源调查活动。探矿作为资源勘探和开发的前置程序，在国际海底管理局的三部规章中均专门设章规制。[②] 探矿虽既无对探矿区的专属权利[③]，又不能对资源取得特殊权利[④]，但有向国际海底管理局报备的义务，国际海底管理局会将其记录在登记册中。[⑤] 这一行为的国际法意义在于：将来我国在相应区域请求专属性权利(如资源勘探或开发)或其他权利时，尤其在与他国主张重叠的情况下，这种行为将成为我国在探矿区域宣称权利的有力证据和依据。诚然，将资源调查活动定义为“探矿”就要遵守国际海底管理局关于探矿的诸多规定，尤其在海洋环境保护方面要求甚高。[⑥] 但即使一般的资源调查，即《公约》中所指“海洋科学研究活动”也要遵循海洋环境保护和保全的规定[⑦]，且《公约》明确规定，海洋科学研究活动不应构成对海洋环境任何部分或其资

---

① 《深海法》第 27 条，“资源调查，是指在深海海底区域搜寻资源，包括估计资源成分、多少和分布情况及经济价值”。

② 国际海底管理局三部规章都在第二部分独立设置“探矿”部分，具体见：《“区域”内多金属结核探矿和勘探规章》第二部分第 2 条至第 8 条、《“区域”内多金属硫化物探矿和勘探规章》第二部分第 2 条至第 8 条以及《“区域”内富钴铁锰结壳探矿和勘探规章》第二部分第 2 条至第 8 条。

③ 《公约》，附件三，第 2 条，第 1 款，第 c 目。

④ 同③，附件三，第 2 条，第 2 款。

⑤ 国际海底管理局规章规定，有意探矿者应将其进行探矿的意向通知管理局，秘书长收到通知后进行审查，如果通知符合《公约》和规章的要求，秘书长应将通知的细节记入为此目的置备的登记册。参见《“区域”内多金属结核探矿和勘探规章》《“区域”内多金属硫化物探矿和勘探规章》以及《“区域”内富钴铁锰结壳探矿和勘探规章》，第 3 条至第 4 条。

⑥ 探矿者需向国际海底管理局提交书面通知及相应证明材料，接受管理局审查。此外，探矿者还要定期向管理局递交年度报告。在海洋环境保护和保全方面，探矿者需遵循预防做法和最佳环境做法等规定。具体可见：《“区域”内多金属结核探矿和勘探规章》第二部分第 2 条至第 8 条、《“区域”内多金属硫化物探矿和勘探规章》第二部分第 2 条至第 8 条以及《“区域”内富钴铁锰结壳探矿和勘探规章》第二部分第 2 条至第 8 条。

⑦ 《公约》第十二部分“海洋环境的保护和保全”，有许多就海上活动、船只等方面可能产生的环境问题而对各成员国规定相应义务。例如，《公约》规定各国应采取一切必要措施，确保在其管辖或控制下的活动的进行不致使其他国家及其环境遭受污染的损害。

源的任何权利主张的法律根据。[1]

综上所述，国际法意义的探矿不同于资源调查，区分两者概念利大于弊，在配套的法规、条例中应明确“探矿”的概念和具体规定。

四、结语

我国《深海法》不仅是我国依法治国方针的重要体现，还对加强深海海底区域环境保护，促进深海海底区域资源的可持续利用，维护全人类共同利益等方面具有重要作用。但其框架性的特征决定，它无法对我国在国际海底区域的一切问题做出具体规定，《深海法》留下的空白需要通过一系列具体的配套法规、条例来充实和完善。在编撰配套法规、条例时应充分吸纳《咨询意见》的建议，以期最大限度地降低担保国责任。

此外，在不断完善我国深海资源勘探开发法律体系的过程中应谨记，无论是《公约》及《执行协定》，还是国际海底管理局的规章仍有诸多有待发展之处，例如深海遗传资源管理权的归属[2]及环境影响评估的具体执行标准。这些法律的发展离不开国家实践。随着我国海洋科学研究及技术能力的不断提高和海洋法理论的不断发展，我国有机会也有能力在国际深海海底资源勘探和开发领域发挥重要作用。我国不仅要成为现行国际法的践行者，更应努力影响国际法的未来走向，作为负责任的海洋大国，通过国家实践对分歧和待定问题发挥导引作用。对于诸如深海遗传资源管理权的归属及环境影响评估的具体执行标准问题，我国应根据自身的实践经验，提出有利于我国的主张和标准，明确表述于《深海法》及其配套法规中，以期作为有力的国家实践，成为影响这些领域国际规则制定的重要因素。

---

① 《公约》，第 241 条。

② 发展中国家普遍认为，深海基因资源是人类共同继承财产，提议就开发利用该资源建立惠益分享机制，实际上就是适用现有的国际海底区域制度。美国、俄罗斯、日本、加拿大等国则坚持深海基因资源并非“区域”矿产资源，不适用人类共同继承财产原则，而应适用公海自由原则，反对讨论惠益分享问题。欧盟虽同意就惠益分享机制进行探讨，但主要依据知识产权规则而非“人类的共同继承财产”原则对其加以规范。

Analysis and Suggestions for China's Act on Exploration and Exploitation of Deep Seabed Resources in the Area

XU Xiangxin, WANG Chong

Abstract: The Law on Exploration and Exploitation of Deep Seabed Resources in the Area (the Law) is the first piece of specific national legislation in this regard, which is of significance for China to gradually pave the way towards law-based governance and effective participation to international affairs of the resource-related activities in the Area. However, the Law is mere a framework, under which numerous issues should be further considered and a series of supplemented instruments are needed. If not properly handled, the Law could cause risks to China. Prudent attention should be generated to take "necessary and appropriate measures" to ensure the sponsored contractors' compliance of obligations promulgated in the United Nations Convention on the Law of the Sea and related legal instruments so as to avoid state's liability. In particular, the Advisory Opinion issued by the Seabed Disputes Chamber of the International Tribunal for the Law of the Sea specifies the responsibilities and obligations of states sponsoring persons and entities with respect to activities in the Area. It also provides specific advice for sponsoring states to cover relevant issues in their national legislations. By following these rules, China may be able to avoid, to the greatest extent, the potential risks involving state liability; otherwise, China may run into difficult situation to face state responsibilities.

Key words: International Seabed Area; United Nations Convention on the Law of the Sea; Advisory Opinion; China; Sponsoring States' Responsibilities and Obligations

第三篇

海洋前沿议题与最新动态

海洋能开发利用的广阔前景与中国实践

郑　洁①

摘　要：海洋不仅是地球上最大的碳库，还蕴藏着丰富的尚未被开发利用的可再生能源——海洋能。《巴黎协定》框架下碳减排目标的提出，加速了人类对海洋能重要价值的认知和开发利用步伐。开发利用海洋能不仅能够实现脱碳发电，增加零碳能源供给、助力碳减排，还能为海洋经济的绿色发展增添新引擎，帮助实现联合国关于人类可持续发展的目标。本文首先对海洋能及相关概念进行了辨析，接着从多个角度分析了开发利用海洋能的战略价值，最后基于对我国海洋能发展实践现况的剖析，从配套法规、政策引导、技术能力攻关、多元资本参与、环境影响评价等方面就加快提升我国海洋能开发利用能力、促进产业化发展提出了对策建议。

关键词：海洋能；海洋可再生能源；碳减排；中国实践

一、海洋能及相关概念辨析

“海洋能”和“海洋可再生能源”在较多的文献和文件资料中被等同于一个概念，将“海洋可再生能源”简称为“海洋能”。② 为了强化对这两个概念的理解和区分，本文将首先就海洋能、海洋可再生能源及与其相关的概念进行辨析。

---

① 郑洁(1986—　)，女，河北石家庄人，上海交通大学、中国海洋装备工程科技发展战略研究院，助理研究员，法学博士。主要研究方向：海洋法律与政策。本研究成果受 BV0100079、AF0100100 项目经费的支持。

② 如 2010 年《海洋可再生能源专项资金管理暂行办法》《海洋可再生能源发展纲要(2013—2016 年)》中将海洋可再生能源简称为“海洋能”。

（一）“海洋能”与“海洋可再生能源”

国际能源署（International Energy Agency，IEA）[①]下属机构与海洋能协调行动小组（Co-ordinated Action on Ocean Energy，CA-OE）合作起草的《海洋能术语》（Ocean Energy Glossary）将海洋能界定为：“以海水为能量载体，以潮汐、波浪、海流/潮流、温度差和盐度梯度等形式存在的潮汐能、波浪能、海流能/潮流能、温差能和盐差能。”[②]中国国家标准化管理委员会发布的《海洋能术语》将海洋能界定为“以潮汐、海流、潮流、波浪、温度差、盐度差等形式存在于海洋中，以海水为能量载体形成的潮汐能、海流能、潮流能、波浪能、温差能和盐差能的总称”[③]。《海洋能开发利用词典》中，海洋能是指“海水所具有的可再生自然能源的总称，包括潮汐能、波浪能、海流/潮流能、温差能和盐差能等”[④]。由此可以看出，目前学界尚未就海洋能的概念和范畴形成统一明确的界定：概念界定的措辞上存在差异，但共性观点都认为海洋能是以海水为能量载体形成的可再生能源；范畴界定上，主要差别体现在对海流能、潮流能的区分不清，不少文献将两者视为同一种能源概念。

关于海洋可再生能源的概念，目前主要有两种观点：狭义的观点强调海洋可再生能源是以海水为基本载体产生的可再生的能源；[⑤] 广义的观点则把海上风能、海表太阳能和海洋中的生物质能也纳入海洋可再生能源的范畴内。如国际可再生能源署（International Renewable Energy Agency，

① 国际能源署是权威的全球能源统计和分析机构，致力于为世界各国提供可持续利用的能源，官网链接：https：//www. iea. org/。访问时间：2022 年 1 月 2 日。

② The Wave Energy Centre with support of the Co-ordinated Action of Ocean Energy EU funded Project within a collaborative action with the Implementing Agreement on Ocean Energy Systems. Ocean Energy Glossary（2007），https：//www. ocean-energy-systems. org/publications/oes-documents/。访问时间：2022 年 1 月 2 日。

③ 中华人民共和国国家质量监督检验检疫总局、中国国家标准化管理委员会：《海洋能术语》第 1 部分：通用（GBT 33543. 1-2017），信息来源于：http：//openstd. samr. gov. cn/bzgk/gb/newGbInfo? hcno=94544FE7696F022086EC5504FE7A76A1。访问时间：2022 年 1 月 2 日。

④ 夏登文，康健：《海洋能开发利用词典》，海洋出版社，2014 年，第 1 页。

⑤ 如自然资源部第一海洋研究所的研究员刘伟民等认为，海洋可再生能源通常是指海洋特有的、依附于海水的潮汐能、潮流能、波浪能、温差能和盐差能。

IRENA)[1]认为海洋可再生能源(Offshore Renewable Energy ，ORE)包括海上风能、潮汐能、波浪能、漂浮太阳能、盐差能和温差能。[2]《国土资源实用词典》和《海洋能开发利用词典》中，海洋可再生能源是指“海洋中所蕴藏的可再生的自然能源，除了包括潮汐能、波浪能、潮流/海流能、温差能和盐差能外，还包括海洋上空的风能以及海洋生物质能等”[3]。由上可以看出，目前对于海洋可再生能源范畴界定的主要争议是海洋生物质能、海上风能以及海表太阳能是否应该被归为海洋可再生能源，对此，本文倾向于取广义的“海洋可再生能源”概念范畴。

由上述分析可以看出，“海洋能”与“海洋可再生能源”的概念范畴并非等同，前者的概念范畴要小于后者。为避免可能出现的歧义，本文认为应慎将“海洋能”作为“海洋可再生能源”的简称。

(二)“海洋能”范畴下的主要能源类型

依上所述，依附于海水而产生的海洋能通常主要包括潮汐能、潮差能、潮流能、海流能、波浪能、温差能和盐差能几种类型。为了尽可能科学地进行分类，需要一一厘清和辨析这些名词的含义。

潮汐能(Tidal Energy)是指海水受月球和太阳对地球产生的引潮力作用而周期性涨落所蕴含的动能和势能。潮汐是由于月球和太阳引潮力的作用引起的海水水位周期性涨落现象。[4]

潮流能(Tidal Stream Energy)是指海洋中潮流水平运动所蕴含的动能。潮流是指在天体引潮力的作用下海水的周期性水平流动。[5]

潮差能(Tidal Range Energy)是指高潮位与低潮位之间蕴含的势能。潮差

---

① 国际可再生能源署旨在帮助各国向可持续的能源系统转型，为各国在可再生能源领域的政策、技术、知识等方面进行国际合作提供重要的平台，努力促进包括海洋可再生能源在内的可再生能源的开发和利用，从而保障能源安全，官网链接为 https：//www. irena. org/statutevisionmission。

② IRENA. Fostering a blue economy：Offshore renewable energy，2020，https：//irena. org/-/media/Files/IRENA/Agency/Publication/2020/Dec/IRENA_Fostering_Blue_Economy_2020. pdf。访问时间：2022 年 1 月 2 日。

③ 封吉昌：《国土资源实用词典》，中国地质大学出版社，2011 年，第 6 页。

④ 夏登文，康健：《海洋能开发利用词典》，海洋出版社，2014 年，第 19 页。

⑤ 同④，第 75 页。

是指在一次涨落潮中低潮位与高潮位之间的高度差。

海流能（Ocean Current Energy）是指海流所具有的动能。海流是指海水沿着一定方向、具有相对稳定速度的大规模流动，驱动力通常是风应力和压强梯度力。①

波浪能（Wave Energy）是指波浪起伏运动所具有的动能和势能。波浪是指海面在外力作用下，海水质点在其平衡位置附近周期性或准周期性的运动。②

温差能（Thermal Gradient Energy）也被称作海洋热能转换（Ocean Thermal Energy Conversion），是指以表层温海水与深层冷海水温度差形式储存的热能。温差是指不同温度海水之间的温度差，即温度梯度。③

盐差能（Salinity Gradient Energy）也被称作渗透能（Osmotic Energy），是指海水和淡水之间或两种含盐浓度不同的海水之间的化学电位差能，是以化学能形态存在、位于河海交接处的一种海洋可再生能源。④

从上述定义不难发现，潮汐能包括了动能潮流能和势能潮差能。在一些文献中经常将潮流能和海流能等同为一个概念，虽然，潮流能和海流能都是由于水体运动所具有的动能，但是从物理海洋学角度来看，两者有所区别：潮流的驱动力是天体引潮力，具有周期性，多发生在近岸；但海流驱动力是风应力和压强梯度力，较为稳定，可发生在大洋的所有区域。此外，还需要注意区分海流能和波浪能之间的区别，海流伴随水质点的运动，但波浪发生时水质点本身并不前进和后退。

结合上述概念分析及国内外海洋能研究态势与技术发展现况，本文所指的“海洋能”系蕴藏于海洋中、依附于海水而产生的一种可再生能源，主要包括潮汐能、潮流能、波浪能、温差能和盐差能。

---

① 夏登文，康健：《海洋能开发利用词典》，北京：海洋出版社，2014 年版，第 75 页。
② 同①，第 34 页。
③ 同①，第 109 页。
④ 同①，第 110 页。

二、开发利用海洋能的战略前景

当今世界面临着一场能源革命，不但要解决供给总量的问题，还要开拓绿色环保的能源供给方式。在此背景下，海洋能储量丰富、清洁零碳的重要价值愈发凸显。国际社会普遍认为，包括海洋能在内的可再生能源在向低碳能源系统转型中发挥着至关重要的作用，充分开发利用海洋能不仅可帮助解决绿色能源供给不足的问题，还可为海洋领域的碳减排做出重要贡献。

（一）海洋能储量丰富，有助于解决能源供给不足问题

海洋能作为一种储量丰富的可再生能源，为变革中的能源供给问题提供了一种有效方案。国际经济的快速发展导致全球能源需求大幅增长，如何在应对气候变化、降低碳排放的同时保障国家能源安全成为国际社会的焦点问题。国际能源系统正在经历一场变革，能源需求总量迅猛增长的同时，能源结构亟待转型。在此背景下，开发利用可再生的清洁能源已成为国际社会广为认可并实施的能源转型政策。21 世纪是海洋的世纪，海洋为人类的可持续发展提供重要保障。海洋能储量丰富、可再生、无污染等特性能够满足人类能源转型的新需求，加快开发利用海洋能已成为各沿海国家和地区的普遍行动。随着技术的发展，未来海洋能的开发利用势必会成为海洋经济绿色、可持续发展的新引擎。

海洋能具有较高的可预测性，适合作为电网的基本负荷电源。根据 IRENA 的统计，海洋能理论上每年可产生 45 000～130 000 太瓦时（TWh）电量，其资源储量可达到当前全球电力需求的两倍以上。目前，全球海洋能的累计装机容量仅为 535 兆瓦（MW）。其中，潮汐能的理论发电量最低，每年约为 1200 TWh，但其技术成熟、利用规模大，占全球海洋能累计装机容量的 98%。[①] 温差能的全球储能最为丰富，每年理论发电量约为

① International Renewable Energy Agency，Offshore Renewables Powering The Blue Economy，2020，p. 3，https：//www. irena. org/-/media/Files/IRENA/Agency/Publication/2020/Dec/IRENA_Offshore_Renewables_2020_ZH. pdf? la = en&hash = C258D9B8E771E9609094CF4F68E059419A5F7FAC. 访问时间：2022 年 1 月 2 日。

44 000 TWh；波浪能的理论发电量每年约为 29 500 TWh；盐差能的理论发电量每年约为 1650 TWh。海洋能的新增装机容量未来预计会向潮汐能、波浪能和温差能转移，据 IRENA 预测，到 2030 年，海洋能源的装机容量将达到 10 吉瓦(GW)。[①]

(二)海洋能绿色零碳，助力国际碳减排目标的实现

海洋能作为一种清洁、绿色的可再生能源，其开发利用过程中不会产生温室气体排放和污染物，符合国际碳减排目标下对能源供给提出的绿色零碳要求。2015 年，在巴黎气候变化大会上近 200 个国家审议通过了《巴黎协定》，就减排温室气体将全球平均气温升幅控制在 1.5~2 摄氏度内的目标达成共识。截至 2021 年 5 月，共有 130 多个国家和地区提出了“零碳”或“碳中和”的政策目标。[②]

海洋领域碳减排目标的实现很大程度上依赖于可再生能源的开发利用。随着开发技术的成熟，海洋能应用场景将不断拓展。IRENA 研究表明，海洋能一方面将为海水淡化、航运和旅游等脱碳行业以及水产养殖、绿色制氢、海洋观测(为环境监测设备供电)和水下航行器等新兴行业的供电问题提供潜在解决方案;[③] 另一方面，由于小岛屿国家和偏远海域通常未被国家电网覆盖，主要依靠昂贵且具有污染性的柴油发电作为主要的电力来源，如果海洋能可作为替代电源，便可为当地提供更清洁、更廉价的电力，减少其对化石燃料的依赖，增强能源的安全和独立性，并可能为当地居民创造更多的就业机会，小岛屿国家和偏远海域未来将成为海洋能开发的重要

---

① International Renewable Energy Agency, Fostering a blue economy: Offshore renewable energy, 2020, Abu Dhabi: 36-38.

② 能源和气候情报组(Energy & Climate Intelligence Unit, ECIU)对世界各国的零碳排放进展进行的跟踪统计，信息来源于：Climate Home News, Which countries have a net zero carbon goal, https://www.climatechangenews.com/2019/06/14/countries-net-zero-climate-goal/。访问时间：2022 年 1 月 2 日。

③ International Renewable Energy Agency, Fostering a blue economy: Offshore renewable energy, 2020, Abu Dhabi: 36-38.

市场空间。[①]

(三)开发利用海洋能，践行海洋发展新理念

海洋能的有效开发利用，正是践行和阐释百年未有之大变局下海洋发展新的理念和内涵的重要方式。海洋是地球上最大的活跃碳库，其在“减排”和“增汇”这两个方面能够对碳中和愿景的实现发挥重要作用。海洋能的有效开发和利用不仅能够解决海上生产活动的绿色电力供给、偏远海岛居民用电、海水淡化等问题，还能够替代化石燃料为海洋装备提供绿色动力源。无论从全球海洋命运共同体视域下，还是从中国海洋强国建设层面上来看，近年来的海洋发展越来越多地被赋予绿色、清洁、安全、可持续发展的深刻内涵：联合国将可持续发展视为未来海洋发展的核心议题，在《2030 可持续发展议程》目标 7 中强调“确保人人获得负担得起的、可靠和可持续的现代能源”；目标 14 强调“保护和可持续利用海洋和海洋资源，以促进可持续发展”；2020 年 10 月，联合国发布《海洋科学促进可持续发展十年(2021—2030)》实施计划摘要，期望通过提升海洋能力建设，打造我们所希望的清洁、健康、安全……的海洋；近年来，党和国家领导人在重要场合的讲话中反复提到“要像对待生命一样关爱海洋”“要把海洋生态文明建设纳入海洋开发总布局之中”“坚持开发和保护并重，科学合理开发利用海洋资源，维护海洋自然再生产能力”等有关海洋发展的新理念、新内涵。

三、我国海洋能开发利用的现状与问题

我国海洋能资源总量丰富，种类齐全，分布范围广而不均，总体而言，具备规模化开发利用海洋能的条件。[②] 我国近海海洋能(潮汐能、潮流能、波浪能、温差能、盐差能)的理论潜在储量约为 6.97 亿千瓦，技术可开发量约为 0.76 亿千瓦，其中，温差能潜在储量所占海洋能总储量比重最大，

---

① International Renewable Energy Agency (IRENA), Innovation outlook: Ocean energy technologies——A contribution to the Small Island Developing States Lighthouses, Abu Dhabi, 2020.

② 国家海洋局关于印发《海洋可再生能源发展“十三五”规划》的通知(国海发〔2016〕26 号)，信息来源于：https://www.china5e.com/rule/news-873643-1.html。访问时间：2022 年 1 月 2 日。

约为52.6%；虽然潮汐能、潮流能和波浪能的开发利用技术成熟度较高，但三者的资源储量共占海洋能总储量的31.1%。[①] 就海洋能分布情况来看，潮汐能和潮流能的富集区在东海海域，主要分布在我国浙江、福建、山东等地的近海沿岸；波浪能富集区以南海海域为主，主要分布在我国台湾、福建、广东近海沿岸；温差能富集区主要在我国南海海域；盐差能主要位于各河流入海口，如长江口和珠江口。[②]

在能源利用朝着绿色低碳转型的趋势下，我国积极出台了一系列支持海洋能发展的法律法规，初步建立了海洋能开发利用的技术标准体系，为海洋能的开发利用营造了良好的政策环境。我国海洋能的开发利用虽在关键技术研究、装机规模、示范工程等方面取得了一定成绩，但在国家政策法规、统筹规划、核心技术突破、激励措施以及海洋环境影响评价机制等方面仍有较大的提升空间。

（一）发展现状

1. 国家出台相关法规政策引导和支持海洋能开发

2005年2月通过的《中华人民共和国可再生能源法》提出将包括海洋能在内的“可再生能源的开发利用列为能源发展的优先领域”[③]，为海洋能的发展提供了直接的法律依据。《国民经济和社会发展第十四个五年规划和2035年远景目标纲要》《国务院关于加快建立健全绿色低碳循环发展经济体系的指导意见》《能源生产和消费革命战略（2016—2030）的通知》等国家政策文件中也提及“推进海洋能规模化利用，开展海洋能利用的示范推广及示范项目建设”等相关内容，为海洋能的发展提供了路径指引。海洋能开发技术的研发周期长、成本高、风险大、投资回报率低，相关企业的自主投资发展缺乏主动性，需要国家政策的引导和财政扶持。然而，目前国家对海洋能的

---

① 中投顾问：《2016—2020年中国海洋能行业投资分析及前景预测报告》来源于：https：//www.sohu.com/a/112027528_255580。访问时间：2022年1月2日。

② 《我国海洋能产业发展布局现状分析》，信息来源于：https：//www.sohu.com/a/112027528_255580。访问时间：2022年1月2日。

③ 全国人民代表大会常务委员会：《中华人民共和国可再生能源法》，来源于：http：//www.gov.cn/gongbao/content/2005/content_63180.htm。访问时间：2022年1月2日。

扶持措施主要以税收优惠、项目资助和补贴为主，持久有效的激励机制亟待建立和完善。

2. 正在逐步建立海洋能开发的相关技术标准

为促进海洋能开发利用活动的规范性管理和可持续发展，积极推进同国际社会在海洋能领域的技术和贸易交流，近年来，我国开展了一系列海洋能相关的标准研究和制定工作。截至 2019 年 6 月底，我国已发布 18 项海洋能国家标准及行业标准，其中，国家标准 9 项，行业标准 9 项，还有多项标准正在制定中。① 根据海洋标准化信息服务系统公示的海洋标准体系来看，我国目前制定的海洋能开发利用标准的覆盖面较窄，多为海洋能的资源调查与评估标准，与规范海洋能发电站建设及运营相关的标准不足，选址勘测、发电装置研制、发电装置测试与评价等方面的行业标准也需进一步完善。②

3. 各地方加紧开展海洋能领域的技术攻关和项目实践

我国海洋能的多项关键技术研究处于国际领先水平，2016 年 8 月 LHD 浙江舟山潮流能示范项目成功并入国家电网，截至 2021 年 4 月，连续运行超过 48 个月，是目前世界上唯一实现连续并网突破一周年的潮流能发电项目；2021 年 1 月，世界最大单机 LHD 1.6 MW 第四代林东模块化大型海洋潮流能发电机组总成平台在舟山下海。③ 海洋能装置示范应用规模不断提升，2020 年 6 月，我国首台 500 kW 鹰式波浪能发电装置“舟山”号正式交付，预计 2021 年其将被建设成为全球首个 MW 级波浪能示范电站；④ 中国海洋石油集团有限公司正在设计开发国内首个 10 MW 全海式海洋温差能电

① 彭伟，麻常雷，王海峰：《中国海洋能产业发展年度报告》，海洋出版社，2019 年，第 7-22 页。

② 海洋标准化信息服务系统，信息来源于：http://www.ncosm.org.cn/ncosm/portal/standard-treeList。访问时间：2022 年 1 月 2 日。

③ 林东：《海洋清洁能源对碳中和的贡献——LHD 海洋潮流能发电站研发和规模化利用》，联合国“海洋十年”中国研讨会上的报告，2021 年 6 月，青岛。

④ 《我国首台 500 千瓦波浪能发电装置“舟山”号交付》，载《中国环境监察》，2020 年第 7 期，第 9 页。

站，以推动我国温差能资源的技术和决策进步。在《海洋能发展“十三五”规划》的推动下，我国海洋能示范工程建设初见成效，形成了以山东海洋能研究试验区、浙江潮流能示范区、广东波浪能示范区为核心的海洋能发展区域布局。①

（二）存在的问题

1. 国家层面缺乏对海洋能的长期性统筹规划

在目前的法规政策体系中，涉及规范海洋能发展的政策文件，多为阶段性、临时性的政策，法律效力不高，相关政策规定内容散见于能源和可再生能源领域的政策文件中，且多为笼统的原则性规定，与海洋能直接相关的专门性、强制性政策规范更是屈指可数。在发展规划方面，缺乏对海洋能开发利用的长远规划②，尚未形成与海洋能规模化、持久化发展相匹配的体制机制及配套政策。目前，国内“一刀切”的政策难以满足不同地区、不同种类海洋能的发展需求：受资源分布、技术水平及市场条件等因素的影响，我国海洋能的开发利用水平存在较大的地域差异，不同种类海洋能的产业化程度也有所差别。因此，在加强国家层面统筹规划的同时，也须重视针对不同种类海洋能的发展情况制定符合地方发展需求和特色的规章制度。

2. 海洋能关键技术成熟度亟待突破

不同于化石能源可以直接利用，海洋能需要通过技术和装备才能转化成可供利用的能源，突破核心关键技术是抢占能源转型高地的重要举措。同国外海洋能的开发利用技术相比，除潮汐能外，我国潮流能、波浪能、温差能等技术在装机功率规模、装备的可靠性等方面均与国际先进水平存

---

① 国家海洋局关于印发《海洋能发展“十三五”规划》的通知，信息来源于：http://scs.mnr.gov.cn/scsb/zcygh/201702/52581ece5bbf487591f686541edee9a2.shtml。访问时间：2022年1月2日。

② 目前常见的是各地方政府围绕国家“十四五”规划出台的地方“十四五”发展规划中有涉及支持和发展海洋能的内容，多以5年为周期，长远规划不够，不能保障该领域的可持续发展。

在着一定的差距。[①] 在潮流能技术方面，我国基础性研究不足，能量的捕获率和利用率较低，加剧了潮流能商业化运行的成本，减缓了潮流能规模化发展的进程。我国波浪能装置在应用过程中易出现转换率低、装置易损坏的问题，盐差能和温差能技术仍处于实验阶段，尚不具备商业应用条件，其中温差能技术亟待突破高效热力循环和换热技术、透平机组技术以及大管径冷水管道技术，[②] 盐差能仅开展了 100 瓦（W）缓压渗透式盐差能发电关键技术研究。[③] 我国亟需加大对海洋能关键技术的研发力度，提升海洋能装备技术的稳定性和不间断作业能力，缩短规模化开发周期，加快实现海洋能由“能发电”向“稳发电”的阶段转型。

3. 有关培育海洋能产业化发展的激励措施效果有限

国家虽然采取给予适当的企业所得税优惠、提供带有财政贴息的优惠贷款等措施鼓励企业在海洋能领域的投入，但支持力度难以满足产业发展需求，实现海洋能平价上网仍需要较长的时间。以可再生能源补贴制度为例，一方面，诸多存量可再生能源项目存在补贴拖欠问题，致使部分企业出现经营困难，阻碍了海洋能产业的发展；[④] 另一方面，可再生能源电价附加资金补助对象主要是风电、太阳能等，基本尚未涉及海洋能发电项目，且受益对象多为大型的国有企业[⑤]，导致中小企业发展海洋能的积极性不高。与拥有长期、多样化的可再生能源投入机制的英国、美国等国家相比，我国亟待继续完善与海洋能产业发展需求相适应的持续、稳定的激励机制及配套政策，如可再生能源配额制、差价合约制度、清洁可再生能源债券等，推动波浪能、潮汐能等海洋能产业的规模化发展。

---

① 刘伟民，等：《中国海洋能技术进展》，载《科技导报》，2020 年第 14 期，第 27-39 页。

② 陈永平：《海洋温差能发电与综合利用前景与展望》，中国海洋经济博览会上的报告，2020 年，深圳。

③ 刘伟民等：《中国海洋能技术进展》，载《科技导报》，2020 年第 14 期，第 27-39 页。

④ 国家能源局：《抓好政策落地解决可再生能源补贴拖欠问题》，信息来源于：https：//baijiahao. baidu. com/s？ id=1695625947405536768&wfr=spider&for=pc。访问时间：2022 年 1 月 2 日。

⑤ 此结论系笔者梳理了 2016 年至 2020 年财政部、国家发展和改革委员会、国家能源局、国务院扶贫开发领导小组办公室公布的可再生能源电价附加资金补助目录所总结。

4. 与海洋能开发相关的环境影响评价机制尚未健全

助力碳减排是开发海洋能的主要目的之一，因此，海洋能开发活动中须避免和减少对海洋环境和生物造成的污染和扰动。海洋能开发装置的布放可能对目标海域环境及周边生物产生不确定性影响，如噪声、栖息地影响等。如果不事先进行环境影响评价和合理的空间规划，就难以充分掌握目标海域的海洋水文、海底地质、生物资源、海洋环境等方面的信息，可能导致海洋能开发项目的选址和布局失误，影响大规模商业化开发，例如，福建平潭幸福洋潮汐电站就曾因海洋地质条件不明而不得不重新选址和建设①，造成了资源的严重浪费。目前，英国形成了较为成熟的海洋能开发环境影响评价体系②，涵盖环境影响评价过程中的项目筛选、范围界定、确定环境影响、减缓措施以及公众咨询等要素，为开发商、政府和监管机构开展相关工作提供指导。而我国海洋能领域的环境影响评价工作尚不健全，海洋能开发活动的海域空间利用与海上油气开发、海洋渔业、海上执法、海上航运等活动的海域空间利用不可避免地会发生重叠甚至冲突，如何将不同的海域使用功能进行科学、高效的统筹规划，对国家职能管理部门而言是一项挑战。

四、推进我国海洋能产业化、规模化发展的建议

目前从全球范围来看，海洋能的开发利用主要依靠各国政策的推动引导。“十四五”期间是夯实海洋高质量发展战略要地的重要时期，海洋能开发利用也将进入向产业化、规模化发展的关键时期。为此，需进一步完善海洋能相关配套法规，制定海洋能开发利用的中长期发展规划，在推进示范工程和海上试验场建设突破关键技术瓶颈的同时，更好地夯实先发技术优势，建立健全环境影响评价机制及海洋能开发的海域空间利用规划，政

① 中国能源中长期发展战略研究项目组：《中国能源中长期发展战略研究——可再生能源卷》，科学出版社，2011 年，第 413 页。

② 参见英国国家标准协会（British Standards Institution，BSI）2015 年制定《海洋能项目的环境影响评估指南》（Environmental impact assessment for offshore renewable energy projects-Guide，PD 6900）。

府相关职能管理部门应从政策上给予扶持、经济上予以创业帮扶，多措并举加快推进海洋能的高质量产业化发展。

（一）以配套法规和政策规划保障海洋能的可持续开发

相关法规政策的配套与调整是解决海洋能开发中面临的技术、体制、市场等方面问题的重要方式。《可再生能源法》中有关海洋能的规定过于笼统，并未明确海洋能长期稳定发展的基本要求，无法适应全球范围内海洋能发展的紧迫形势。虽然国务院和地方政府颁布了规范海洋能开发利用的相关“办法”，从短期来看，可以快捷推动海洋能开发，但从长远来看，国家政策的调整可能无法持久稳定地保护及规范相关主体参与海洋能开发的权利和义务，唯有建立健全与海洋能开发相关的法律制度，才能有助于实现海洋能的可持续开发和利用。

国家层面缺乏关于海洋能发展的长远规划并不利于海洋空间和资源的可持续、高效开发利用，应尽快在全面、准确评估我国海洋能资源状况的基础上，以需求为导向，明确近期、中期、长期各阶段海洋能发展的主要目标、重点任务，不仅要尽快编制“海洋能‘十四五’期间发展规划”“推进海洋能产业发展的指导意见”明确近期发展方向，还要展望未来，制定“国家海洋能可持续发展规划”，为海洋能开发上、下游产业链的相关机构、企业提供持续稳定的政策保障和行业引导。

不同类型海洋能的发展水平存在差距，为支撑和保障各类海洋能的有效开发和均衡发展，应根据各类海洋能的资源储量、技术成熟度、市场需求、运维成本等因素制定差异化的海洋能开发管理细则和实施办法：对于技术发展比较成熟的潮汐能、波浪能和潮流能技术，应制定相关政策加快推动其产业化发展；对于技术发展尚处于起步阶段的盐差能和温差能技术，应在技术研发和资金投入上予以政策倾斜。

（二）突破核心关键技术，推动海洋能装备技术的成熟化、规模化发展

抓紧突破海洋能核心关键技术、缩小我国海洋能装备技术在装机功率

规模、装备可靠性等方面同国际一流水平的差距，是尽早实现海洋能由“能发电”向“稳供电”阶段转型的重要抓手。从国际发展趋势来看，海洋能装备技术正在向模块化、高性能、低耗散、低成本等方向发展，海洋能规模化、商业化利用的趋势愈发明显。我国虽已基本掌握了海洋能开发的装备技术并开展了相应的示范应用，但在连续发电的经济性、装备作业的稳定性、装置布放工艺、耐腐蚀装备材料等方面与国际先进水平仍存在差距。应重点着力突破潮流能技术的小型化、模块化、高效化和连续发电问题；研发漂浮式波浪能装置的自保护和抗台风锚泊技术，实现波浪能装置在恶劣海况下的安全生存；通过建立高效热力循环系统、扩充发电装置容量、发展深层冷海水综合利用技术等方式弥补温差能单独发电成本高的短板。

要加快提升海洋能装备技术成熟度，需重点做好以下方面的配套工作：首先，多管齐下，全面推进不同类型海洋能装备技术的规模化示范、工程化应用，聚焦海洋能装置应用过程中的实际问题，配套建设大型海洋能试验场，聚焦基础性、前瞻性、颠覆性技术攻关，加大装置极端海洋环境下的性能测试强度，促进海洋能装备技术的开发、验证、改进、提升的循环迭代发展；其次，要充分发挥企业作为海洋能技术创新主体的作用，以产、学、研、用相结合的模式联合领域内的高校、科研院所、企业共商共建，推动建立海洋能装备技术市场化、产业化发展的有效路径，以合作促进优势资源共享，降低重复低质性的海洋能研发投入；再次，人才是推动海洋能装备技术发展的关键力量，卓越的科技创新人才是保障我国海洋能装备技术走在国际前沿的先锋队，“多面手”类型的工匠人才是确保我国海洋能开发实现稳定、高效、持久作业的重要支撑。

（三）以多元化的激励措施吸引更多民间资本参与海洋能开发

为促进海洋能开发，我国出台了相关激励政策和措施，但其支持力度难以满足培育海洋能产业发展的需求。海洋能产业链的培育形成不仅需要保证国家层面的海洋能专项资金和科技计划等专项财政资金在科技创新、示范应用方面的持续稳定投入，还要重视对海洋能装备及重大配套设备的研发、实验、制造、应用、运维等方面的全链条扶持，如此巨大的资金投入仅靠政府的投入无法实现。需要政府层面采用税费优惠、贷款贴息、风险补偿、电价补贴、电力收入抽成资助等多元方式筹措资金，帮助更多海洋能项目获得启动资金，更大范围地激励和带动地方政府、民间企业参与海洋能开发活动，逐渐培育以企业为主体、政府为指导的海洋能产业发展环境。

海洋能开发属于高风险、高投入的新兴产业，仅靠政府的财政投入难以完全解决海洋能资金不足的问题，进行市场融资很有必要。建议拓宽海洋能项目的融资渠道，构建政府投资和民间投资有机结合的多层次、全周期资金支持体系，通过投资补助、贷款贴息和电价补贴等方式鼓励和引导社会资本的进入，减轻政府财政负担，保障海洋能高质量发展的长期资金需求。有关部门可采取定期向社会公布资金使用情况的方式，防止项目投资的不合理使用。此外，还应加大引导保险行业对海洋商业保险的支持，丰富涉海保险的类别，提高保障额度，扩大海洋能开发互助保险的覆盖范围①，尽可能帮助降低民间资本投入的风险。

（四）建立健全海洋能开发的环境影响评价机制

前瞻性的国家战略环境评价和科学的环境影响评价是推进海洋能产业化发展的重要保障。海洋能开发装备安装之后会对海洋环境产生持续性影响，如果不能及早地在事前进行预防，可能会对依赖海洋环境的自然生态和周边居民造成难以恢复的损伤，甚至影响物种的繁衍和人类的正常生活。国家层面应重视做好前瞻性的战略环境评价（Strategic Environmental Assessment，SEA）工作，通过确定潜在影响的范围和信息需求帮助解决与提案相关的战略问题，在一定程度上还有助于简化环境影响评价工作的程序，进而通过有效发挥政府部门的海洋环境监督管理等职能确保海洋能开发活动安全有序地开展。合理论证项目选址依据、评估目标海域资源状况、掌握施工建设和运维的环境参数（如水深与潮位、流速与流向）、评估开发活动可能带来的环境和生态影响、制定相关环境问题处理预案等工作是企业向

① 盛朝迅：《促进海洋战略性新兴产业高质量发展》，载《经济日报》，2020 年 8 月 21 日版。

政府申请进行海洋能开发活动的重要前提。以上材料经有关部门审核合格后方能开展海洋能开发活动。

在场址规划阶段加强海洋能项目建设对当地工程、环境及生物影响的评估论证，并提供可供选择的海洋环境友好型替代方案，便于决策者做出对环境影响损害最小的决策，合理避让相关海上设施。在施工建设及整个运维阶段要做好海洋环境的监测预警工作，并对环境评价方案的执行情况进行评价和监管。为提高海洋能开发活动审批效率，相关政府职能部门可考虑简化海洋能环境影响评估的流程，在提升办事员相关专业素养的同时，可发挥行业专家及利益攸关者的审查作用。尽可能在政府层面通过有效的数据信息积累，尽早针对各类型海洋能开发活动可能造成的环境和生态影响建立成熟有效的应对方案。

Prospects of Ocean Energy Development and China's Practice

ZHENG Jie

Abstract: The ocean is not only the largest carbon pool on the planet, but also contains a wealth of renewable energy that has not yet been exploited——ocean energy. The target of carbon emission reduction under the framework of the Paris Agreement has accelerated mankind's understanding of the important value of ocean energy, which also set off a wave of exploration activities of ocean energy. The development and utilization of ocean energy can not only achieve decarbonized power generation, increase the supply of zero-carbon energy, and help carbon emission reduction, but also add a new engine to the green development of the ocean economy and help to achieve the United Nations' goal of sustainable human development. Firstly, this paper distinguishes the concept of ocean energy with other similar concepts, and then analyzes the strategic value of development and utilization of ocean energy from multiple perspectives. Finally, based on analysis of current situation of China's ocean energy development practice, this paper tries to make some suggestions on how accelerate the industrialization of China's ocean energy development from improving the abilities of the following aspects: supporting laws and regulations, policy guidance, technological capabilities, multi-capital participation, and environmental impact assessment.

Key words: Ocean Energy; Offshore Renewable Energy; Carbon Emission Reduction; China's Practice

英国海洋保护区法律体系建设研究

徐攀亚[1]

摘　要：海洋保护区不仅体现一种环保设计、管理手段，更涉及国内法律体制、区域法律体制以及国际法律体制的构建。海洋保护区对海洋环境保护的有效程度充分反映了国家海洋发展理念。作为传统海洋强国，英国对海洋的保护及利用关乎其“生死存亡”。英国在海洋保护区的建设和管理上具有丰富的国家实践，形成了一套完备的海洋保护区建设法律体系，并在保护区建设上表现出协调的“国内–区域”法律制度、专属的管理机构、成熟的公众参与机制等特点。但是，英国海洋保护区在建设中也存在管理制度落实难、保护区指定效率低等问题。基于英国海洋保护区法律体系建设实践，我国可通过完善国内立法规范、参与区域法治建设以及落实具体管理制度等方式推动海洋保护区建设，助力实现全球海洋保护区建设目标。

关键词：英国海洋保护区；法律体系；海洋战略；中国海洋保护区；立法路径

海洋保护区是海洋生态资源养护综合性管理工具。经济合作与发展组织（OECD）在有关海洋保护区的报告中指出，海洋保护区能保证渔业、海岸保护和旅游业等基础性人类经济活动的可持续发展[2]，联合国环境规划署也

---

① 徐攀亚（1990—　），男，汉族，湖南湘潭人，江南大学法学院，副教授，主要研究方向：国际法，海洋法。基金项目：教育部人文社会科学研究青年项目“适用《联合国海洋法公约》之外国际法规则解决海洋争端研究”（21YJC820042）；中央高校基本科研业务费专项资金项目“英国海外领土争端的国际法问题研究”（JUSRP121090）；江苏省双创博士（JSSCBS2.210845）。

② OECD, Marine Protected Areas: Economics, Management and Effective Policy Mixes, 2017.

在《2017前沿报告》中明确表示，海洋保护区是维持或恢复海洋和沿海生态系统健康的最佳选择[①]。第十届生物多样公约会议为全球海洋保护确立了"爱知目标"(Aichi Targets)，要求2020年实现全球10%的海洋得到保护的目标。[②] 但是，截至2019年年底，全球承诺、指定或建立的海洋保护区仅占全球海洋面积的7.9%，其中1.1%的海洋面积停留在"口头上"，1.5%的海洋面积处于"纸面上"，只有5.3%的海洋面积得到保护。[③] 现有绝大多数海洋公园和保护区存在管理不善或根本没有得到保护的问题，海洋环境保护形势十分严峻，针对海洋保护急需制订一套行为准则。[④]

英国及其海外领土毗邻的海域面积相当于世界第五大海域，是极为重要的生物多样性地区，许多珍稀物种仅能在此片海域生存，但该片海洋区域同样面临着极为严峻的环境问题。[⑤] 为此，英国不遗余力地进行海洋保护区建设，并取得出色成绩。

英国共拥有五种海洋保护区类型：海洋保护区(Marine Conservation Zones，MCZs)、特别保育区(Special Areas of Conservation，SACs)和特别保护区(Special Protection Areas，SPAs)、具备特殊科学价值的区域(Sites/Areas of Special Scientific Interest，SSSIs)和拉姆萨尔区域(Ramsar Sites)。自1971年围绕兰迪岛(Lundy Island)设立第一个海洋保护区以来，英国已共计建成355个不同种类的海洋保护区，保护面积达218 183平方千米，覆盖了25%的英国海域。英国环境部秘书长迈克尔戈夫明确表示，英国已经对领土

---

① 联合国环境规划署，2017前沿报告，资料来源：https：//www. unenvironment. org/zh-hans/resources/2017qianyanbaogao。

② 《爱知生物多样性目标》，资料来源：http：//cncbc. mep. gov. cn/kpzs/rsswdyx/201506/t20150615_303654. html，2018-08-31。访问时间：2022年1月6日。

③ 郑苗壮：《全球海洋保护区建设呈现新趋势》，http：//www. nmdis. org. cn/c/2020-06-18/72035. shtml。访问时间：2022年1月6日。

④ Nathan J. Bennett，An Appeal for A Code of Conduct for Marine Conservation，Marine Policy，2017，81：411-418。

⑤ Why Are Marine Protected Areas Important for the UK? SKY，Available at：https：//news. sky. com/story/why-are-marine-protected-areas-important-for-the-uk-11431406。访问时间：2022年1月6日。

内近30%的海洋进行了保护，领先于世界各地。①

当然，海洋保护区并不仅仅涉及鱼群的保护，它还包含一系列政策体系的完善和法律机制的构建。通过对英国海洋保护区法律体系建设实践进行研究，深度剖析其制度特色以及现有问题，可以帮助我们更加深入地认识英国海洋保护区法律体系的建设，并制定出适合我国海洋保护区建设的法律体系方案。

一、英国海洋保护区体系建设的立法举措

（一）参与海洋保护区多边法律体系建设

国际合作是保护海洋生物多样性的重要途径之一，英国充分认识到多边法律制度对环境质量保障的重要性，参与了众多区域以及全球环境保护法律体系的建设。

1. 参与区域海洋保护区法律制度构建

英国为前欧盟成员方，因此欧盟法律对英国环境保护制度设计尤其是海洋保护区建设产生了极为深远的影响，这集中体现在围绕《欧盟野鸟保护指令》(Council Directive of 2 April 1979 on the Conservation of Wild Birds)和《欧盟栖息地指令》[Council Directive (92/43/EEC) on the Conservation of Natural Habitats and of Wild Fauna and Flora]建设的海洋保护区网格中的欧洲区域上。两份指令对海洋保护区建设类别各有侧重，《欧盟野鸟保护指令》于1979年公布，之后于2009年重新修订，主要针对海洋保护区中的SPAs进行建设，目标在于保护整个欧洲的野鸟以及所有位列于保护名单上的野生动物栖息地；②《欧盟栖息地指令》于1992年公布，作为对《关于保护欧洲

① Chris Ogden, Government Creates 41 New Marine Conservation Zones, Available at: https://environmentjournal.online/articles/government-creates-41-new-marine-conservation-zones/。访问时间：2022年1月6日。

② 该指令(Directive 2009/147/EC of the European Parliament And of the Council)在Article 2(a)中规定了保护区的设立，并在Article 3中指出缔约国应当明晰最合适的区域作为特别保护区。

野生动物以及自然栖息地的伯尔尼公约》的回应[①]，该指令要求政府指定保护动植物物种的具体区域，努力促成欧盟区域内的生态一体化，更加偏重SACs体系的建设[②]。这些内容不仅是欧盟自然保护区网格(以下均简称为Natura 2000)[③]的重要组成部分，也是英国海洋保护区网格中SACs和SPAs建设法律依据的直接来源。此外，英国还参与了其他与环境保护以及与海洋保护区建设间接相关的欧盟法律制度，比如《海洋战略框架指令》(Marine Strategy Framework Directive)和《水框架指令》(Water Framework Directive)等。

除落实保护区建设义务外，作为欧盟前成员方的英国还积极参与缔结区域内多边环境公约，如《东北大西洋海洋环境保护公约》，并积极履行了该公约要求缔约国承担的义务。该公约第二条规定，缔约国应当采取必要的措施防止或消除污染，保护海洋生态环境，使其免受人类活动的负面影响，并应当独自或共同做出计划或者方案，协调有关环境保护的政策和策略。[④] 作为回应，英国环境、食品及农村事务部联合其他机关于2012年发布声明，着重强调了东北大西洋生态协调海洋保护区网格的重要地位和落实《东北大西洋海洋环境保护区公约》的五项主要指导性原则，表示将采取适当措施实现英国海洋法律制度与该公约下海洋保护区网格的有效对接。[⑤]

2. 参与全球海洋环境保护法律制度构建

英国是《生物多样性公约》和1982年《联合国海洋法公约》的缔约国之

---

① 该公约于1979年供开放签署，于1982年生效，主要目标为保护自然栖息地以及濒危野生动物以及促进国家之间的合作。

② 该指令(Council Directive 92/43/EEC of 21 May 1992 on the Conservation of Natural Habitats and of Wild Fauna and Flora)在Article 2和Article 3中对自然栖息地的保护以及特殊保育区(Special Areas of Conservation)网络的建立进行了规定。

③ Natura 2000是欧盟提出并建立的自然保护区网络。截至2017年年底，Natura 2000覆盖的范围已经达到欧盟各成员国海陆总面积的18%，其中共有鸟类特殊保护地5616个，总面积756 142平方千米；特别保护区24 127个，总面积1 049 871平方千米。资料来源：https://www.eea.europa.eu/data-and-maps/dashboards/natura-2000-barometer。访问时间：2022年1月6日。

④ Convention for the Protection of the Marine Environment of the North-East Atlantic, Article 2 General Obligations, 1(a) & 1(b).

⑤ UK Contribution to Ecologically Coherent MPA Network in the North East Atlantic, Joint Administrations Statement Defra, DOE, Scottish Government, Welsh Government, Available at: https://www.scotland.gov.uk/Resource/0041/00411304.pdf。访问时间：2022年1月6日。

一，这两份公约确立了沿海缔约国应承担的海洋保护义务。2010年举行的生物多样性缔约国第十次会议为全球海洋保护区设立了“爱知目标”——在2020年以前对10%的沿海和海洋地区实现保护，在这一目标下，英国加快了海洋保护区的建设。而《联合国海洋法公约》则通过海洋环境保护条款的设立确定了缔约国的环保义务。

此外，英国还加入了《关于特别是作为水禽栖息地的国际重要湿地公约》(以下简称《湿地保护公约》)，该公约旨在通过国内政策和国际行动的积极配合，加强对湿地及其动植物保护的国际合作。[①]《湿地保护公约》构成了英国海洋保护区网格中拉姆萨尔区域(Ramsar Sites)的重要法律基础。[②]

(二)构建完善的英国国内海洋保护区法律体系

英国政府在推进国内海洋保护区建设上同样不遗余力，并出台多项政策文件。[③] 但政策的有效运行需要强有力的法律支撑。作为保护海洋生物多样性的重要手段，立法能够实现海洋环境的可持续利用[④]，成功的海洋法案能使现有的海洋保护区创设手段更加高效便捷，并将有助于海洋保护区指定机制的创设。[⑤] 英国拥有一套与其整体海洋环境保护政策相辅相成的海洋保护区法律体系。同时，面对差异化的保护目标，不同立法对各类海洋保护区的保护方式和手段均进行了相应的调整和完善。

---

① The Convention on Wetlands of International Importance especially as Waterfowl Habitat (Ramsar Convention), Available at: http://jncc.defra.gov.uk/page-1369。访问时间：2022年1月6日。

② OSPAR Marine Protected Areas, Available at: http://jncc.defra.gov.uk/page-3370。访问时间：2022年1月6日。

③ 比如2011年颁布的《英国海洋政策声明》(UK Marine Policy Statement)，2018年颁布的《绿色未来：推动环保25年计划》(A Green Future: Our 25 Year Plan to Improve the Environment)，2020年颁布的《生物多样性2020》(Biodiversity 2020)等。

④ Frost Matthew, A Review of Climate Change and the Implementation of Marine Biodiversity Legislation in the United Kingdom, Aquatic Conservation: Marine and Freshwater Ecosystems, 2016, 26: 576-595。

⑤ Tom Appleby, Report into The Establishment of Marine Protected Areas in UK Waters Under Existing Legislation, Available at: http://www.ukmpas.org/pdf/appleby.pdf。访问时间：2022年1月6日。

1. 英国海洋保护区建设的综合性立法

英国的国家政体构成决定了国内海洋法案将根据行政区划分为三份法律文件(其中，英格兰和威尔士适用于同一法律文件)。这些法律规范在于实现各自行政区划内海洋保护区的指定、维护以及有效管理，共同构成英国海洋保护区建设的主要制度框架。

适用于英格兰以及威尔士的海洋法案为2009年颁布的《英国海洋和海岸准入法》(以下简称《英国海洋法》)，该法案对MCZs的建设予以规定，并用MCZs替代了早期经由英国《野生动物和乡村法》设立的海洋自然保护区(Marine Nature Reserves)。此外，根据保护区区块位置的不同，该法案将位于英国海岸至英国领海界限内的保护区定为近岸(Inshore)海洋保护区，将位于英国领海至英国专属经济区或大陆架的保护区定为离岸(Offshore)海洋保护区。

《英国海洋法》共包含11部分，其中有关海洋保护区建设的内容被置于第五部分。该部分对海洋保护区建设的目标、区域和设立程序做出了明确规定，并对海洋保护区管理机构的职责进行了安排，核心内容如下：(1)在建设目标上，《英国海洋法》第123条规定，所有指定海洋保护区程序的最终目的是形成海洋保护区网格。(2)在建设区域上，《英国海洋法》第116条规定，海洋保护区的规划范围包括英国的领海、专属经济区和大陆架(苏格兰和北爱尔兰的近岸区域除外)。(3)在设立程序上，《英国海洋法》第117条规定，有关当局可以颁布进行海洋保护区建设的指令，以保护地质地貌、浮游植物以及相关海洋栖息地。作为海洋保护区的建设依据，相关指令应当阐明受保护区域的地貌特性以及对相关区域进行保护的目标，并考虑这些指令可能产生的经济或社会影响；《英国海洋法》第119条规定，当局在开启海洋保护区指定程序前应当与社会公众进行磋商，咨询所有与海洋保护区有利益关系的自然人，并公开指定海洋保护区的提议；《英国海洋法》第120条规定，有关当局必须公开指定海洋保护区的指令；《英国海洋法》第121条规定，当局在做出相关决议前，应当给予任何人听证的机会。此外，第124条规定有关当局在海洋保护区设立后还负有向议会报告的义务。

(4)在管理机构职责上，《英国海洋法》第 127 条规定，各行政区划内的海洋保护区管理机构可以就影响海洋保护区生态环境、环境保护目标的行为向政府机关或某个单独的海洋保护区提出意见或者给出指导建议。[①]

适用于北爱尔兰的 2013 年《北爱尔兰海洋法案》(The Marine Act Northern Ireland)在内容上呼应《英国海洋法》有关 MCZs 的设定，并在 MCZs 的设立程序、管理机构职责以及违法责罚上与《英国海洋法》保持一致。

适用于苏格兰的 2010 年《苏格兰海洋法案》(The Marine Scotland Act)对苏格兰海洋保护区的建立及设立程序、管理机构职责以及违法责罚进行了规定。较之《英国海洋法》与《北爱尔兰海洋法案》，该法案并未直接确立 MCZs 的建设制度，而是根据保护对象的不同将海洋保护区更加细致地划分为以保护动植物为主的自然保护型海洋保护区(Nature Conservation MPA)、以海洋管理开发为主的示范研究型海洋保护区(Demonstration and Research MPA)和以保护海洋历史遗产为主的历史型海洋保护区(Historic MPA)。

2. 英国海洋保护区建设的专门性立法

英国海洋保护区建设法律框架还包括其他与物种保护和环境保护相关的法案、条例及法令，这些法律文件对各行政区划中除 MCZs 外其他类型的海洋保护区的建设程序进行了规定。

在英格兰和威尔士区域，2017 年颁布的《栖息地及物种保护条例》(The Conservation of Habitats and Species Regulations)对近岸欧洲区域(即根据欧盟指令确定的海洋保护区区块，包括上文提及的 SPAs 和 SACs，也称为 European Sites)的指定和保护做出了规定。该条例第 7 条指出，诸如英国部长、政府部门、公共机构以及拥有办事处的个人在履行职责时有义务遵守欧盟《鸟类指令》(79/409/EEC)和《栖息地指令》(92/43/EEC)中有关海洋保护区欧洲区域建设的要求。[②] 而 2017 年《离岸海洋栖息地及物种保护条例》(The Conservation of Offshore Marine Habitats and Species Regulations)则是离岸欧洲

---

① Marine and Coastal Access Act 2009, Section 123(2), 116, 117(1), (2), (7), 119(2), (4), 120(3), 121(2), 124(1) & 127.

② The Conservation of Habitats and Species Regulations 2017, Part 1(7), Competent Authorities.

区域建设的法律基础，在该条例第二部分的指导下，英国履行了遵守欧盟法律中对离岸海洋环境和物种予以保护的义务。两份法律文件适用的行政区划主要为英格兰及威尔士，部分适用于苏格兰及北爱尔兰。[①] 2000 年《农村和道路权法案》(The Countryside and Rights of Way Act)在第三部分第 75 条对 SSSIs 的保护以及管理措施进行了规定，并强调了与野生动物相关的法律规范的执行。[②]

北爱尔兰通过 1995 年《北爱尔兰保护(自然栖息地等)条例》[Conservation (Natural Habitats, etc.) Regulations (Northern Ireland)]，对海洋保护区网格中欧洲区域的建设予以规制。2002 年《北爱尔兰环境指令》(Environment Order)第四部分则对具备特殊科学研究价值的区域的指定和管理进行了规定。[③]

苏格兰同样具有一套海洋保护区法律网格。首先，近岸 SACs 的选择及指定被囊括在 1994 年《保护条例》(The Conservation Regulations)第二部分中[④]，离岸 SACs 的建设则在 2007 年《离岸海洋保护条例》(The Offshore Marine Conservation Regulations)第二部分中予以规制。[⑤] 其次，SPAs 的指定以及保护措施由 2004 年《苏格兰自然保护法案》[Nature Conservation (Scotland) Act]和 1994 年《保护条例》共同承揽；最后，2004 年《苏格兰自然保护法案》(Nature Conservation Act)在其第二部分第一章对 SSSIs 的指定进行了规制。[⑥]

二、英国海洋保护区建设实践评析

英国海洋保护区建设成果丰硕。据统计，截至 2019 年 5 月，英国已建

---

① The Conservation of Offshore Marine Habitats and Species Regulations 2017, Part 2, Conservation of Natural and Habitats of Species.

② The Countryside and Rights of Way Act 2000, Part Ⅲ, Nature Conservation and Wildlife Protection, Sites of Special Scientific Interest.

③ The Environment (Northern Ireland) Order 2002, Part Ⅳ, Areas of Special Scientific Interest.

④ The Conservation (Natural Habitats, &c.) Regulations 1994, Part 2, Conservation of Natural Habitats and Habitats of Species.

⑤ The Offshore Marine Conservation (Natural Habitats, etc.) Regulations 2007, Part 2.

⑥ Nature Conservation (Scotland) Act 2004, Part 2, Chapter 1, Sites of Special Scientific Interest.

成355个不同种类的海洋保护区，包括115个SACs，112个SPAs，97个MCZs以及31个自然保护海洋保护区(Nature Conservation MPA)，海洋保护区总面积达218 183平方千米，共有25%的水域处于保护范围内。[①] 总结其海洋保护区建设的法律体系特点并剖析制度缺陷，有助于我们更加深入地了解英国海洋保护区法律体系。

(一)英国海洋保护区的建设特点

1. 区域环境保护法律制度与英国国内法律制度相辅相成

作为欧盟曾经的重要成员国，英国海洋保护区网格的建设与欧盟法律制度保持着高度一致。其中，SPAs和SACs作为《欧盟野鸟保护指令》和《欧盟栖息地指令》所规定的海洋保护区类型，已被纳入英国各行政区划的海洋保护区建设立法中。具体而言，适用于英格兰(和威尔士)的2017年《栖息地和物种保护条例》将上述指令中与Natura 2000网格建设相关的核心条款进行转换；苏格兰有关SPAs和SACs的立法，便是《欧盟野鸟保护指令》和《欧盟栖息地指令》内化为苏格兰2004年《自然保护法案》及苏格兰1994年《保护条例》的产物；[②] 在北爱尔兰，《栖息地指令》则被1995年的《自然栖息地保护条例(北爱尔兰)》所兼容。[③]

有数据显示，50%以上的英国海洋保护区与欧盟相关环保指令直接挂钩。[④] 将区域法律制度转换为国内法律制度方能实现国内与区域保护法律制度的有效衔接，保证二者在区域海洋保护区建设法律体制上的一致性。通过吸收区域法律制度，方能对不同种类海洋保护区的构建程序予以完善，

---

① Contributing to a Marine Protected Area Network, Available at: http://jncc.defra.gov.uk/page-4549, last visited on: 2019-5-17.

② Legal Framework, Available at: https://www.nature.scot/professional-advice/safeguarding-protected-areas-and-species/protected-species/legal-framework。访问时间：2022年1月6日。

③ Alice S. J. Puritz-Evans, Amy Hill, The Law and Marine Protected Areas: Different Regimes and Their Practical Impacts in England, John Humphreys, Robert W. E. Clark(eds.), Marine Protected Areas, Elsevier, 2020: 202.

④ Brexit Could End the Status of the UK's Marine Protected Areas, Political Home, Published on 1st March 2018, Available at: https://www.politicshome.com/news/uk/foreign-affairs/brexit/opinion/dods-monitoring/93227/brexit-could-end-status-uks-marine。访问时间：2022年1月6日。

从深度和广度上实现对海洋环境以及动植物栖息地的同步保护。当然，英国将欧盟海洋保护区法律制度转换为国内法并非意气用事，其国内海洋保护区的建设依旧需要对相关海洋保护区法律制度予以完善。敦促成员国指定保护区并进行妥善管理的欧盟《栖息地指令》已被证明是英国海洋保护区建设的重要驱动力，虽然根据该指令，英国已指定了大片海洋保护区域，但是《栖息地指令》本身涵盖的有限海洋生物栖息地保护范围及该指令鼓励的以生物特征为主导的管理方法，限制了它促进生态环境恢复的潜在效力。2009年颁布的《英国海洋法》填补了 Natura 2000 立法上的空白，并为《栖息地指令》提供了一系列增加重要海洋保护区的机会，激发了英国创建"生态协同网络"海洋保护区的雄心，该网络的完成将为保护或改善更广泛的海洋环境做出重大贡献。① 此外，为了对接区域立法，英国地方还制定了大量符合本地实情的规范性文件。据报道，在2013—2019年间，英国各区域行政单位制定了40部保护143个近海海洋保护区的法律文件。②

2. 通过立法明确海洋保护区专门管理机构

英国相关立法对海洋保护区管理机构的创设做出了明确安排。依据1990年英国《环境保护法案》设立的自然保护联合委员会(以下简称 JNCC)为英国政府、全英以及国际范围内的环境保护机构提供与保护区相关的政策性建议，撑起了英国海洋环境保护与管理的半壁江山。该机构于2006年在《自然环境及乡村社区法案》的指导下对组织架构进行了重组，重组后的主要职责在于处理影响全英以及具有国际影响的海洋保护区问题，并在英国离岸海洋保护区的建设中扮演重要角色。③ 而首次出现在2009年《英国海洋法》中的海洋管理组织(Marine Management Organization，MMO)则被赋予

---

① Peter Tinsley, Marine Protected Areas in the UK - Conservation or Recovery? John Humphreys, Robert W. E. Clark(eds.), Marine Protected Areas, Elsevier, 2020: 234.

② Jean-Luc Solandt, Stephen K. Pikesley, Colin Trundle, Matthew J. Witt, Revisiting UK Marine Protected Areas Governance: A Case Study of a Collaborative Approach to Managing an English MPA, Aquatic Conservation: Marine and Freshwater Ecosystems, 2020, 30: 1829-1835.

③ About JNCC, Available at: http://jncc.defra.gov.uk/default.aspx? page=1729。访问时间：2022年1月6日。

了包括颁发渔业执照、自然保护，以及许可可再生能源设备的建设等更为具体的职能。MMO 同时还被允许接受其他英国立法赋予的职能及独自做出相应行政指令的权限①，比如，MMO 曾发布行政指导意见，指出在评估环境影响的重要性时，将考虑某一活动造成影响的可能性、影响发生的程度，以及任何此类影响可能对 MCZs 受保护特征或 MCZs 任何受保护特征的保存（全部或部分）所依赖的诸多生态环境或地貌构造造成的潜在风险。②

英国各行政区划依据不同立法也设立了对应的海洋保护区管理组织。这些组织在性质上多为公共部门（Public Authority），主要通过建议的方式参与决策制订，协助海洋保护区管理，并共同构成英国海洋保护区建设的组织基础。③《英国海洋法》第 15 条赋予了各行政区划内公共机构与 MMO 进行合作、共同参与海洋保护区建设的权利。

3. 形成了成熟的海洋保护区公众参与法律机制

除了实体组织的创设，在相关政策和法律的指引下，英国还发展出一套较完善的保护区指定机制，其中公众机构和自然人参与海洋保护区指定的规定尤其值得我们关注。

一方面，公众参与制度在相关的英国海洋保护区建设政府文件中有集中反映。比如，英国环境审查委员会在海洋保护区工作简报中就指出，为了推进英国海洋保护区的建设，政府应当实施一套有效的交流沟通策略，配合相应的磋商程序，提升公众对海外保护区网格的关注度，保证与公众在各地方层面进行深入沟通，从而在海洋保护区的指定上获得广泛支持。④另一方面，英国相关法律文件突出了公众参与在海洋保护区建设过程中的

---

① Marine and Coastal Access Act 2009, Section 4-8, 9-11, 12-13 & 1(2).

② Marine Management Organization, April 2013. Marine Conservation Zones and Marine Licensing.

③ 英格兰根据 2006 年《自然环境及乡村社区法案》的规定创设了自然英格兰（Natural England）；苏格兰依据 1991 年苏格兰《自然遗产法案》创设苏格兰自然遗产（Scottish Natural Heritage）；威尔士则通过合并的方式创设威尔士自然资源（Natural Resources Wales）；北爱尔兰的自然保护和乡村委员会（Council for Nature Conservation and the Countryside）则通过 1989 年北爱尔兰《自然保护和绿化土地条例》成立，之后由 2002 年《环境条例》予以规制。

④ Marine Protected Areas Revisited — Tenth Report of Session 2016-17, House of Commons Environmental Audit Committee, pp. 31.

重要性。早在 1998 年英国便加入了《在环境问题上获得信息公众参与决策和诉诸法律的公约》，该公约要求政府在环境保护区问题上重视与社会公众之间的关系，并且对于当地的、国家的以及跨边界的环境保护问题，赋予公众信息获取、参与司法以及政府决策的权利。[①]《英国海洋法》也赋予了公众就海洋保护区指定工作与相关机构进行磋商的权利，同时要求相关机构在做出设立海洋保护区指令前，必须给予所有人听证的机会，并对保护区的指定结果予以公示。[②] 在设立其他海洋保护区的立法文件中也均有公众参与的条款，比如规范英格兰和威尔士近岸欧洲区域建设的《栖息地及物种保护条例》第 14 条便指出，对于未被列入指定名单的海洋保护区，需要与公众进行磋商后方能确定。[③]

实际上，在实际指定过程中，海洋保护区的最初选址并非由政府完成，而是通过个人和相关利益集团(如商业渔业、海上石油和天然气行业、娱乐用户和保护组织)组成的区域项目小组(Regional Project Group)完成，二者实际上构成“公众”的主要部分。只有当区域项目小组确定了提议的地点后，方能由英国环境食品和乡村事务部(Defra)、自然英格兰(Natural England，负责在英格兰的自然保护和自然环境方面提供建议的政府机构)联合自然保护委员会共同向英国政府首脑推荐最终选址，从而有效建立既符合生态标准，又充分考虑利益相关者社会和经济利益的保护区块。

4. 基于海外领土法规拓展远洋海洋保护区

英国海洋保护区构成包括近海海洋保护区及远海离岸保护区，后者既包括位于英国专属经济区内的保护区，也包括极具英国特色的、围绕海外领土建设的远洋大型海洋保护区，如查戈斯群岛海洋保护区、皮特凯恩海洋保护区以及阿森松岛海洋保护区。

---

① Convention on Access to Information, Public Participation in Decision-Making and Access to Justice in Environmental Matters, Available at: https://wipolex.wipo.int/zh/text/192458。访问时间：2022 年 1 月 6 日。

② Marine and Coastal Access Act 2009, Section 119(4), 120 & 121.

③ The Conservation of Habitats and Species Regulations 2017, Part 2 Conservation of Natural Habitats and Habitats of Species, Section 14 Consultation as to Inclusion of Site Omitted from the List.

远洋大型海洋保护区具有非常重要的生态保护价值。以查戈斯群岛海洋保护区为例，它起着连接印度洋不同水体区块的作用，保护了包括深海、远洋、珊瑚礁和小岛屿等在内的整个生态系统。[①] 加上在英国海洋保护区落成之前，查戈斯群岛已经40多年无人居住（驻扎在迭戈加西亚岛上的美军除外），使得群岛拥有丰富的生物性资源以及天然的海洋性地貌，一旦失去将永不再生。为此，皮尤海洋遗产计划在2009年将查戈斯群岛列为被选择保护的五个地区之一，并努力说服英国政府宣布它为200海里范围内的海洋保护区。[②] 之后，英国政府于2010年宣布建立查戈斯群岛海洋保护区[③]，并将对它的保护纳入国内法律体系。

阿森松岛与皮特凯恩岛海洋保护区在立法模式上同样有迹可循。1978年阿森松岛政府颁布《渔业限制条例》（Fisheries Limits Ordinance），确立了200海里专属经济区，这为阿森松岛政府控制这些水域中的作业活动提供了法律依据，并为海洋保护区的管理提供了法律基础。之后2003年公布的《国家保护区条例》（National Protected Areas Ordinance）则授权阿森松岛政府建立国家公园、自然保护区、海洋保护区和历史遗迹保护区。[④] 同样，2016年颁布的《皮特凯恩群岛海洋保护区指令》在第二部分明确规定了皮特凯恩岛海洋保护区海域范围（由皮特凯恩、亨德森、迪西和奥埃诺群岛的领海和专属经济区构成）、环境保护原则以及其他相关主体对指令的遵守等内容。[⑤]

（二）英国海洋保护区建设面临的法律困境

英国在海洋保护区建设上形成了一套特有的法律机制，并在此制度安排下取得了丰硕成绩。即便如此，英国海洋保护区的建设依旧面临着困境，包括以下三个方面。

---

① C. R. C. Sheppard (ed.), Coral Reefs of the United Kingdom Overseas Territories, Coral Reefs of the World, 2013: 226-227.

② Nelson J, Bradner H, The Case for Establishing Ecosystem-Scale Marine Reserves, Marine Pollution Bulletin, 2010, 60: 635-637.

③ British Indian Ocean Territory, Proclamation No. 1 of 2010.

④ National Protected Areas Ordinance, 2003, Article 3.

⑤ Pitcairn Islands Marine Protected Area Ordinance, 2016, Part II — Pitcairn Islands Marine Protected Area.

1. 管理机制难以通过国内立法完全落实

海洋保护区是用来实现海洋环境管理的综合工具，它能有效反映政治社会观点、协调捕鱼与环境保护间的关系并达成一系列高水平环保目标。① 但是，英国政府在管理保护区资料以及梳理必要的次级立法文件上效率较低。这使得管理手段的实际实施也变得更加不可靠，时间耗费上也愈发难以把控，无法体现英国庞大海洋保护区网络所具有的优越性。② 比如，虽然欧盟《栖息地指令》和《鸟类指令》分别于1992年和1979年开始对英国生效，但直到2014年，英国在指定保护区中进行的近海渔业活动才得到系统的评估和管理。③

保护海洋保护区的重心在于管理，缺乏有效的管理不仅导致“纸上公园”的出现，而且破坏了海洋保护区的声誉和支撑它们的国际法律框架，甚至在一定程度上助长了涉海犯罪的循环往复。如果没有强制性的管理机制，海洋保护区的建设注定会失败。④ 一般而言，保护区的管理职责必须根据法定标准予以确定，并以确保达到保护区保育目标的方式执行。但英国MCZs的管理方式和规则仅由相关公共当局(Public Authority)酌情决定，英国虽然通过国内立法设立协助管理海洋保护区的环保机构(如Natural England)，但立法未能保证机构管理手段及保护方式的强制性。此外，依法设立的环保机构在协同英国公共当局对海洋保护区进行管理时也缺乏足够的话语权。比如，根据《英国海洋法》第125(12)条和第126(10)条的规定，公共当局在行使职能和做出决定时，仅需考虑(Have regard to)保护机构制订的指导性文件。由于主观认知的限制，此种“考虑”并不意味着公共当局“必须”遵循环

---

① Simon Jennings, The Role of Marine Protected Areas in Environmental Management, ICES Journal of Marine Science, 2009, 66: 16-21.

② Jean-Luc Solandt, A Stocktake of England's MPA Network — Taking a Global Perspective Approach, Biodiversity, 2018, 19(1-2): 34-41.

③ Robert Clark, John Humphreys, etc, Dialectics of Nature: The Emergence of Policy on the Management of Commercial Fisheries in English European Marine Sites, Marine Policy, 2017, 78: 11-17.

④ Thomas Appleby, Matthew Studley, etc, Sea of Possibilities: Old and New Uses of Remote Sensing Data for the Enforcement of the Ascension Island Marine Protected Area, Marine Policy, 2021, 127: 1-10.

保机构的建议或指引。另外，即便建议或指导没有被遵循，根据《英国海洋法》第128条的规定，保护机构也只能要求当局做出书面解释，但没有进一步的权力要求公共机关必须遵守环境保护机构做出的建议或指导。[①]

2. 通过立法指定海洋保护区的效率较低

英国MCZs的选址过程是不寻常的和漫长的。[②] 如上所述，虽然英国当局有义务指定MCZs，但国内立法既没有提供强制性管理、执行机制，也没有提供海洋保护区必须保护物种和栖息地的具体清单，只能依据政府机构制定的非立法性行政文件，这在一定程度上加重了政府行政部门的工作任务，并大大减缓了海洋保护区的指定速度。现实中，英国政府指定海洋保护区的地点比预计规划中要少得多，而且整个指定程序均需要分阶段进行。比如，2013年和2016年的前两个阶段分别只指定了50个MCZs；第三批，也是最后一批的41个新MCZs则推迟到2019年5月才指定完毕。[③] 一些批评人士指出，存在多方面的原因，包括追求较少的保护区区块决议、缺乏明确的区块指定理由，以及利益相关者的猜测导致海洋保护区区块建设的失败和社会资本的流失。而英国政府的自由裁量权及指定区域期限的不明确导致的建设效率低下，是该进程拖延的最根本原因。

除了英国国内MCZs指定受阻，通过欧盟指令确定的海洋保护区指定进程同样难以令人满意。欧盟委员会表示，虽然欧盟自然保护网络中的陆地部分现在“基本完成”，但海洋区块的指定是完全滞后的。[④] 虽然欧盟《栖息地指令》和《鸟类指令》均对指定地点、指定程序以及要保护的生境和物种的

① Alice S. J. Puritz-Evans, Amy Hill, The law and Marine Protected Areas: Different Regimes and Their Practical Impacts in England, John Humphreys, Robert W. E. Clark (eds.), Marine Protected Areas, Elsevier, 2020: 206-209.

② Louise M. Lieberknecht, Peter J. S, From Stormy Seas to the Doldrums: The Challenges of Navigating Towards an Ecologically Coherent Marine Protected Area Network Through England's Marine Conservation Zone Process, Marine Policy, 2016, 71: 275-284.

③ HM Government, Marine Conservation Zone Designations in England, Available at https://www.gov.uk/government/collections/marine-conservation-zone-designations-in-england#2019-mcz-designationsand-factsheets。访问时间：2022年1月6日。

④ European Commission, Frequently Asked Questions on Natura 2000, Available at: http://ec.europa.eu/environment/nature/natura2000/faq_en.htm。访问时间：2022年1月6日。

类型予以规定，但由于英国的多元政体构成，实践中不同行政区划难以统一行动，海洋保护区指定程序难以统一步调。有资料显示，英国各区域的首个 SACs 分别于 2004 年 12 月、2005 年 3 月、2005 年 4 月和 2005 年 5 月在威尔士、苏格兰、英格兰和北爱尔兰被指定。①

海洋保护区的指定迟滞带来严重的负面影响。2013 年一项英国议会调查发现，指定过程的延迟增加了海洋保护区利益相关者的不确定性。此种不确定性表现在两方面：第一，有意愿参与建设海洋保护区的利益相关者将直接放弃参与建设，这反过来将直接影响保护区的建设进程；第二，已参与保护区建设的利益相关者因指定迟滞产生焦虑，这将不利于保护区建设的未来走势。

3. 海外领土海洋保护区建设的合法性遭到质疑

通常而言，建立海洋保护区的政治博弈主要体现在国内关于海洋经济利益与海洋环境保护间的平衡上。但随着国家海洋权力意识的觉醒以及海洋权利诉求在国际法推动下的深化细化，国家海洋保护区的建设也逐渐流露出一丝扩大管辖权进而变相拓展海洋权益的政治企图。国家为了合法化主权诉求，将其悄然置换成保护海洋环境的责任。具有海洋优势地位的国家通过建立海洋保护区网格，一方面可以顺应国内以及全球的海洋环境保护趋势，另一方面占据道义制高点，创造为本国服务的政治遗产。英国围绕其海外领土建立的海洋保护区在此理念下应运而生。作为昔日的“日不落帝国”，英国拥有的殖民地数量在全球而言可谓“首屈一指”。即便经过第二次世界大战后的去殖民化浪潮，依旧有 17 个殖民地以“海外领土”（Overseas Territories）的形式为英国所占有。由于这些领土本身存在争议，围绕这些领土建立的海洋保护区也难以具备合法性。

以查戈斯群岛海洋保护区为例，从 19 世纪中期开始，为摆脱英国的殖民统治获取独立，毛里求斯数次与英国就民族独立事项开展谈判。1965 年

---

① The Habitats Directive：Selection of Special Areas of Conservation in the UK，Published by JNCC，Version 4（September 2009）.

11 月，作为毛里求斯获得独立的条件，双方就有关查戈斯群岛归属问题在伦敦达成《兰卡斯特宫协定》(Lancaster House Agreement)。毛里求斯政府同意查戈斯群岛与毛里求斯分离，英国做出包括防务、赔偿、渔业权利、矿产石油权利以及没有防务目的后归还群岛等一系列承诺。但英国政府却于 1965 年 11 月 8 日通过颁布指令的方式，由英国下议院确认宣布建立英属印度洋海外领地(BIOT)。之后，英国与毛里求斯围绕查戈斯群岛海洋保护区建设[①]引发的仲裁案以及国际法院关于"将查戈斯群岛分立出毛里求斯国际法问题咨询意见案"将该争端彻底暴露在全球视野中，仲裁庭和国际法院分别在裁决和咨询意见中确认了海洋保护区建设程序的违法性，认为英国的海洋保护区建设举措政治性大于环保性。本质上，英国政府试图在查戈斯群岛建立海洋保护区的计划，就是想把一个对周边国家产生军事威胁并且通过驱赶原住民而建立起来的军事基地予以洗白，并通过世界上环境保护科学家的建议来使得占有查戈斯群岛合法化[②]，是披着环保外衣的政治举措。

三、英国海洋保护区建设实践对中国的启示

从比较借鉴的角度来看，我国与英国基本国情存在差异，海洋保护区建设的地理环境、物种构成等诸多方面存在不同。但是，二者在共同推进全球海洋环境保护进程和实现可持续发展目标上具有共同意愿，在海洋保护区法律制度及法律体系的建设上存在共性。

为落实 2002 年《可持续发展世界首脑会议执行计划》、履行《全球生物多样性框架》和《联合国可持续发展议程》中的环保义务，中国在海洋保护区的建设上不遗余力。截至 2019 年年底，我国已建成 271 个海洋保护区，总

① 实际上，该案争议本质在于双方关于查戈斯群岛的主权归属。仲裁庭在对毛里求斯第一项诉求的认定中指出，由于因海洋保护区建设而引发的争端涉及领土主权归属，因而对第一项涉及判断双方是否为"沿岸国"(Coastal State)的诉求不具有管辖权。

② 除查戈斯海洋保护区外，英国还围绕海外领土阿森松岛(作为圣海伦纳及其附岛)和皮特凯恩岛建立了海洋保护区。由于目前尚不存在与英国发生纠纷的国家，上述海洋保护区的建设行为并未得到其他国家质疑，国际社会也未对此提出反对意见。

面积约12.4万平方千米，占管辖海域面积的4.1%。[①] 尽管成绩斐然，我国海洋保护区在立法体系的规划、管理机制的构建、公众参与制度的推广及国际合作的参与上依旧存在些许不足，参考借鉴英国海洋保护区建设实践对我国而言具有重要意义。

（一）稳步推进海洋保护区建设单行及分类立法

构建海洋保护区体系的落脚点在于法律制度的完善，只有立法明确保护区的范围、目的、区划、措施，海洋保护区的管理才能做到有法可依。[②] 英国既有适用于不同行政区块的综合性海洋法案，还针对保护目标各异的海洋保护区制定了不同种类、不同层级的单行法律。所有这些立法文件共同构成了英国海洋保护区法律制度体系。

根据《全国海洋功能区划（2011—2020年）》的认定，中国海洋保护区划分为海洋自然保护区与海洋特别保护区。[③] 到目前为止，我国围绕上述保护区已初步形成海洋保护区法律体系。其中，《中华人民共和国海洋环境保护法》（以下简称《海环法》）为国家整体环境保护打下基础，《中华人民共和国自然保护区条例》《海洋自然保护区管理办法》和《海洋特别保护区管理办法》则分别对我国自然保护区、海洋自然保护区和海洋特别保护区的建设和管理予以规定。但与英国相比，我国海洋保护区立法体系没有直接针对海洋保护区建设的专门立法，规范海洋自然保护区和海洋特别保护区的法律位阶较低、权威性欠缺、内容不够完善，难以满足不断发展的海洋保护区建设需要。[④] 例如，2017年修订的《海环法》仅在第二十一条、第二十二条和第二十三条对海洋自然保护区及海洋特别保护区的设立进行了纲领性规定，

---

① 上海交通大学：《中国海洋保护行业报告》（2020）。上海首届海洋智库联盟研讨会。

② 高阳，冯喆，等：《国际海洋保护区管理经验及其对我国的启示》，载《海洋环境科学》，2018年第3期，第477页。

③ 海洋自然保护区是指以海洋自然环境保护和资源有效利用为目的，依法把包括保护对象在内的一定面积的海岸、河口、岛屿、湿地或海域划分出来，进行特殊保护和管理的区域；海洋特别保护区是指具有特殊地理条件、生态系统、生物与非生物资源及海洋开发利用特殊要求，需要采取有效的保护措施和科学的开发方式进行特殊管理的区域。

④ 崔凤，刘变叶：《关于完善我国海洋自然保护区立法的构想》，载《中国海洋大学学报（社会科学版）》，2008年第5期，第7-11页。

详细内容却被分别置于效力较低的《海洋自然保护区管理办法》和《海洋特别保护区管理办法》中，未能以国家立法的形式出现。海洋自然保护区与海洋特别保护区分属不同海洋环境保护类别，二者在保护宗旨、保护目标与保护对象上并不一致，在选划标准、保护内容及范围上存在差异，在保护任务以及管理方式也有所不同①，国家应根据二者特点，形成配套的立法规范。此外，我国海洋保护区类型比较丰富，比如海洋自然保护区可以分为海洋生物物种保护区、海洋和海岸生态系统、海洋自然遗迹和非生物资源等；海洋特别保护区分为海洋公园、海洋生态保护区、海洋资源保护区和海洋特殊地理条件保护区等，但类型化的海洋保护区却缺失配套单行法律规范，这与我国海洋生态多样性特征格格不入。

中国有必要完善包括海洋保护区在内的一整套海洋法律体系，该法律体系不仅包括总揽性海洋保护区法案的创设，还应纳入针对不同海洋保护区种类的单行立法，形成纵览法案与分类立法齐头并进的局面，在广度和深度上实现对不同种类的海洋保护区的保护及管理：一方面，海洋法案提供纲领性规定，使海洋保护区建设有法可依；另一方面，单行立法使多元化的海洋保护区均能在总揽性的海洋保护区法律框架中找到符合自身属性的位置。

(二)建立健全海洋保护区管理体制机制

宏观层面，海洋保护区建设强调制度和立法体系的建设，微观层面则偏重管理体制机制的构建。完善的管理机制能有效提升海洋保护区的管理效率，防止因缺乏执行机制而出现重数量、轻质量的“纸上公园”(Paper Parks)局面。② 实践中，海洋保护区往往处于生物多样性保护和渔业管理的“十字路口”，各利益攸关方在实现具体目标和期望上存在差异，这也对国

① 高威：《海洋特别保护区法律制度问题初探》，载《海洋开发与管理》，2005 年第 6 期，第 58-63 页。

② Elizabeth M. De Santo，Missing Marine Protected Area (MPA) Targets：How the Push for Quantity Over Quality Undermines Sustainability and Social Justice，Journal of Environmental Management，2013，124：137-146.

家制定不同管理体制机制提出了更高的要求。①

早在1994年便有学者认为，每个海洋自然保护区不仅应当建立一对一全权负责的管理机构，更要建设有设施完备、强有力的管理机构。② 英国通过立法对海洋保护区的管理机构、机构职责以及各机构间的协同合作予以规定，强化了各行政区划内海洋保护区管理机构就影响海洋保护区生态环境、环境保护目标等行为向政府机关或某个单独的海洋保护区给出意见或者指导建议的行政职能。相较而言，我国的海洋保护区管理机构仅通过行政手段予以设置，且治理模式通常表现为中央政府为主，地方政府为辅③，此种设置往往容易因为地方政府对经济绩效的过分重视而忽视了对环境真正的保护。

因此，我国也应通过立法，根据各区域及地方的具体情况设置相应的海洋保护区管理机构，对海洋保护区管理机构进行职务权限上的规制，明确机构的管理范围、管理权限以及管理措施，保证管理和执行措施的有效性和强制性，将海洋环境保护落到实处。在海洋保护区管理过程中，根据立法设立的管理机构难免会与政府相关部门的行政权力发生冲突。为减少行政管理成本，形成机构良性互动，我国应协调同区域不同机构间的关系，统筹推进海洋保护区的职能部门建设，并基于海洋本身的流动性，以及海洋保护区建设出现的跨管辖海域情况，强调不同区域间管理机构之间的合作，实现区域间海洋保护区建设经验的互通有无。此外，我国还需建立对应的保护区监测机构，出台检测方案，对海洋保护区内生态系统结构和功能的变化进行评估。可以采用近海船只监测系统监测渔业迁移对海洋保护区以外生物多样性的影响、收集关于海洋保护区指定的社会和经济影响的

---

① Michael Kriegl, Xochitl E. Elías Ilosvay, Christian von Dorrien, Daniel Oesterwind, Marine Protected Areas: At the Crossroads of Nature Conservation and Fisheries Management, Frontiers in Marine Science, 2021, 8: 1-13.

② 李国庆：《中国海洋自然保护区的管理》，载《海洋与海岸带开发》，1994年第1期，第42-44页。

③ 李凤宁：《我国海洋保护区制度的实施与完善：以海洋生物多样性保护为中心》，载《法学杂志》，2013年第3期，第75页。

信息等方式，支持生态系统方法的实施[①]，使管理机制的运作贯穿海洋保护区建设与维护的整个过程。

（三）推动推广海洋保护区公众参与法制化

公众参与法制化是推动海洋保护区建设的关键手段。《里约环境与发展宣言》也指出，“环境问题应在所有有关公民的参加下加以处理”，“每个人应有适当的途径获得有关公共机构掌握的环境问题的信息”，“每个人应有机会参加决策过程”。[②] 参与不仅是应当地政府或环境保护组织邀请参与海洋保护区建设的被动行为，也是公众应当享有的主动权利，尤其当参与者是海洋保护区建设利益相关人及与海洋保护区具有直接联系的当地人时更是如此。通常而言，参与海洋保护区的指定工作需要个人具备相应的专业技能，尽管社会公众对于海洋保护区的建设不具备一般性的认识，但有调查表明，只要信息提供得当，公众便能发挥积极作用。[③] 实际上，利益相关者在满足自身对海洋保护区需求的同时，是可以为海洋保护区的建设提供有效信息的。[④] 单个海洋保护区取得理想保护效果的关键就在于利益关联个体的行为以及个人对相关法律政策的接受度。[⑤]

《英国海洋法》规定，公众不仅指非政府专业环境保护组织，还包括参与海洋保护区建设的当地团体，以及与保护区建设有直接利益关联的个人。通过持续有效地参与，这些团体及个人将有效刺激政府在海洋保护区建设

---

① 此处可借鉴美国实践，其于1970年出台的《国家环境政策法案》建立了一个比欧盟委员会环境影响评估（EIA）指令更全面的评估过程，特别是要求在环境影响报告中考虑与自然环境或物理影响有关的社会经济因素。它还鼓励在适当的情况下在环境影响报告中使用生态系统服务评估。

② 《里约环境与发展宣言》，原则10。

③ Tobias Börger，Caroline Hattam，Valuing Conservation Benefits of an Offshore Marine Protected Area，Ecological Economies，2014，108：229-241.

④ Natalie C. Ban，Alejandro Frid，Indigenous Peoples' Rights and Marine Protected Areas，Marine Policy，2018，87：180-185.

⑤ Bennett，N. J.，and Dearden，P，Why Local People do not Support Conservation：Community Perceptions of Marine Protected Area Livelihood Impacts，Governance and Management in Thailand，Marine Policy，2014，44：107-116.

上的政策制定。[①] 在各行政区划资源环境部门的领导下，英国统筹联合公共机构、团体和个人建议，共同向国家议会负责，为中央规划与地方政策搭建通道，实现了海洋保护区管理自下而上(以基层为主导)和自上而下(以中央为主导)的结合。[②] 在国家立法层面，我国颁布的一系列涉海法律对公众参与海洋具体事务的规定仍处于空白状态。[③] 我国虽然在《海洋特别保护区管理办法》第二十八条和《海洋自然保护区管理办法》第三条中分别规定，海洋特别保护区管理机构应当组织区内的单位和个人参加海洋特别保护区的建设和管理，吸收当地社区居民参与海洋特别保护区的共管共护，共同制定区内的合作项目计划、社区发展计划、总体规划和管理计划；任何单位和个人都有保护海洋自然保护区的义务与制止、检举破坏或侵占海洋自然保护区行为的权利。但有学者指出，中国海洋保护区的建设并未享受到自下而上管理体制所带来的益处，我国海洋保护区在建设过程中依旧缺乏利益相关人参与、合作以及创新带来的推动力。[④]

我国应在机构设计以及整体海洋保护区管理架构的设计上有所作为，除通过国家立法确定以自然资源主管部门为“上”的领导决策机构外，还应设立以各区块或各省市为“中”的信息采集及数据分析机构，并在“下”中贯穿各类非政府环保组织、个体环保倡议者和其他利益相关第三方，形成一个完整的公众参与框架，共同推进海洋保护区的建设。

(四)深化落实区域多边海洋保护区建设法治合作

英国在参与区域多边海洋环境保护机制上拥有较为成熟的实践基础，且成果丰硕。我国同样也进行过类似合作，但结果却不甚理想：中国

---

① Robert Clark, John Humphreys, etc, Dialectics of Nature: The Emergence of Policy on the Management of Commercial Fisheries in English European Marine Sites, Marine Policy, 2017, 78: 11-17.

② Peter J. S. Jones, Marine Protected Areas in the UK: Challenges in Combining Top-down and Bottom-up Approaches to Governance, Environmental Conservation, 2012, 39: 248-258.

③ 郭雨晨，张晏瑲：《公众参与海洋事务的理论与现状研究》，载《海洋开发与管理》，2014年第1期，第30-36页。

④ Qiu W, Wang B, Jones P. et al, Challenges in Developing China's Marine Protected Area System, Marine Policy, 2009, 33: 599-605.

参与的国际自然保护联盟(IUCN)区域海洋项目"西北太平洋行动计划"(NOWPAP)以及黄海大海洋生态系统项目均未能达成预期目标，而作为夯实现有环境保护合作基础的《中国—东盟环境保护区合作战略(2009—2015)》同样收效甚微。此外，由于不同种类的海洋保护区在开发利用活动上具有不同的限制性效果，沿海国关于海洋保护区的管理规定实际上很难做到不妨害其他沿海国的权利。目前，区域型海洋治理及环境保护机制供应依旧欠缺，各国竞相开发使得海域渔业捕捞过度，珊瑚礁系统破坏严重。[①] 此外，周边沿海国家小动作不断。马来西亚以环境保护为名在卢康暗沙设立"海洋国家公园"，目的在于加强对南海争议海域和地物的占有和控制。该行为也反映了世界范围内海洋保护区建设普遍面临的矛盾，即在海洋保护区的海洋生物多样性保护作用不断得到重视的同时，各国的利益分歧使有效的海洋保护区建设合作难以达成。[②]

区域内的海洋环境保护困境一方面要求我国进一步加深区域内国家间信任机制的建设，寻求海洋保护区建设立法上的合作，另一方面也提醒我们考虑转换合作思路，放眼全球，加强跨洋、跨州之间的跨区域合作。《南海行为准则》为各方在南海海洋环境保护及其他相关问题上的谈判提供了优良平台，但法律拘束力的问题将成为其致命的"阿喀琉斯之踵"。中国在积极推进《南海行为准则》磋商、充分表达加强区域内环境保护领域务实合作的政治意愿后，可在排除主权因素的前提下制定内容明确、具体、操作性强、具有法律拘束力的区域性公约，设立以规则为基础的保护措施和合作机制[③]，或通过设立共同管理的海洋保护区，维护

---

① U. Rashid Sumaila, William W. L. Cheung, Boom and Bust: the Future of Fish in the South China Sea, University of British Columbia, Available at: https://www.oceanrecov.org/news/ocean-recovery-alliance-news/boom-or-bust-the-future-of-fish-in-the-south-china-sea.html。访问时间：2022年1月6日。

② 蒋小翼，何洁：《海洋命运共同体理念下对海洋保护区工具价值的审视——以马来西亚在南海建立海洋公园的法律分析为例》，载《广西大学学报(哲学社会科学版)》，2019年第5期，第68-75页。

③ 管松，徐祥民：《建立南中国海生态保护多边合作机制之思考》，载《政法论丛》，2016年第5期，第77页。

海洋环境[①]，以立法的形式明确海洋保护国家权责，切实解决区域内海洋环境保护问题。在跨区域的海洋环境国家合作上，2018 年 7 月 17 日举行的中国-欧盟领导人峰会为洲际环保合作提供了一个契机。[②] 通过与欧盟之间的交流，中国将有机会学习和借鉴欧盟的环境保护思维模式，结合中国海洋环境保护理念，共同搭建南大洋海洋保护区网格法律框架。

四、结语

作为海洋强国和海洋保护区建设领跑国，英国不仅构建了较完备的海洋保护区法律体系，还通过相关立法文件夯实环保机构架设，完善了保护区的有效管理，加强了与海洋保护区利益息息相关的公众的参与。但英国在海洋保护区建设中同样面临着一系列严重指控：通过在社会经济活动密度较低的所谓海外领土及附近海域建设海洋保护区，英国事实上强化了对这些领土的政治管控，变相扩大了专属经济区管辖范围。

对比英国实践，我国应在完善本国立法规范及体制机制建设的同时，加强区域内和国际上的政治合作，在大规模海洋保护区建设与实现环境保护的政治目标上实现均衡，切忌倾向于保护区的政治经济效应，忽视环境保护的实质内涵及具体保护目标。除相应法律体系的建设外，我国还应当注重海洋保护区建设后的实际运行，随时收集各类海洋信息，促进对保护区的适应性管理。[③] 否则后果就可能如欧盟环境署所述，尽管过去几十年各国立法对海洋保护区的指定和人类活动提出了更严格的监管和管理要求，但海洋环境整体依旧呈现出生物多样性丧失和下降的趋势。[④] 一言以蔽之，

---

① 匡增军，徐攀亚：《南海海洋保护区建设的必要性与可行性分析》，载《湖南科技大学学报（社会科学版）》，2018 年第 2 期，第 151 页。

② 中外对话海洋，“中欧海洋合作的下一步是什么?”资料来源：https：//chinadialogueocean. net/3973-what-are-the-opportunities-for-eu-china-ocean-cooperation/？lang=zh-hans。访问时间：2022 年 1 月 6 日。

③ Stephen Hull，The Role of UK Marine Protected Area Management in Contributing to Sustainable Development in the Marine Environment，John Humphreys，Robert W. E. Clark（eds.），Marine Protected Areas，Elsevier，2020：190.

④ Marine Environment，European Environment Agency，http：//www. eea. europa. eu/soer/2015/europe/marine-and-coastal，2015.

中国作为新兴海洋发展国家，应有效维持法律制度、政治生态以及环保质量的有效均衡，在海洋环境保护的道路上越走越远。

The Analysis on the Construction of British Marine Protected Area Legal System

XU Panya

Abstract: Marine protected areas (MPAs) are not only concerned with environmental design and management regime, but also related to domestic, regional and international legal systems. The effectiveness of protection given by the MPAs to the marine environment sufficiently reflects the development philosophy of a nation. As a traditional marine nation, how well does UK protect and make use of its marine space will determine its life and death. From a policy and legal perspective view of environmental protection, UK has gone a long way, thus forming a set of MPA legal systems, and manifesting symbolic characteristics such as coordinated "domestic – regional" legal order, specific management regime, mature public participation mechanism, etc. However, it still faces several setbacks, namely the difficulty of implementing the management regime, MPA designation inefficiency, etc. Based on the practice of the legal system construction of Marine reserves in the UK, China can promote the construction of MPAs by improving domestic legislation, participating in regional legal system construction and implementing specific management systems, so as to help achieve the goal of the construction of global MPAs.

Key words: British Marine Protected Areas; Legal System; Marine Strategy; Chinese Marine Protected Area; Legislative Path

无人船国际法定位困境：观点分歧、现实成因与中国立场

陈曦笛[1]

摘　要：无人船技术已趋于成熟，但其特殊的法律属性挑战了围绕“载人船”构建的国际海事规则体系，无人船国际法地位问题当下仍存较大分歧。无人船难以完全被现有国际法规范涵摄，在解释过程中出现了文本中心主义与功能中心主义的路径论争，具体构造理念亦共识寥寥。国际法定位困境肇于规则发展的滞后性，更源于各国自我定位的模糊不清及由此导致的观望态度。作为沿海国，中国面临着无人船侵扰的现实安全挑战，但无人船技术的军事、经济潜力同样也为中国的海洋强国远景提供了机遇，国家对这一法律问题的不同立场选择将塑造迥异的向海发展前景。中国有必要抓住无人船法律规则建构的“空窗期”，明确自身利益诉求，致力于制度性话语权的获取，有条件地参与议题讨论，提出符合中国利益又能为他国广泛接受的提案或主张。

关键词：无人船；国际法；法律地位；制度性话语权

无人船(Unmanned Maritime Vehicles，即UMV)并非一个精准的、边界分明的概念，而是为了区别载人船(Manned Vehicles)创造的，包括遥控无人船(Remotely Operated UMV)、自动无人船(Autonomous UMV)和被牵引无人

① 陈曦笛(1996—)，男，汉族，福建南平人，清华大学法学院，博士研究生，主要研究方向：国际海洋法。

船(Towed or Tethered UMV)在内的、发展中的集合概念。[①] 近年来，无人智能技术的发展与应用取得了重大突破，曾被视为"不应景"的无人船研发[②]，已经充分展现出了军事、商业及科研方面的潜力，逐渐成为世界各国竞相抢占的海洋技术高地。[③] 伴随着配套技术的进一步成熟，无人船正被广泛地使用于海洋活动之中，"海洋中的无人系统将无处不在"[④]。不难预见的是，无论作为更加安全廉价的海运工具，还是"会自动填弹的机器人"[⑤]，无人船技术都将深远地改变当前的海洋贸易与海洋安全格局。

同时，无人船与传统船舶在技术特点上的显著差异，也挑战了以后者为中心建立的国际海事法律体系，引发了适航性要求、管辖权及碰撞责任等主要规则的适用障碍。其中，最为基础和引人关注的当属确定无人船国际法地位时遇到的困境。在该问题上，域外研究较我国发轫更早，研究角度亦更为丰富，但时至今日，各方观点称雨道晴，基本共识尚未形成。[⑥] 应认识到，无人船的国际法定位不仅是相关法律规则得以生成的先决条件，更在一定程度上影响着大国海洋博弈的走向。厘清观点分歧的实质及产生原因，有助于尽早澄清我国对此问题的自我定位和对外立场，在前沿国际议题的发展和国际法规则的塑造中占据优势。

一、无人船国际法定位的观点分歧

部分研究试图将无人船的法律地位问题简化为，是否能够将其认定为

---

① Oliver Daum, The Implications of International Law on Unmanned Naval Craft Journal of Maritime Law & Commerce 49：8，2018. 当前无人船的分类方法较多，如国际海事组织就将无人船按照智能程度划分为四类。

② 刘萧：《"无人船"理想与现实的距离》，载《中国船检》，2014 年第 2 期，第 76-78 页。

③ Tadeusz Szelangiewicz and Katarzyna Żelazny, Unmanned Ships - Maritime Transport of the 21st Century Scientific Journals of the Maritime University of Szczecin 64：14，2020.

④ James Kraska, The Law of Unmanned Naval Systems in War and Peace Journal of Ocean Technology 5：44，2010.

⑤ Id.，at 45.

⑥ See generally Andrew H. Henderson, Murky Waters：The Legal Status of Unmanned Undersea Vehicles Naval Law Review 53：55-72，2006；Katharina Bork et al.，The Legal Regulation of Floats and Gliders - In Quest of a New Regime? Ocean Development & International Law 39：298-328，2008.

国际法上的“船”。[①] 尽管此问题确是无人船国际法定位讨论的一个主要维度，但有待解决的疑难远没有这么简单。[②] 总体来看，在无人船国际法地位的讨论过程中，主要观点分歧可以被识别为相关联的两个层次：其一是整体实现路径的论争，即传统国际法是否足以作为解决国际法地位问题主要工具的评估差异；其二则是具体构造方案的区别，即以何种方式在国际法上最终定位，并合理规制无人船的不同意见。

(一)无人船国际法定位的实现路径分歧

1. 条约法中“船”定义的最大解释边界检视

面对人工智能和自动化技术的快速迭代，传统国际法经常显得左支右绌。在无人船问题上，这种困顿因为“船(ship and vessel)”在国际法体系中本就模糊的意涵，而显得更加突出。船在人类历史中的正式出现，可上溯至公元前 2900 年。但长期以来，其定义和解释却始终困扰着海洋法，没能得到充分澄清，且“不同的法律经常提供各不相同的定义”[③]。规制不同事项的国际公约都倾向于采用“量身定制的定义方法”，以逃避建立单一概念的重大任务，而国际习惯法对此更是提及甚少。[④] Bill Tetley 教授曾相当敏锐地指出，船在不同海事条约中的重大区别，是由于它们在“所涉事项中的功能(差异)”导致的。[⑤] 尽管“船”定义在现行国际法体系中，具有较大不确定性和模糊性，但检视有关条约法仍有助于厘清无人船国际法

---

① 参见李瑞：《无人船的法律地位研究》，载《中华海洋法学评论》，2019 年第 4 期，第 149-164 页；See also Oliver Daum，The Implications of International Law on Unmanned Naval Craft Journal of Maritime Law & Commerce 49：71-103，2018.

② 事实上，是否属于国际法上的“船”，只是考察无人船国际法定位问题最直接的疑难之处。进一步有待回答的，是法律地位的设计能否符合实现法律规制之效果的要求：如果属于“船”，无人船与传统船舶是否享有相同的权利和义务；如果不属于“船”，那么应该如何界定无人船特殊的法律地位。另外，不同类型的无人船在不同海洋区域内的法律地位也无法简单地一概而论。

③ Gotthard M. Gauci，Is It a Vessel，a Ship or a Boat，Is It Just a Craft，Or Is It Merely a Contrivance? Journal of Maritime Law & Commerce 47：479，2016.

④ Eric Van Hooydonk，The Law of Unmanned Merchant Shipping - An Exploration Journal of International Maritime Law 20：406，2014.

⑤ William Tetley，International Maritime and Admiralty Law，Cowansville：Éditions Yvon Blais，2002，p. 35.

定位困境的实质。

其一，作为海洋法体系基础的《联合国海洋法公约》(以下简称《公约》)没有对“船”作出统一的定义，并且交替使用了实际内涵难以区分的“船舶(ship)”和“船只(vessel)”。① 其实，在《公约》制定的前期工作中，也曾有过明确定义的尝试。例如，最初形成的草案第6条规定，“船舶是一种能够穿越海洋，但不能穿越空域的装置，且设备和船员符合自身使用目的(A ship is a device capable of traversing the sea but not the air space, with the equipment and crew appropriate to the purpose for which it is used)”②。该定义一方面展示了立法者们对宽泛定义“船”的支持态度，另一方面，对“设备和船员”的特别强调似乎也侧面说明，“无人船”在其时还未出现在考量范畴之中。另外，《公约》也确实认识到，有必要将船和其他独立物体区分开。③ 例如，《公约》多个部分的用词都明确地区分了在沿海行驶的船，与部署在沿海的设施或设备(facilities or installations)，并且在海洋环境保护和海洋科学研究的规制中，特别释明了设施或装备(devices or equipment)的规制方式。④

进一步需要关注的是，《公约》在概念阐释以外对适航条件的规定。例如，《公约》第94条第3款和第4款似乎就可以被视作，不应或不宜被认定为船舶情形的提示：《公约》第94条第3款(c)项要求船舶必须能够保证，必要限度内“信号的使用、通信的维持和碰撞的防止”，第4款则包括合理的船舶检查、航行装备及海员配置规则。即便这种“抽象的不一致性”有望通过大胆的解释方法消弭⑤，但上述讨论至少说明，“船”这一宽泛的概念没有能力涵摄一切处于海洋中的人造物，一条不容忽视的解释边界是切实存

① Robert Veal, Michael Tsimplis and Andrew Serdy, The Legal Status and Operation of Unmanned Maritime Vehicles Ocean Development &International Law 50：26，2019.

② ILC, Yearbook of the ILC 1955, p. 10. 在第7次国际法委员会工作会议上，荷兰代表J. P. A. Francois指出，“尽管基础定义工作很重要，但其适宜在一个更为整体的编纂活动中进行。”该提议得到了不少国家代表的赞同，该条款也因此被删去。

③ Robert Veal, Michael Tsimplis and Andrew Serdy, The Legal Status and Operation of Unmanned Maritime Vehicles Ocean Development & International Law 50：25，2019.

④ 参见《公约》第2部分及第12-13部分。

⑤ Oda Loe Fastvold, Legal Challenges for Unmanned Ships in International Law of the Sea UiT Norges arktiske universitet：51-52，2018.

在的。《公约》在定义上留白不能如部分学者所言，被直接用于论证无人船属于海洋法意义上的“船”。[①] 如此看来，试图让一切形式的无人船都落入上述边界之内的努力，或许会进行得较为困难。

其二，在无人船国际法地位的讨论中，《国际海上避碰规则》(以下简称《避碰规则》)常常被提及。《避碰规则》第3(a)条指出，“船只(vessel)包括用作或者能够用作水上运输工具的各类水上船筏，也包括非排水船舶和水上飞机。”抛开《避碰规则》项下的保持瞭望、沟通协调和合理避让等具体规则，在“被用作水上运输工具(used as a means of transportation on water)”的基本要求下涵摄无人船存在一些障碍。因为当前处于研究进程中的无人船，多数并不用于运输，而是被期待用于军事行动、海洋资源勘探和科研活动，且这种趋势在短期内不会出现很大转变。当然，和《公约》第94条的情况类似，也有一些学者提出，若考察《避碰规则》的条约制订目的，无人船应被认为是船舶[②]，且只要无人船携带武器或者其他工具，就能扩张解释“运输”的内涵，从而使之符合定义。[③]

其三，主要船舶公约对“船”的定义方式各异，因而最大解释边界能否包容“无人船”不一而足。一方面，部分公约从文本上就表现出了与无人船概念的不适应性。同样由国际海事组织负责制定的《国际防止船舶造成污染公约》，受到了在先的《避碰规则》之影响，把之前的定义作为“基线”，将船舶(ship)界定为“在海洋环境中运行的任何类型的船只(vessel)……”，从而包含了与前述情况类似的解释困难。[④]《国际海上人命安全公约》的多数条款和《1978年海员培训、发证和值班标准国际公约》等围绕人类安全制定的国际公约，更直接写入了装载和配员人数、船员适格标准等与无人船特性不

① Mohammadreza Bachari Lafte, Omid Jafarzad and Naimeh Mousavi Ghahfarokhi, International Navigation Rules Governing the Unmanned Vessels Research in Marine Sciences 3: 332-338, 2018.

② Will Timbrell, Can the Prospect of Unmanned Ships Stay Afloat under the Current Collision Regulations? Southampton Student Law Review 9: 53-57, 2019.

③ Andrew Norris, Legal Issues Relating to Unmanned Maritime Systems Monograph US Naval War College: 49, 2013.

④ Daniel A. G. Vallejo, Electric Currents: Programming Legal Status into Autonomous Unmanned Maritime Vehicles Case Western Reserve Journal of International Law 47: 411, 2015.

符的航行安全要求。另一方面，也有不少公约在被适用于无人船时，显现出较强的包容性。例如，《2007 年内罗毕国际船舶残骸清除公约》就规定，船舶“指任何类型的航海船只(seagoing vessel)，包括水翼船……除非这些平台位于从事勘探，开发或生产海底矿产资源的位置。”[①]在此定义下，无人船只要能达到“航海船只”的最低标准就得以适用该公约。值得一提的是，国际法协会美国分会(ABILA)海洋法委员会 2004 年所作的提议。在澄清《公约》未另行定义的术语时，上述委员会建议将船只定义为“能够穿越海洋的人工装置，包括潜水器。”尽管该提议不具有条约性的约束力，但其已经成为相当有吸引力的建议。[②] 另外，《1910 年统一船舶碰撞若干法律规定的国际公约》《统一海上救助若干法律规则的国际公约》和《国际扣船公约》等一系列公约，则没有对船舶概念加以界定，保持了适用对象的开放性。

整体来看，相关国际条约的文本鲜少明确地不适用于无人船，多数情况下都有以扩大解释的方式，将部分形式无人船纳入的潜力。但应当注意到，即便是条约中“船”定义的最大解释范围，都很难整体地包容与传统船舶差异大、正处于不断扩张中的无人船概念，更遑论要妥当地使无人船的物理特性与法律制度相适应。可以说，国际条约在确定无人船法律地位的过程中，具有不可忽视的价值，但也不免暴露出了较大局限性。或也正因如此，遵循传统国际法，且以现有条约为中心解决无人船国际法定位的路径，是否可能和最优成了论争的焦点。

2. 文本中心主义与功能中心主义的实质抵牾

面对无人船对国际海洋法的挑战，国际法学界对现有条约和习惯能否提供足够的可适用规则(applicable law)出现了较为明显的意见分化。

一方面，对于当前国际海事规则体系的开放性抱持乐观态度者强调，

---

① 《2007 年内罗毕国际船舶残骸清除公约》第 1 条。

② Andrew H. Henderson, Murky Waters: The Legal Status of Unmanned Undersea Vehicles Naval Law Review 53: 60, 2006.

无人船技术并没有造成“重大的法律真空(legal vacuum)”，尽可能地运用现有规则，就足以应对无人船带来的法律变革，且即便无人船国际规则发展需要一段不短的时间，“不立即制定新法律”也不会导致“迫在眉睫的后果”。[①] 有鉴于此，以现有规则为主干，在形成共识的基础上，逐步推动条约的解释和修订，被视为更加稳妥和尊重规则的前进道路。有国际法学者呼吁，只要是依赖以规则为基础的全球秩序之国家，都必须尊重制定、修订和解释多边条约的法定程序。如果因为急于规制无人船就随意地突破条约，将严重损害国际法律秩序。[②] 这种观点可以被归纳为“文本中心主义”[③]，强调现有国际条约文本和国际法原则在无人船国际法定位中的作用，反对突破传统的、过分强调功能性的解释方法，或是在《公约》体系外“另起炉灶”的尝试。其认为海洋法“这一法律分支的连续性”[④]，有能力完满地回应无人智能技术的挑战。

另一方面，对于尽速解决无人船国际法定位问题更为热切，以及质疑传统国际法路径的“功能中心主义”，也获得了相当多的支持：该观点的支持者坚信，当前国际法框架的局限性，使之不足以应对无人智能技术的挑战，全新的法律制度理应被建立。[⑤] 因为，不仅将围绕传统船舶的现有责任规则，移植到无人船规制中的尝试是不切实际的，烦琐、官僚的立法程序也阻碍了监管制度与技术进步的适应整合，故很难期待相关国际共识有效率地形成。[⑥] 同时，以《公约》为中心的海事规则体系，全然不具备

---

① Matt Bartlett, Game of Drones: Unmanned Maritime Vehicles and the Law of the Sea Auckland University Law Review 24,: 114-115, 2018.

② Craig H. Allen, Determining the Legal Status of Unmanned Maritime Vehicles: Formalism vs Functionalism Journal of Maritime Law & Commerce 49: 513-514, 2018.

③ “文本中心主义”区别于部分研究所提及的“形式主义(Formalism)”，其重心不在于考察遵守条约编纂的程序性要求与否，而是要求实质地基于现有条约的规范内容，来解决无人船法律问题。

④ Eric Van Hooydonk, The Law of Unmanned Merchant Shipping - An Exploration Journal of International Maritime Law 20: 423, 2014.

⑤ Katharina Bork et al., The Legal Regulation of Floats and Gliders - In Quest of a New Regime? Ocean Development & International Law 39: 319, 2008.

⑥ Damilola Osinuga, Unmanned ships: Coping in the Murky Waters of Traditional Maritime Law Poredbeno pomorsko pravo 174: 100-101, 2020.

妥善解决困境所必需的“可预测性、灵活性和有效性”，模糊不清的“船”的定义更增添了遵循“传统”的困难。[①] 故而，功能中心主义提出了两种较为主要的现实问题回应：其一，越过包括探究条约文本原意在内的条约解释方法，“功能性地”解释条约[②]，以尽量简便的方式将无人船纳入海事规则体系；其二，在无人船问题上彻底抛弃现有海事规则体系，以国家实践或缔结新条约的方式，单独以无人船为对象，创造一种法律制度。

从现实情况来看，无论是文本中心主义或是功能中心主义的立场都难称妥当。文本中心主义选择了较为和缓渐进的实现路径，符合国际法发展的基本逻辑和条约法规则。然而，其也存在多方面的隐忧：首先，在海洋法对“船”界定本就不甚明晰的情况下，再增加包容发展中的“无人船”概念之任务，创造各种各样的“例外条款”，很可能导致定义和解释工作更为混乱，从而使国际法上的“船”彻底失去边界和实际意义。其次，当前国际海事条约对于适用对象的定义，普遍服务于各异的条约意旨，无人船实现“渐进式”嵌入的过程，太依赖个性化的解决方案，实际操作或将是过度复杂和烦琐的。最后，无人船已经进入了由技术研发转向实际应用的时期，智能程度不断提高，甚至出现了海空两栖等特性，即将被广泛用于各种场景和用途。基于共识的条约编纂路径，或使得本就滞后的规则更为不合时宜，难免“像医生的处方一样被废止”[③]。

相比之下，功能中心主义更具有效率和实用性，但同时也暴露出了明显的缺陷：其一，脱离条约原旨的功能性解释或对现有文本的视而不见，不仅构成对《维也纳条约法公约》的违反，也将损害以规则为基础的全球秩序。这种做法很容易落入“海洋实力决定规则”的陷阱，助长部分国家的单

---

① Matt Bartlett, Game of Drones: Unmanned Maritime Vehicles and the Law of the Sea Auckland University Law Review 24: 74-80, 2018.

② Craig H. Allen, Determining the Legal Status of Unmanned Maritime Vehicles: Formalism vs Functionalism Journal of Maritime Law & Commerce 49: 480, 2018.

③ W. Michael Reisman, Holding the Center of the Law of Armed Conflict American Journal of International Law 100: 860, 2006.

边主义和霸权主义。[①] 其二，不考虑具体规则与无人船物理特点的适应性，缺乏体系性地将其嵌入海事规则体系，容易引发更严重的规则适用困难。这同样不利于无人船法律规制问题的最终解决。其三，该路径主要依赖各国国内立法和国际实践的强势推动，但世界格局的多极化和各国对外立场的不明晰，为达致这一目标增加了难度。客观而言，两者各有优劣。但无论如何，这两种迥异的“确信”已经贯穿无人船国际法地位的讨论。

（二）无人船国际法定位的具体理念分歧

1. 单一判断标准的倡导

到目前为止，采用单一判断标准，整体地涵摄无人船概念的想法，对相当一部分讨论者仍显得十分具有吸引力[②]，但各方观点差异也相对较大。具体而言，部分研究认为，无人船可以直接被纳入传统船舶的国际法规制框架中来，因为除了如《1978年海员培训、发证和值班标准国际公约》等完全以人类为中心的条约，当前适用于传统船舶的法律框架，也适用于无人船，需要的可能只是对条约的适当解释和技术性规程的完善。[③] 且从无人船的航行、运载等基本功能来看，其也有理由遵守现有法律框架和国际公约，而局部的增补和修订，就能够完成无人船行为合法性的确认。[④] 故而，应首选扩大传统船舶定义范围的解决方案，这符合运用法律规制无人船的愿景，并可以推定这种发展是国际条约制定者所期待的。[⑤] 即便因此必须从根本上修正海洋法体系中“船”的定义，重新梳理所有相关国际条约，或“发布适用

---

① 例如，有学者就认为，美国海军的单边实践已经向创建国际习惯法迈出了步伐。See generally Craig H. Allen, Determining the Legal Status of Unmanned Maritime Vehicles：Formalism vs Functionalism Journal of Maritime Law & Commerce 49：508-512，2018.

② See generally Robert Veal and Michael Tsimplis, The integration of unmanned ships into the lex maritima Lloyd's Maritime & Commercial Law Quarterly：303-335，2017.

③ Oda Loe Fastvold, Legal Challenges for Unmanned Ships in International Law of the Sea UiT Norges arktiske universitet：53-54，2018.

④ Mohammadreza Bachari Lafte, Omid Jafarzad and Naimeh Mousavi Ghahfarokhi, International Navigation Rules Governing the Unmanned Vessels, Research in Marine Sciences 3：339，2018.

⑤ Simon McKenzie, When is a Ship a Ship? Use by State Armed Forces of Un-crewed Maritime Vehicles and the United Nations Convention on the Law of the Sea Law and the Future of War Research Paper 3：15，2020.

于无人船的独立附件”①。

除了解释任务本身的难度及对法律解释原则的挑战，上述解决方案的实践价值也存有疑问。这种将所有无人船类型，形式上地赋予“船”法律地位的做法，并没有实质解决当前以“载人船”为出发点的海事规则与“无人船”法律规制的矛盾，故国际条约的实质内容仍然需要调整以适应新的“船”概念。② 这样一来，不仅无人船的法律规制问题未必能圆满解决，本来清晰的传统船舶规则，都可能重新处于不确定之中。

除了将无人船整体认定为国际法上的“船”，也有观点认为，有必要单独为无人船建立一种区别于传统船舶，甚至与之并行的法律地位：创设单独法律地位的逻辑并不难理解，因为即便当前关于“船”的法律定义能够勉强被用于“无人船”的新现实，但具体的国际海事规则却并不适用，故有必要作根本上的修正以规制无人船。③ 既然无人船所需要的法律规制方式与传统船舶相去甚远，那么就有理由在修订现有条约的同时，就岸上操作人员地位、操作和通信规则和安全要求等内容，制定与过去不同的法规。④ 服务于美国海军的 Andrew Henderson 从维护国家利益的角度也提示，建立无人船的独立法律地位，符合美国的最大利益——既能使美国的无人船免遭扣押，又裨益美国的领海安全。⑤ 更多美国学者也在一定程度上表达了对此观点的赞同，指出军用无人船可能不属于“船”，更不是军舰⑥，因而在部分问题上

---

① See generally Karolina Dudnichenko and T. Rina, The Premises of Creating the Legal Regulation of Unmanned Ships in the 19th Annual General Assembly IAMU, 2018.

② 孙誉清：《商用无人船法律地位的界定》，载《武大国际法评论》，2019 年第 6 期，第 136-137 页。

③ Juan Pablo Rodriguez Delgado, The Legal Challenges of Unmanned Ships in the Private Maritime Law: What Laws would You Change? Maritime, Port and Transport Law between Legacies of the Past and Modernization 5: 521, 2018.

④ Lokesh Kumar Mavilla, The Conflict between Maritime Law & Unmanned Shipping: Manning the Unmanned Ghost Ships? Supremo Amicus 10: 142-151, 2018. Available at https://supremoamicus.org/wp-content/uploads/2019/03/A19v10.pdf。访问时间：2022 年 1 月 5 日。

⑤ Andrew H. Henderson, Murky Waters: The Legal Status of Unmanned Undersea Vehicles Naval Law Review 53: 72, 2006

⑥ Oliver Daum, The Implications of International Law on Unmanned Naval Craft Journal of Maritime Law & Commerce 49: 101, 2018.

“找到折中的法律解决方案几乎无可避免”①。

这种“另起炉灶”的思路，试图避免陷入现有规则的“泥潭(murky waters)”，但是这种尝试在短时间内，重建一个崭新法律制度的行动能否成功，以及新生的无人船法律制度如何与现有规则实现协调，尚有待未来发展进一步给出答案。

2. 个别识别方案的讨论

面对国际法上的“灰色区域”，当明确的法律规则较为匮乏，逐案解决的策略总是相当受欢迎。无人船法律地位问题的讨论，也不外如是。这种个别识别和定位的观点暗示，将无人船法律地位问题作为一个整体加以处理，至少在当前国际法体系中，是难以完成的任务。鉴于此，国际法在定位无人船时，应当区分无人船具体类型、活动区域和执行任务等不同因素，再加以具体探究和厘定，并且充分重视国内法的作用，我国学者部分似也采用了此种研究思路。②

如 Natalie Klein 教授所指出的，虽然法律框架存在局限性，但遵循上下文的一般含义的条约解释方法，为解决无人船法律地位问题提供了活力，国际法可以根据特定无人船的运作方式和实际能力，逐案地(on a case-by-case basis)进行认定和处理。③ 从现阶段情况来看，国际海事委员会似乎也被这种观点说服。其在此前公布的有关无人船的立场文件(position paper)中，将遥控无人船和完全自主的无人船区分开，认为实现前者的国际法规制“可能只需要适度的修改(相关条约)，或只需要澄清现有的规章”，而对于后者则相当审慎，提出可能要“对现有的海事规则框架进行相当大的修改”，由船级社、各国海事部门与国际性、区域性海事组织开展监管合作，

① Andrew Norris, Legal Issues Relating to Unmanned Maritime Systems Monograph US Naval War College: 23-27, 2013.

② Yen-Chiang Chang et al., The International Legal Status of the Unmanned Maritime Vehicles Marine Policy 113: 6, 2020; Huaxiong Bi et al., Research on the Legal Status of Unmanned Surface Vehicle Journal of Physics: Conference Series 1069: 3-6, 2018.

③ Natalie Klein, Maritime Autonomous Vehicles within the International Law Framework to Enhance Maritime Security International Law Studies 95: 271, 2019.

可能是合理的“临时解决方案”。[①] 此外，商用无人船与军用无人船的法律定位意见之间的差异也相当明显。[②]

应当说，个别识别方案不仅与无人船这个正在形成中、不断扩张的概念较为适应，还规避了采用过于激进解释方法的危险境地。但缺陷也同样明显：逐案判断的方式能否符合法律逻辑而回应实际需求，解决各类无人船在各异的法律制度之下，所引发的多种多样的法律问题不禁使人生疑。更重要的是，个别识别方案在被长期采用后，很可能导致无人船法律规则变得零碎而不成体系，最终造成难以纠正的复杂局面。

3. “无界定必要性”的提出

无人船在法律定位方面所遇到的多重困境不免引人反思，即天然具有滞后性的国际法体系，是否有能力在现阶段解决该问题。与此同时，出于维护特定国家利益的考量，似乎延宕国际法上清晰判断标准的出现有助于保有一个更为灵活和有利的国际地位。因而部分研究声称，“与其致力于先建立国际法框架，然后再进行国内法的修订，倒不如现在就把‘马放在车后面’”[③]。

相较于前述两种方案，这种想法认为，国际法没有立即界定无人船法律地位的必要性，更重视各国自身国内法和国家实践对国际法发展的帮助，试图暂时放弃解决无人船的国际法定位问题，转而向逐步形成的法律共识和习惯寻求帮助。易言之，其主张暂时“不解决(无人船是)船舶还是非船舶、军舰还是非军舰的问题”，以保持“立法和理论灵活性”，而促使各国国内法和国家实践走向“成熟和扩散”。[④] 这种积极主张在单边层面“采取先发

① CMI, Position Paper on Unmanned Ships, p. 21. Available at https://comitemaritime.org/wp-content/uploads/2018/05/CMI-Position-Paper-on-Unmanned-Ships.pdf。访问时间：2022 年 1 月 5 日。

② 相关讨论在下文会着重展开。

③ Damilola Osinuga, Unmanned ships: Coping in the Murky Waters of Traditional Maritime Law Poredbeno pomorsko pravo 174: 101, 2020.

④ Andrew Norris, Legal Issues Relating to Unmanned Maritime Systems Monograph US Naval War College: 61-62, 2013.

制人的行动”，以率先适应无人船时代的观点已有不少拥趸。①

有必要澄清的是，“无界定必要性”并非对于国际法作用的全然否认，而是认为在无人船技术瓶颈和实用程度尚不完全明朗的情况下，国际成文法的发展应当暂时保持观望，并强调积极的国家实践在当前纾解现实困境中的重要价值。但该主张的主要缺陷是，其在较长时期内，完全将无人船法律规制的任务交由各国国内法。然而，无人船问题上国际法的缺位，极易引发在没有达成基本共识的现实下，各行其是的国家实践之间的碰撞和冲突，甚至可能在中国南海等敏感海域造成无人船竞斗的混乱局面，严重破坏和平的海洋秩序。

二、无人船国际法定位困境的现实成因

很多时候，国际法都不得不接受自身常常滞后于技术创新的现实。② 然而，无人船国际法定位困境的现实成因，却较一般问题更为特殊。不仅围绕“人”建构的海事规则体系，在转向的过程中阻力重重，各国不明晰的诉求主张和大国之间的海权博弈也使得新规则的建立缺乏方向。

（一）滞后的国际法规则构造

1. “载人船”规则与无人船规制的不适应性

与国际法整体发展趋势相似，现代海洋法体系充分地反映了“人本位”的特点：首先，很多“载人船”规则旨在保护人的权益。例如，《国际海上人命安全公约》就明确写入“以保护人命安全”为出发点，提出了装置安全、合理配员和海上救援等保障海员、乘员及海难遇险者生命安全之要求。《1978年海员培训、发证与值班标准国际公约》《公约》关于海盗行为的规定和各国国内法都将人道主义作为首要的考虑因素。其次，海事规则不仅以人为前

① Michal Chwedczuk, Analysis of the Legal Status of Unmanned Commercial Vessels in U. S. Admiralty and Maritime Law Journal of Maritime Law & Commerce 47: 167-169, 2016.

② Gotthard M. Gauci, Is It a Vessel, a Ship or a Boat, Is It Just a Craft, Or Is It Merely a Contrivance? Journal of Maritime Law & Commerce 47: 499, 2016.

提，还常常依赖人的独特判断。① 至少到目前为止，人类是唯一有能力在实践中，恰如其分地执行海事规则的主体。如 Daniel Vallejo 在评价《避碰规则》时所说的，"法规不停地隐喻着'船'是由人类控制的——人类操纵机器并为它做出决策"②。最后，人还是海事责任的最终归属。尽管智能机器人独立责任已得到了广泛的学界讨论，但当前独立法律责任资格要走向实践仍不现实。③ 海洋法对船舶的法律人格化有着长久历史，但在全球实时通信和商事信用工具不断发展的当下早已走向衰弱，把几个世纪前"历史故纸堆里的法律拟制"适用于无人船，可能会得出"相当怪异的结论"。④

只要考量无人船的技术特点，就不难理解无人船法律规制与当前"载人船"规则的不适应性。首当其冲的是，无人船技术与大多数新兴海洋技术的辅助性不同，其终极追求是在部分领域替代人的意志和行为。当得到普及后，海洋上或将广泛出现直接参与法律事实的一方或各方都"非人"的情况。这种假设使得海洋法很难如规制传统船舶一样，视无人船为纯粹的客体。同时，海洋法的制订和实施太过基于人的行为和思想了，现阶段的无人智能技术并没有能力全然加以模仿⑤，这又导致规则对人的指令方式，不能当然地适用于无人船。此外，海洋法也没有必要对于无人船施加同载人船一般的保护，因而航行和作业"安全"的法律内涵和价值，亟待重新评估和确定。

无人船的国际法定位是回答上述疑问的起点。也正因如此，这一任务才显得如此重要和困难——在观照法律逻辑的连贯性之时，我们还须回应

---

① Joel Coito, Maritime Autonomous Surface Ships: New Possibilities - and Challenges - in Ocean Law and Policy International Law Studies 97: 306, 2021.

② Daniel A. G. Vallejo, Electric Currents: Programming Legal Status into Autonomous Unmanned Maritime Vehicles Case Western Reserve Journal of International Law 47: 411, 2015.

③ 司晓，曹建峰：《论人工智能的民事责任：以自动驾驶汽车和智能机器人为切入点》，第172-173页。

④ Michal Chwedczuk, Analysis of the Legal Status of Unmanned Commercial Vessels in U. S. Admiralty and Maritime Law Journal of Maritime Law & Commerce 47: 165-166, 2016.

⑤ Daniel A. G. Vallejo, Electric Currents: Programming Legal Status into Autonomous Unmanned Maritime Vehicles Case Western Reserve Journal of International Law 47: 428, 2015.

随之而来的现实问题。

2. 缓行的规则发展与跃进的无人船技术

与国际法的其他领域相比，国际海事规则体系与各国国内法的关系显得较为特殊。国内法中船舶标准、航行要求等规范，很少能够影响国际规则的发展。相反，国际条约往往引领各国国内法的发展，以确保该国船舶符合国际标准，从而能够被用于全球范围内的海洋航行和运输。具体到无人船法律地位问题上，这种惯性意味着，各方很可能都选择在国内法层面保持观望态度，转而期待国际组织和多边机制发挥作用①，从而延宕困境的最终解决。

一方面，无人船问题涉及大量条约的修订和新条约的缔结，在各方缺乏清晰认识和基本共识的情况下，相关程序难以启动，更遑论度过其后漫长的协商和推进阶段。另一方面，国际海事组织和国际海事委员会等主要制度性机构受协商和决定程序限制，缺乏在这一问题上所必要的效率。如国际海事组织自 2017 年将无人船问题列入正式议程以来，近 4 年的讨论除了批准《海上自主水面舰艇试验试行导则》外似乎成果寥寥。

与此形成鲜明对比的，是无人船技术的研发与应用速度。2018 年，欧洲航运业巨头就联手建立了全球首家无人船航运公司马斯特里（Massterly），挪威“亚拉伯兰克”（Yara Birkeland）号无人集装箱船也已经于 2020 年下水验收。英国方面，无人船“麦克斯利默”（Maxlimer）号已成功实现在全程遥控状态下穿越英吉利海峡。我国首艘自主航行货船“筋斗云 0”号于 2019 年实施首次货物运载，全海深无人潜水器“悟空”最大潜深已达到 7709 米，水陆两栖无人船也取得重大突破。现实情况是，无人智能技术开发已没有明显难点，无人驾驶汽车和无人机则提供了应用经验，当前攻关重点主要集中

① E. g. Stephen Li and K. S. Fung, Maritime autonomous surface ships (MASS): implementation and legal issues Maritime Business Review 4: 330-336, 2019. 该文作者认为，国际海事组织等国际机制应就无人船问题负起责任，而中国香港地区处于等待这种法律发展成熟再做决定的地位。

在水下抗干扰高精度作业和降低应用带来的负面环境影响。[1]

无人船智能程度、应用类型和活动区域的不断变动，为规则的发展方向增添了不确定性。例如，随着无人船自主性的提升，此前普遍认为不适用的海难救助义务就值得被重新考虑，而岸基操控人的法律责任也可能相应得到减轻。更令人不安的情势在于，美国开始在中国周边海域普遍使用无人船作为勘探和侦察工具的实践，和由此引发的矛盾与对抗。[2] 无人船革命面临紧张地缘政治背景，尤其是中国南海的“地缘政治泥潭”已经致使“建构海洋法新框架的任务愈发紧迫”。[3]

综上所述，无人船技术的快速发展和应用范围的持续扩大，使得可适用规则愈发有限，也让国际法体系的回应显得紧迫。但在此问题上，技术发展水平与法律规制方法的紧密关联[4]，以及概念外延的模糊性和现实情况的持续变动，却又加剧了国际法规则发展的举步维艰。

（二）模糊不清的国家利益诉求

各国不清晰的诉求是无人船国际法定位困境的重要成因，这种模糊既体现在各国对表达立场的保留态度，也来自各国自我定位的困惑。

其一，各方尚未明确表达自身的法律立场。针对海商领域无人船法律问题，国际海事委员会在 2017 年 3 月向所有会员发送了涉及各国国内法和国际法立场的调查问卷。截至 2021 年 3 月，调查已收到 27 个会员的回复。[5] 在被

---

① See generally Tadeusz Szelangiewicz and Katarzyna Żelazny, Unmanned Ships - Maritime Transport of the 21st Century Scientific Journals of the Maritime University of Szczecin 64: 14-20, 2020.

② Rachel Zhang and Laura Zhou, “Chinese fishermen find drone ship ‘used for spying by a foreign country’”, on https://www.scmp.com/news/china/military/article/3129897/chinese-fishermen-find-drone-ship-used-spying-foreign-country (Jan. 5, 2022 last visited); Missy Ryan and Dan Lamothe, “Pentagon: Chinese naval ship seized an unmanned U.S. underwater vehicle in South China Sea”, on https://www.washingtonpost.com/news/checkpoint/wp/2016/12/16/defense-official-chinese-naval-ship-seized-an-unmanned-u-s-ocean-glider。访问时间：2022 年 1 月 5 日。

③ Matt Bartlett, Game of Drones: Unmanned Maritime Vehicles and the Law of the Sea Auckland University Law Review 24: 73, 2018.

④ Michael N. Schmitt and David S. Goddard, International Law and the Military Use of Unmanned Maritime Systems International Law Review of the Red Cross 98: 570-582, 2016.

⑤ 调查问卷的回复者为各国海事法协会，只能反映各国国内法的倾向性，并不能直接代表国家立场。

问到“依据国内法是否会将无人船视为船舶”时，除了克罗地亚等极少数国家回复“不会”或“有前置条件”外，多数国家承认无人船符合各自国内法上的船舶定义。然而，进入船员身份认定、海事责任的具体问题讨论时，意见分化就变得相当明显。而当讨论开始涉及国际法立场，尤其是《公约》项下的正式认定时，几乎所有国家都开始含糊其词。例如，意大利表示《公约》存在不足，适用结果可能与国内法不一致。马耳他反复强调这是一个有争议的问题，取决于“规则解释和发展”。另有 5 个国家表示，可能会有条件地承认无人船在国际法上“船”的地位。美国则指出，尽管自身尚未批准《公约》，但根据美国法律，“可能”也应遵守公约规定的相同权利和义务。

在军用无人船问题上，各国的态度则更加不明朗，几乎没有国家公开地对此发表意见。有美国学者认为，美国包括《海上行动法指挥官手册》和宣布部分无人船享有国家豁免的国家实践，表明军用无人船属于“船”。[①] 但主流的态度是美国仍有必要保持对外立场的灵活性，避免对军用无人船进行更精确的定位。[②] 另一方面，中国在回答国际海事委员会问卷时，笼统地回答了不会给予无人船国际法上的“船”地位，且没有区分商用无人船和军事无人船。[③]

其二，各国自我定位和决策的不清晰。很多国家意识到了无人船法律地位不明的困境，却未能明确认识到定位的实质疑难——“传统船舶规则在何种程度上能被用于规制无人船”。例如，在国际海事委员会问卷回复中，各国对于无人船是否属于“船”的讨论十分热烈，但却没有一个国家对无人船在《公约》下的航行权或主权豁免问题提出关切，似乎忽视了法律定位的

① Craig H. Allen, Determining the Legal Status of Unmanned Maritime Vehicles: Formalism vs Functionalism Journal of Maritime Law & Commerce 49: 509, 2018.

② Andrew Norris, Legal Issues Relating to Unmanned Maritime Systems Monograph US Naval War College: 22, 2013.

③ Craig H. Allen, Determining the Legal Status of Unmanned Maritime Vehicles: Formalism vs Functionalism Journal of Maritime Law & Commerce 49: 511, 2018.

设计，应服务于具体权利义务的出发点。[①] 另外，国家立场的确定问题不是单纯的法律问题，还需考量本国的科技发展现实和后续社会影响，学科交叉的复杂性，也导致很难找到最符合自身利益的解决方案。此外，无人船技术的未来发展存在不确定性，要平衡对于国家当前利益和长远利益的影响实属不易。

其三，多数国家对无人船国际规则制定缺乏关注。虽然智能控制的理论和应用已趋向成熟，但关键技术的掌握仍限于发达国家和中国、印度等具备研发能力的大国。无人船处于智能控制发展的前沿领域，技术的"小众性"导致多数国家对该问题只投入一般性关注，因而轻忽规则制定的参与必要。在这种情况下，所谓的"多数意见"或缺乏代表性，国际共识的形成也十分困难。即便可以由少数国家单独或共同确定无人船国际法定位，有效率地解释和修订现有国际条约，也很可能成为一个难以完成的任务。[②]

（三）牵涉广泛的大国规则博弈

国家实力对比的变动和海洋利益的重新分配，是海洋法发展的实质驱动力。无人船国际法规则的形成过程中也贯穿着大国博弈。

有鉴于无人机在区域武装冲突中越发突出的地位，无人船技术对于强化军事实力和维护国家安全的重要性已不言而喻。有美国学者提出，"无人船舰队承载着美国科技和军事力量的未来"[③]。相比于研发军用无人船的热情，部分国家对澄清军用无人船国际法地位的态度则更加矛盾。

一方面，表明国际法立场有利于推动规则发展，也能够建立国家间行为的可预测性，但同时将使自身受到禁反言规则的约束。这意味着不能对

---

① CMI，Summary of Responses to the CMI Questionnaire. Available at https：//comitemaritime. org/wp-content/uploads/2018/05/Summary－of－Responses－to－the－CMI－Questionnaire. docx。访问时间：2022年1月5日。

② 例如，增修《联合国海洋法公约》可能"制造出更多无法解决的新问题，阻碍海洋法治的建设进程"，故存在较大困难。见傅崐成：《全球海洋法治面对的挑战与对策》，载《太平洋学报》，2021年第1期，第90页。

③ Erich D. Grome，Spectres of the Sea：The United States Navy's Autonomous Ghost Fleet，its Capabilities and Impacts，and the Legal Ethical Issues that Surround Journal of Maritime Law & Commerce 49：67，2018.

于他国“遵照”这种准则的行动加以指责或干涉，且所建构秩序带来的利益也将被包括“不友好国家”在内的其他国家平等分享。[①] 另一方面，在该问题上含糊其词虽然有助于保持立场的灵活性和对外政策空间，却可能错失规则生成过程中的“空窗期”机遇。这将使整场讨论被他国的立法和实践主导，从而丧失该问题上的国际话语权，陷入被迫遵从的不利地位。如何平衡两者之间的关系，正是犹疑态度产生的重要原因。可以预见的是，围绕军用无人船的国际法定位，未来以中美为代表的国家将产生较大的观点分歧。

区别于此，欧洲国家的关注焦点主要是无人船技术对于海运行业和造船业的革新，即无人运输船对于传统“载人船”海运产业的迭代。这也正是德国、挪威和荷兰等国家一直以来的主要研发方向。无人船具有人工成本低、连续工作时间长及能够有效规避“人类错误(human error)”等显著优势。随着无人船技术来到了商用的边缘，过去对于无人船技术实用性的疑虑逐渐消除：无人船市场已经逐步扩大，到 2025 年，水面无人船市场规模将增长 7.5%以上，达到 6.1 亿美元。[②] 一旦相关法规和海事公约得到制定和批准，第一批高自主性船舶就将在开放水域作业。[③]

作为主要造船国家和海运力量的欧洲国家，无疑是主要受益者之一，不少欧洲国家在国际海事组织中积极推动国际海商法接纳无人船，也就不难理解。相较而言，在标准制定过程中，围绕无人船的环境保护问题的风险预估和规制方法之意见分歧较为突出。[④] 若将无人船定位为船舶，那么《国际防止船舶造成污染公约》等环境保护条约就当然地适用，这将对无人船制造和作业成本造成较大影响，而不同国家对此的承受能力各不相同。

---

① Andrew Norris, Legal Issues Relating to Unmanned Maritime Systems Monograph US Naval War College：60-61，2013.

② Partha, “7.5%+ growth for Unmanned Surface Vehicle（USV）Market Size to reach 610.3 Million USD by 2025”, https：//ksusentinel.com/2021/04/14/7-5-growth-for-unmanned-surface-vehicle-usv-market-size-to-reach-610-3-million-usd-by-2025。访问时间：2022 年 1 月 5 日。

③ Tadeusz Szelangiewicz and Katarzyna Żelazny, Unmanned Ships - Maritime Transport of the 21st Century Scientific Journals of the Maritime University of Szczecin 64：20，2020.

④ See generally Tiago Vinicius Zanella, The Environmental Impacts of the" Maritime Autonomous Surface Ships"（MASS）Veredas do Direito 17：367-381，2020.

如何解释新的航行安全概念和设置环保“门槛”可能是下一阶段协商的重点。

三、无人船国际法定位的中国立场

随着我国国际地位或主动或被动的变化，在面对国际法方面的新议题时，单纯地保持沉默或被动防守，已经难以契合我国转向进取的国际战略。无人船国际法定位和规制问题，是参与国际海洋治理很好的“抓手”。我国应妥当认识自身双重身份带来的挑战与机遇，基于我国海洋利益的切实需求，把握不同领域特点，采取平衡的参与策略，主动为国际海事规则体系供给解决无人船法律问题的中国方案。

（一）双重身份影响下的国家自我定位

1. 沿海国现实：中美持续竞斗的海洋安全挑战

美国单极霸权的衰弱已成共识，世界秩序正走向基于规则的多极化，“地缘政治单向塑造海洋秩序的历史”[①]已经结束，国际社会成员超越意识形态的和解与协作，是全球问题获得有效治理的唯一途径。[②] 然而，面对我国合理的海洋权利主张，部分传统海洋强国仍“抱残守缺”，秉持所谓地缘政治的“冷战思维”，在我国周边海域炫耀武力[③]，以“航行自由”之名倾轧新兴海洋国家的发展空间，试图维护自身的海洋霸权地位。

从地理位置上来看，我国属于沿海国，拥有绵长的海岸线，并且对于周边海域享有一系列历史性权利。过去很长一段时间内，受制于我国海洋实力的限制和海洋政策的保守倾向，我国固有的海洋权益受到了多方面的侵犯与贬损。近年来，我国在尊重国际规则的前提下，以妥善处置意见分歧、维护地区局势稳定为原则，提出了依法行使主权权利的要求和基于维护国家安全的近海权利主张。

---

① 张海文：《地缘政治与全球海洋秩序》，载《世界知识》，2021 年第 1 期，第 15 页。

② 秦亚青：《世界秩序的变革：从霸权到包容性多边主义》，载《亚太安全与海洋研究》，2021 年第 2 期，第 15 页。

③ 傅崐成：《全球海洋法治面对的挑战与对策》，载《太平洋学报》，2021 年第 1 期，第 89-90 页。

反观美国，其滥用《公约》的模糊性，企图利用基于海上霸权的"警察行动"，压制我国合法的海洋主张。[①] 对此，我国已多次谴责并采取了对抗性措施，但美方仍决意进一步扩大行动范围。中美海上持续竞斗的展开已不可避免，甚至冲突烈度管控都面临挑战。应当承认的是，中美海洋实力仍存在严重的不对称性，在整体实力、技术水平和作战经验等方面都存在明显差距。作为沿海国，我国近海面临着被侵扰和侦察的国家安全压力，要在克制的大前提下，维护我国海洋利益实属不易。

如此看来，无人船技术在军事侦察和打击中的应用，必然会使我国的海洋安全面临更为严峻的挑战。当前，美国海军对于无人系统抱以无限期待。无人作战技术是美国新"抵消战略(Hedge Strategies)"的重点发展对象，无人船也是未来海战重心之一的基本判断已经形成。[②] 自 2011 年以来，其对军用无人船的研发和制造预算已连续保持大幅增长。[③] 美军在我国周边海域的无人船部署早已展开，我国船舶发现、打捞波浪滑翔机等海洋无人设备的情形，也变得愈发频繁。

无人船无须载员、隐蔽性强和难以溯源的特点，使之适合完成抵近侦察任务，无人船的武器化更对我国舰船和海上平台安全造成了威胁，但我国采取驱离、扣留等反制行动却屡屡被指责缺乏明确的国际法依据。在此情况下，若不对军用无人船的法律地位加以明确，放任其处于国际法的"灰色区域"，无异于纵容美国利用无人技术损害中国沿海主权和近海安全。

2. 海洋强国远景：无人船技术的竞争优胜机遇

我国整体利益格局正在发生嬗变，国家利益的重心逐渐跳脱了陆地的局限，展现出了向海发展的进取趋势。[④] 在无人船国际法定位困境的解决

---

① 张新军：《变迁中的"航行自由"和非缔约国之"行动"》，载《南大法学》，2020 年第 4 期，第 128 页。

② 潘光：《水下航行器创新发展》，海洋生态环境高端装备战略研讨会(线上)报告，2021 年 1 月 26 日。

③ U.S. Department of Defense，"DoD Budget Boosts Unmanned Systems"，on https：//federalbudgetiq.com/insights/dod-budget-boosts-unmanned-systems。访问时间：2022 年 1 月 5 日。

④ 参见袁发强：《航行自由制度与中国的政策选择》，载《国际问题研究》，2016 年第 2 期，第 99 页。

中，我国的立场选择应当在考量问题特殊性的基础上，充分观照整体海洋战略转向，灵活参与议题讨论，致力于规则建构中话语权的获取。

总体来看，我国无人船的法律制度设计和科技研发都走在世界前列。我国一直高度重视无人船的研发和应用，除在资金和测试船场、示范区等设施方面提供充分保障外，标准和政策的制定也具有一定先见性。早在2016年12月，工业和信息化部就正式批复了首项由上海船舶研究设计院主持的智能船舶研发计划，此后又牵头发布了《智能船舶发展行动计划（2019—2021年）》《推进船舶总装建造智能化转型行动计划（2019—2021年）》和《智能航运发展指导意见》等纲领性文件，《智能船舶标准体系建设指南》也已在征求意见。中国船级社同样就无人船设计、制造和检验编制了一系列暂行规范，为我国无人船产业化铺平了道路。[①]

同时，我国无人船的关键技术近年来也频获突破。我国无人智能控制理论研究已达国际水平，全船数字孪生、视觉增强、全船智能测试系统等技术处于世界领先地位。上海交通大学的人机协同、华中科技大学的集群控制及中船重工研制的探头稳定平台等研究成果引人瞩目[②]海陆两栖无人船项目进展顺利[③]，全球首艘智能型支持母船的开发也已开启。[④]

可以说，在无人船走向普及的过程中，我国完全可能占据技术前沿。相对于多数国家的技术优势，可能为我国各产业带来广阔的发展前景：在经贸领域，无人船技术将重塑造船业和海运业的竞争格局，在进一步提高我国企业的全球市场占有率的同时，成为我国船舶产业实现技术“超车”的机遇。在军事领域，水下无人器集群能够在局部迅速形成规模优势，有效

---

① 中国船级社：《技术服务规范/指南》，https：//www. ccs. org. cn/ccswz/special？columnid = 2019000020000000 11&id = 0。访问时间：2022年1月5日。

② 传感器专家网：《我国无人船技术应用现状及产业发展优势》，https：//www. sensorexpert. com. cn/article/1105. html。访问时间：2021年7月25日。

③ 张建松，丁汀：《既上天又入海！海空两栖的无人航行器“哪吒”在沪成功研制》，http：//www. xinhuanet. com/politics/2021-04/09/c_1127313071. htm。访问时间：2021年7月25日。

④ 南方海洋实验室：《实验室智能型无人系统母船助力科研新高度》，https：//www. sml-zhuhai. cn/search？page = 1&keyword = %E6%99%BA%E8%83%BD%E5%9E%8B%E6%94%AF%E6%8C%81&match_type = all&sort = _score-desc。访问时间：2022年1月5日。

对传统舰艇造成威胁，特别是体积较大的航空母舰和驱逐舰。[1] 我国若能在军用无人船技术方面占据优势地位，就有机会在“无人船时代”，运用本不对称的海军实力，针对他国海军形成对称的海战均势或足够的威慑能力。[2]

在此意义上，暂时抛开我国近海安全的考量就不难发现，我国自身完全有推动无人船技术快速落地的利益诉求。在规则建构过程中，确保商用和军用无人船在一定范围内的自由部署，能够促进我国无人船的产业化进程。换言之，在确定无人船国家法地位时，施加过于严苛的国际法约束，并不是最大化我国整体利益的方案。

3. 有限参与者：近海守成与远海进取的策略协同

基于以上分析可知，我国在无人船问题中的自我定位由现实诉求决定，而国家利益在当下，主要存在于两个向度：

一方面，对于我国现阶段的海洋安全态势而言，落入国际法体系“灰色区域”、不受规则制约的无人船，很可能被美国及其盟国滥用于“航行自由行动”、侦察我国沿海地区或追踪我国船舶等活动，严重损害我国的近海安全利益。在缺乏国际舆论支持的情况下，我国也很难真正采取相同或对等的反制措施。因此，在国家主权和海洋管辖权所及的“私域”，反对军用无人船和无法识别真实功能无人船的抵近及通行是题中应有之义。在相当长的一段时间内，近海安全利益的保障，都应当被作为我国处理该问题和表明自身态度时的底线。

另一方面，将商用无人船置于国际法框架之中，是其能够进行跨国运输和公开海域作业的前提条件，也是我国有必要积极推动的优先事项。整体来看，包括军用无人船在内的各类型无人船，在“公域”的自由航行和各类运用，与我国当前的技术领先和对于无人船的产业规划是相符的。因而，

---

① Erich D. Grome, Spectres of the Sea: The United States Navy's Autonomous Ghost Fleet, its Capabilities and Impacts, and the Legal Ethical Issues that Surround Journal of Maritime Law & Commerce 49: 42-53, 2018.

② Lyle J. Goldstein, "UUVs are Giving China New Means of Naval Attack", on https://nationalinterest. org/blog/reboot/uuvs-are-giving-china-new-means-naval-attack-179452。访问时间：2022年1月5日。

我国有必要尝试引导无人船公海活动的国际法规则趋向宽松。应当警惕的是，部分欧洲国家很可能会在最初的应用阶段就推动设置严苛的环境限制，创造有针对性的法律和技术壁垒。

综上所述，我国应当清醒地认识到，自身不可能成为无人船技术发展的唯一受益者，甚至在部分领域必然会受到一定损害。同时，在传统海洋霸权仍未消解的背景下，试图单边推动议题是不现实的，但绝不应当因此而放弃参与。自我定位的确定应当充分平衡近海守成的现实安全需要与远海进取的长远发展需求，洞察各方的不同诉求，秉持底线而选择性地抛出议题和参与讨论。

（二）海洋战略转向下的国家立场选择

1. 立场选择与中国海洋利益的互动关系

作为国际社会的重要成员和周边海域争议的当事国，我国法律立场的选取将影响无人船国际法规则的塑造。据此形成的规则，也同样会对我国现实处境和发展利益造成深远影响。因此，明晰不同立场选择与海洋利益的互动关系十分必要。

其一，充分表达法律立场，积极推动无人船国际法定位困境的解决。选择此种方案意味着，在对外交往和国内立法层面，直白回答各类无人船是否能够成为法律意义上“船”的疑问，阐明因这种法律地位的确定而产生的权利义务，并在实践中切实尊重和遵守。在各国立场模糊不清的情况下，充分表达立场有机会使议题讨论围绕我国所提出的解决方案展开，从而获得围绕主张内容的话语权，引导规则向我国所预期的方向发展。同时，明确的法律定位也有助于为国内无人船研发和应用，提供具有稳定性的法律标准和法律风险预期。

然而，这种方案的缺陷也十分明显。首先，无人智能技术对于海洋开发的影响尚未完全展现，基于当前利益诉求形成的我国立场，可能不符合未来情势的需求。当这种不适应性显现时，禁反言规则将限制我国政策调整的灵活性。其次，由于国际法解释的重大分歧和国际实践的匮乏，在短时间内形成单一的、体系性解决方案较为困难。最后，即便我国主张被广泛接受，普遍给予他国“依照”规则行动的正当性也可能损害我国利益。例言之，若我国明确承认无人船具有《公约》等国际条约项下“船”的国际法地位，美国很可能大量部署无人船，以正常通行、科考活动等理由，通过我国专属经济区或抵近南海岛礁，并主张属于船舶的航行权和主权豁免。

其二，暂时模糊处理法律问题，观望技术竞争和国家实践的走向。在议题正在形成、暂不直接涉及我国利益的时期，疏离国际社会的讨论，不作出明确表态是我国此前处理国际法问题的普遍立场。模糊处理保持了表述上的灵活性，能够等待各方立场较为明朗时再行抉择，但易使我国在无人船国际法规则的制订中，错失获取话语权的“窗口期”。更危险的是，这种做法突出了国家实践的重要性，很可能放纵美国无人船的部署计划，进一步激化我国周边海域围绕无人船使用而产生的国际冲突。

其三，识别优先事项，有针对性地提出规则建构方案。应当认识到，无人船国际法定位并非一个不可分割的整体工作。基于现实需识别与我国利益紧密关联的领域，在特定事项上参与无人船规则的讨论，而在另一些次要事项上有所保留是可以实现的。综合来看，个别识别和定位的方案为满足我国近海、远海二元化的不同诉求提供了可能，与我国“有限参与者”的定位相适应。还应明确的是，部分观点提出的“个案识别”的做法[①]，容易留出过于宽泛的解释空间而损害规则的实际效力，“类型化识别”的方案对我国而言更为合理。相比前两种方案，选择性地参与在当前阶段显得更加灵活而具有可行性。其不致使我国完全陷于被动等待国际共识形成的境地，也有助于中国方案随各国热点关注而及时调整，区分优先级、渐进地达致解决困境的目标。[②]

① Andrew Norris, Legal Issues Relating to Unmanned Maritime Systems Monograph US Naval War College: 62-64, 2013.

② 尽管如此，由于当前国际法的发展主要由普通法传统所主导，在某个特定事项上形成的无人船规则在较长时间后，很可能经由解释和实践的方式扩散至其他领域，造成更为广泛和意料之外的结果。我国应当提前对此予以评估与防范。

2. 他国主张的回应与国家安全利益的贯彻

如前所述，国家现实安全利益是我国参与无人船法律问题讨论最重要的出发点，也是在合作、磋商中必须坚持的底线。在此基础上，观点的表达还应顾及我国在经济与军事领域的“期待利益”。

在海商领域，航运业正在发生“范式转变”，要求船舶运输方式更环保、更安全和更高效，而无人船被认为充分具备这样的潜力。[①] 在无人船运行的污染问题上，以挪威为代表的欧洲国家对无人船寄予厚望[②]，也提出了包括“等价标准”在内的相当高的环保要求。其主要理由是，相比无人车或无人机，无人船一旦发生事故，将对脆弱的海洋环境造成灾难性的后果。而科学研究结果也表明，无人船的发展可以减少航行事故的发生，但也将造成非航行事故的增加，并造成更大范围的损害。[③] 国际海事组织很早就开始重视这种观点，明确将“充分顾及(due regard)”无人船的“环境友好程度”列入了一系列文件。[④] 不难预测，生态可持续性及与之相关的航行安全问题，将成为未来商用无人船投入运营，乃至科研无人船投入使用的“门槛”之一。

尽管我国环保产业已得到一定的发展，但船舶污染的防范仍在很大程度上被忽视，海洋环保技术研发相对滞后。[⑤] 无人船环保标准较传统船舶进一步提高，是我国造船和海运行业不愿意看到的情况。有鉴于此，我国可以尝试提出，将商用无人船认定为当前国际海事规则中的“船”：这种定位

---

① Åsa Snilstveit Hoem, K. Fjørtoft and Ø. J. Rødseth, Addressing the Accidental Risks of Maritime Transportation: Could Autonomous Shipping Technology Improve the Statistics? TransNav the International Journal on Marine Navigation and Safety of Sea Transportation 13: 487, 2019; see also “MUNIN’s Rationale”, on http://www.unmanned-ship.org/munin/about/munins-rational。访问时间：2022 年 1 月 5 日。

② European Commission, “Towards unmanned cargo vessels for more sustainable maritime transport”, https://cordis.europa.eu/article/id/169600-towards-unmanned-cargo-vessels-for-more-sustainable-maritime-transport。访问时间：2022 年 1 月 5 日。

③ Krzysztof Wróbela, Jakub Montewkabcd and Pentti Kujalac, Towards the Assessment of Potential Impact of Unmanned Vessels on Maritime Transportation Safety Reliability Engineering & System Safety 165: 164-165, 2017.

④ E. g. IMO, Interim Guidelines for MASS Trials. Available at https://www.register-iri.com/wp-content/uploads/MSC.1-Circ.1604.pdf。访问时间：2022 年 1 月 5 日。

⑤ 生态环境部：《2020 中国环保产业发展状况报告》，http://www.mee.gov.cn/ywgz/kjycw/tzyjszd/hbcy/202011/P020201106355662242838.pdf。访问时间：2022 年 1 月 5 日。

既能够使商用无人船尽快被投入实际运营，又能够暂时避免不得不为无人船“量体裁衣”，重新制定环保标准的窘境。①

同样需要关注的是，美国对于军用无人船国际法地位认定的宽松倾向。如前所述，美国国内意见已开始敦促美国尽可能地将无人船作为船舶管理，乃至直接赋予其军舰的法律地位。这种定位将使得无人船如美军传统舰艇一般，获得极广泛的航行自由与主权豁免事由。且美国一向不承认《公约》赋予沿海国的领海以外的安全权利，这种国家实践一旦被普遍采用，就很难反转。在此问题上，即便我国未来也将有能力在远海部署军用无人船，但目前仍应把握近海安全底线，坚决反对将军用无人船视为船舶或军舰，不应承认其享有作为“船”的航行权利和管辖豁免。② 具体来看，当前部署和研发中的军用无人船大多依赖传统船舶运载至指定海域投放。鉴于这类无人船相对传统船舶明显的附属性和功能差异，否定其作为船舶、军舰的法律地位，而认定为更加类似的武器装备或舰艇组成部分是较为合理且更符合国际法的判断。③

应予注意的是，他国主张不仅包括一国政府及官方机构的对外立场表达。在当前阶段，其更多体现为一国学界观点的共识或国内立法的倾向。我国学界有必要展开国别研究，探明和分析他国的主流话语，以国家利益和公共秩序的维护为导向，积极回应他国主张，形成并传播有说服力的学术观点。

3. 中国方案的供给与制度性话语权的获取

基于以上讨论，兼符合我国及多数国家利益的中国方案应至少包含以下内涵：第一，基于国际现行海事规则的法律制度建构路径。以国家实践为中心的国际法发展路径看似公平，但实质上能够在全球范围内，进行足

---

① 此时，现有规则与无人船的不适应性或反而能为我国无人船产业提供一定的“缓冲期”。

② See generally Hitoshi Nasu and David Letts, The Legal Characterization of Lethal Autonomous Maritime Systems: Warship, Torpedo, or Naval Mine? International Law Study 96: 79-97, 2020.

③ Yen-Chiang Chang et al., The International Legal Status of the Unmanned Maritime Vehicles Marine Policy 113: 6, 2020; Michael N. Schmitt and David S. Goddard, International Law and the Military Use of Unmanned Maritime Systems International Review of the Red Cross 98: 582-590, 2016.

够“实践”以达到建立“法律确信”程度的国家寥寥无几。因此，明确将国际现行规则的解释和修订作为解决无人船问题的主干，有助于避免少数国家滥用霸权破坏海洋秩序、操纵规则走向。第二，逐步推进无人船国际法定位的“类型化”。无人船在海洋法体系中的安置，不仅要考虑多类型无人船在物理特性和功能上的不同，还需要面对《公约》项下多种海域制度的差异，使之成为一个复杂但可分的议题。有效的处理方法是拆分无人船国际法定位问题，优先讨论各方聚焦的海洋区域和船只类型，逐步完成这项宏大的任务。军用无人船在领海、专属经济区等“私域”的活动，以及商用无人船在“公域”的运营可成为我国讨论的优先事项。第三，多边框架和协商解决。无人船的国际法规制是全球治理的新挑战，关涉着所有国家的经济、安全和环境利益，并非单方能够决定的事项。为了减少规则暂时缺失带来的秩序破坏，必须最大限度地强调多边框架和协商机制在问题解决过程中的决定性地位，反对在规则未建立情况下，任何激化矛盾和引发冲突的行动。

除了完善中国方案的实质内容，要使得方案得到国际社会的接受，确定适宜的供给方式也尤为重要。首先，我国有必要开展无人船基础问题的调研和分析。无人船的法律地位的特殊性建立在其技术特点和运行模式的特殊性上。事实问题和科学问题的结论，从根本上决定了法律规则的发展。包括高自主性无人船的安全性、当前和未来的商业应用价值、运行和事故造成海洋环境损害程度以及军用无人船对于军事活动形式影响在内的实质疑问都有待回答，我国应基于本国研究形成和表达自身的独立判断，避免国际讨论受到错误前提的误导。

其次，在国内法层面建立无人船的法律规制体系，并切实保障实施。国内立法能够规范我国海军行动和海洋执法，也有助于为我国企业的无人船研发和应用提供明确指引。国内法对于无人船的法律定位和法律规制很大程度上将影响我国国家实践的形成，故应与我国对外主张保持一致。

最后，在国际海事组织围绕无人船问题的讨论中，我国应主动抛出议题，积极回应分歧观点。区域层面，在中国—东盟合作机制内，主动提出针对军用无人船抵近沿海的禁止恰逢其时。当前，南海及东海争议有关各方，均对于我国在南海地区各类无人船部署保持警惕[①]，“禁止”倡议的提出既有助于缓和这种疑虑，一定程度上又能限制美军无人船在周边海域的恣意行动。推动具体问题上的区域性软法安排的实现与扩大，也有助于逐步凝聚共识。另外，我国可以审时度势，克服对运用国际司法机制的不信任情绪，尝试在争端出现后提起国际仲裁程序或咨询意见程序[②]，促使国际司法观点的形成。

主权平等是国家交往的基本原则，但事实上，国际社会中不仅有两国之间的权利义务关系，还存在着更具支配性的国家权力。在国际法意义上，制度性话语权是国家权力的集中体现，而规则建构中的参与和贡献是权力的重要范式。[③] 具体而言，无人船法律问题上制度性话语权的分配不仅天然地倾向于海洋实力较强的国家，也归属于拥有“提出能为其他国家广泛接受的提案或主张的法律实力”[④]的一方。

有鉴于此，我国有动力为解决无人船国际法定位困境及时供给具有可行性的中国方案。我国主张的提出难以避免地会引发疑虑和挑战，但此种系统性解决方案的大国首倡有望引发各方的讨论，从而推动关注重心向我国关切的事项偏移。同时，即便未必每一项议程的讨论都能达到我国所期待的结果，但持续的立场表达和对他国主张的回应，有助于提升我国意见在国际组织中的受重视程度，最终使符合多数国家利益诉求的中国方案，获得广泛的理解和接纳。

---

① E. g. Bea Castaneda, “Indonesian Fisherman Reels in Alleged Chinese Underwater Drone”, on https：//www. thedefensepost. com/2021/01/05/indonesian-fisherman-chinese-underwater-drone. 访问时间：2022 年 1 月 5 日；Joseph Trevithcik, “Indonesian Fisherman Caught What Appears To Be A Chinese Underwater Drone”, on https：//www. thedrive. com/the-war-zone/38475/indonesian-fisherman-caught-what-appears-to-be-a-chinese-underwater-drone. 访问时间：2022 年 1 月 5 日；Emerson Lim, China's unmanned vehicles a growing regional threat：analysts, https：//focustaiwan. tw/cross - strait/202102100005. 访问时间：2022 年 1 月 5 日。

② 我国目前仍对国际海洋法法庭发表咨询意见的权限持保留态度。

③ 杨松：《全球金融治理中制度性话语权的构建》，载《当代法学》，2017 年第 6 期，第 107，第 112-115 页。

④ 廖诗评：《中国法域外适用法律体系：现状、问题与完善》，载《中国法学》，2019 年第 6 期，第 29 页。

四、结论

毋庸置疑的是，无人船技术将在很大程度上变革海洋利用方式和人类在船舶航行活动中承担的角色。以“载人船”规则为中心建构的海事规则体系，还不能适应“无人船”时代近在咫尺的新现实，各类观点分歧的产生和论争很难在短时间内消弭。在实现路径层面，围绕传统国际法规则的可适用性，存在两种不同的“确信”，可以被分别命名为“文本中心主义”和“功能中心主义”。此二者的区别也正是具体理念分歧的产生根源。事实上，尝试构建单一法律地位、倡导个别识别和定位以及提出暂时“无界定必要性”的不同方案都各有长短。国际法规则发展的滞后性以及各国自我定位的复杂性，是实质分歧形成的现实原因。在基本法律问题的共识尚未形成，多数国家未能把握到解题关键的情况下，我国应认识到有限度参与国际讨论的必要性。在当前情况下，我国完全有机会率先布局，就无人船国际法定位困境的解决提出中国方案，积极争取与国家利益一致、同国家地位相适应的制度性话语权，从而扭转在前沿议题上长期被传统海洋大国“牵鼻子”的不利局面。

The Dilemma of Determining the International Legal Status of Unmanned Maritime Vehicles: Divided Opinions, Direct Cause and China's Position

CHEN Xidi

Abstract: The technology of unmanned maritime vehicles have broadly developed, and its blurred legal status challenges the international maritime legal system built around “manned ships”. There are still differences of opinions on the international legal status of unmanned maritime vehicles. In the process of legal interpretation, there is a dispute between text-centrism and function-centrism, and consensus on the specific solutions are rare. The dilemma results from the lag of the development of international laws, and also from States' difficulties in self-positioning as well as their hesitating attitude. As a coastal country, China is facing the security challenge over unmanned maritime vehicles' nuisance, but the military and economic potential behind also provides an opportunity for China to become a maritime power. The different strategies of States will shape different ocean development prospects. It is essential for China to seize the "window period" as related international rules are still blank, and gradually obtain the institutional power of discourse. China need to participate in the discussions world-wide with a bottom line, and make clever proposals on behalf of interests of China and most countries.

Key words: unmanned maritime vehicles; international law; legal status; institutional discourse power

过洋性渔业的法律规制：体系、问题与优化

陈鹏宇①

摘　要：过洋性渔业正在成为海洋渔业生产体系的重要组成部分。在国际法上，《联合国海洋法公约》、国际条约以及双边协定是规制过洋性渔业的主要法律依据；在国内法上，以《中华人民共和国渔业法》《远洋渔业管理规定》为主。在应对国际环境演化、非法捕捞、监督和管理等问题时，既有的规范供给面临诸多挑战。过洋性渔业的管理法律优化应从建立国际合作机制、完善打击非法捕捞、加强管控与监督等方面入手。使中国的国内法与国际法对接融洽，以建立一个更全面、更系统的法律规制，为渔业资源乃至海洋生物资源的永续发展提供制度支持。

关键词：过洋性渔业；联合国海洋法公约；IUU 捕捞

一、问题的由来

过洋性渔业的法律规制在相当长的一段时间内并未得到重视。在 1850 年之前，"海洋渔业资源取之不尽"这一观点是国际社会的主流共识。世界各国很少对渔业的捕捞强度加以控制。随着可持续发展理念的深入传播和部分地区渔业资源危机问题的出现，对渔业捕捞的放任立场开始得到修正。1958 年，第一次联合国海洋法会议便承认了渔业资源被过度开发和衰竭的

---

① 陈鹏宇（1995—　），女，汉族，山东临沂人，上海交通大学凯原法学院国际法专业博士研究生，上海交通大学极地与深海发展战略研究中心助理研究员。主要研究方向：国际法、海洋法。

危险与可能性。[①] 到 20 世纪 70 年代，中国也开始遭遇严重的渔业资源衰退危机，近海渔业资源总量不断下降，而与之相对应的是，经济发展对渔业捕捞提出的要求却与日俱增。在此背景下，发展远洋渔业(包括过洋性渔业与大洋性渔业)，进入了决策者的视野。远洋渔业既可以拓宽渔业资源获取渠道，又能缓解近海渔业资源衰退，成为保障国民水产品需求的重要渠道。截至 2019 年，我国登记有 170 个远洋渔业企业，经营 2701 艘远洋渔业船，远洋渔业产量为 217.02 万吨。[②]，中国捕鱼船队规模和总产量位居世界前列，已成为重要的远洋捕鱼国。

远洋渔业从 20 世纪 80 年代中期的 13 艘渔船发展到当前的规模，初步形成了渔业技术、渔业勘探、渔业装备、渔业预测等领域的科技支撑体系。[③] 渔业资源的经济价值、国民对于水产品的需求以及“走出去”的战略政策都为中国过洋性渔业活动的蓬勃发展创造了条件。然而，国家对于过洋性渔业的管理能力并没有随之增长，反而在发展水平与监管能力上出现断层，其管理实践也存在诸多问题与挑战。同时，中国发展过洋性渔业还承受着国际上越发严苛的法规限制。根据联合国第三次海洋法会议所确立的专属经济区规则和生物资源养护的管理制度，一方面，公海捕鱼由绝对自由原则转向相对限制。另一方面，各国被赋予了在鱼源国专属经济区(Exclusive Economic Zone，EEZ)中参照可靠的科学证据确定生物资源可捕量的权利。[④] 在新的国际海洋法体制下，过洋性渔业的发展很大程度上依赖于拥有资源的沿海国(即鱼源国)。因此，我国过洋性渔业发展只能建立在与鱼源国谈判、签署协议的基础上，除了仅能利用沿海国所确定的生物资源可捕量的剩余部分，同时还受到鱼源国的监督和管制。许多鱼源国通过法律和行政措施对于外国渔船捕鱼提出了严苛的要求和限制，包括捕捞鱼种限

---

① 《捕鱼与养护公海生物资源公约》。联合国大会 1958 年 4 月 29 日通过，于 1966 年 3 月 20 日生效。

② 农业农村部渔业局编制：《中国渔业统计年鉴》，中国农业出版社，2020 年，第 76 页。

③ Chen，X.，Shi，J.，Zhu，Y.，Zhu，J. C.，‘On the role of vessel monitoring system in china's overseas fisheries management’，Fishery Information & Strategy，2019，34 (01)：61.

④ 《联合国海洋法公约》第 61 条，第 62 条。

制、渔获量限额、作业时间和区域限制、申请捕捞许可需支付一定费用等。过洋性渔业逐渐成为高投入、高风险的海洋产业，其发展与资源、渔场、国内外渔业立法和政策、汇率等多方面因素紧密联系，这些因素在很大程度上影响了过洋性渔业的持续稳定发展，使其具有极高的风险性与不确定性。①

为了应对上述挑战，本文拟从过洋性渔业管理的法律体系入手，提炼实践中存在的问题，并尝试对法律规制提出优化建议，将主要从国际环境、非法捕捞活动与法律监督三个方面进行阐释，提出完善国际合作机制、健全针对非法捕捞活动的法律规范、加强过洋性渔业管控等法律优化措施。

二、过洋性渔业的法律规制

在国内法和国际法两个层面已经形成了体量丰富、内容庞杂的渔业治理的规范体系。其中，本土渔业、大洋性渔业和过洋性渔业相互交杂。如何从中准确识别出关于过洋性渔业的规范即是本文首先需要解决的问题，其关键在于明确“过洋性渔业”的定义。

(一) 过洋性渔业的定义

在渔业相关的研究中，过洋性渔业并非关注重点。相较而言，研究重点更多地聚焦于过洋性渔业的上层概念远洋渔业。远洋渔业即远离本国渔港或渔业基地，在远洋深海或者其他国家海域从事捕捞活动的活动总和②。在中国渔业产业分类中，远洋渔业是更为大众熟知的概念，而过洋性渔业则因为专业性强、分类细化而较少被人提及，国际上也将过洋性渔业统一归于远洋渔业，因此，进行过洋性渔业研究，首先有必要对过洋性渔业的概念进行阐释。在境外从事的生物资源开发性活动，分为以公海渔业资源为捕捞对象的大洋性渔业和以鱼源国专属经济区渔业资源为捕捞对象的过

① 陈晨，赵丽玲，陈新军：《过洋性渔业入渔风险评价指标体系构建》，载《上海海洋大学学报》，2020 年第 3 期，第 402 页。

② 《远洋渔业管理规定》(2020 年 2 月 10 日颁布) 第 2 条。

洋性渔业。[①] 因此，过洋性渔业是远洋渔业的组成部分之一，是指在他国专属经济区内捕捞渔业资源的海洋渔业。

（二）过洋性渔业的国际法规制

国际渔业法规在内容上主要涉及国家在渔业资源开发利用和养护管理等方面的权利、责任、义务与管辖的性质和范围，以及有关措施方面的国际法原则、规则和制度。[②] 因此，过洋性渔业的国际法规主要作用在于协调国家在渔业资源开发利用、养护管理方面的关系，明确中国在他国 EEZ 内享有何种权利，需要履行何种义务，如何设计符合中国利益的法律规制等。其中，1982 年《联合国海洋法公约》（以下简称《公约》）关于专属经济区以及公海的渔业管理规定影响十分重大。

1.《联合国海洋法公约》

《公约》于 1982 年 12 月 10 日第三次联合国海洋法会议通过，为过洋性渔业提供重要的国际法依据。目前，国际上对于过洋性渔业管理基本以《公约》为核心，各项国际公约与协定辅助，依靠国际渔业组织予以保障落实。[③] 作为处理国际海洋与渔业事务的基本准则，《公约》确立了 200 海里 EEZ 制度，对渔业资源的养护与管理起到了推动作用，并明确了在不同性质的海域从事渔业活动具有不同的权利和义务。[④]

根据《公约》，在不妨害《公约》有关生物资源养护的条款情形下，鱼源国可具有促进生物资源的最适度利用的义务。在鱼源国没有能力捕捞 EEZ 内全部可捕捞资源的情况下，应通过协定或其他合意安排，准许他国参与捕捞鱼源国可捕捞量的剩余部分。实际中，绝大多数渔业资源存在于沿岸 200 海里的水域范围内，并且只有在鱼类可捕量有剩余部分时，他国才可参

---

① 岳冬冬，等：《我国远洋渔业发展对策研究》，载《中国农业科技导报》，2016 年第 2 期，第 161 页。

② 戴瑛，裴兆斌：《渔业法新论》，东南大学出版社，2017 年，第 7 页。

③ 白洋：《后 UNCLOS 时期国际海洋渔业资源法律制度分析与展望》，载《河南财经政法大学学报》，2012 年第 5 期，第 120 页。

④ 陈新军，周应祺：《国际海洋渔业管理的发展历史及趋势》，载《上海水产大学学报》，2000 年第 4 期，第 349 页。

与捕捞，且沿海国已经接纳了多少个捕捞剩余可捕量的国家也对一国参与过洋性捕捞的份额产生影响。此外，《公约》规定了沿海国在准许其他国家进入其 EEZ 内捕鱼时应考虑有关因素，如需要特别顾及内陆国、地理不利国和发展中国家的需要。① 另外，过洋性渔业捕捞活动还需接受不得损害鱼源国本身的渔业等规定的限制。综合上述情况，《公约》赋予他国参与捕捞 EEZ 内生物资源的权利是十分有限的。

2. 国际条约

在 1992 年的《坎昆宣言》中，“负责任捕捞”这一概念首次被提出。同年 6 月，《里约环境与发展宣言》与《21 世纪议程》也相继提出可持续性发展的相关理念。此后，渔业捕捞的可持续性发展得到了国际社会的高度重视。《关于执行〈联合国海洋法公约〉有关养护和管理跨界鱼类种群和高度洄游鱼类种群规定的协定》(以下简称《鱼类种群协定》)②进一步对鱼类种群的养护及利用做出了更为细致的规定，弥补了《公约》对于具体制度规定的不足，并且协定扩大了区域性渔业组织的管辖范围，赋予了非船旗国对公海渔船的强制管辖权，但是该规定仅适用于同意养护与管理措施的国家。③

1995 年，联合国粮食及农业组织(以下简称粮农组织)通过了《负责任渔业行为守则》(以下简称《守则》)，对负责任捕捞渔业应该遵循的一系列规定进行了明确规制④，为公海渔业资源养护提供了有力支持，是国际渔业资源养护的统领性文件，以该文件为指导思想的措施也应运而生。如，联合国粮农组织渔业委员会通过《捕捞能力管理国际行动计划》等相关国际行动计划、1993 年通过的《促进公海渔船遵守国际养护和管理措施的协定》(以下简称《挂旗协定》)同时作为《守则》的一部分。⑤ 为了进一步促进远洋渔业持续发展，实现资源可持续利用，国际社会对于渔业资源与海洋环境的保护愈

① 《联合国海洋法公约》第 62 条。

② 参见《关于执行〈联合国海洋法公约〉有关养护和管理跨界鱼类种群和高度洄游鱼类种群规定的协定》，https：//www. un. org/chinese/ga/56/doc/a56_357. pdf。访问时间：2022 年 1 月 15 日。

③ 胡学东：《公海生物资源管理制度研究》，中国海洋大学 2012 年博士论文，第 84-99 页。

④ 乐美龙，黄硕琳：《国际渔业法规》，中国科学技术出版社，1994 年，第 60-65 页。

⑤ 联合国粮食及农业组织大会第 15/93 号决议第 3 款。

加重视，进而提出了许多保护海洋资源与促进渔业可持续发展的国际公约，这些国际公约不仅是各国进行远洋渔业捕捞活动所遵循的规定，同时也为各国签订双边渔业协定提供范本。

3. 双边协定

双边协定与地区性协定同样是过洋性渔业捕捞活动的重要影响因素。自《公约》1994年生效以来，我国与西非、阿根廷、俄罗斯、朝鲜等国家和地区都签署了过洋性渔业协定，建立双边合作机制。例如，中国与阿根廷成立中国–阿根廷渔业委员会，从合作条件、入渔形式谈起，逐步深入到水产养殖、渔业科技合作，进而达成双方渔业合作手续简化、费用降低，以“光船租赁”方式制定、发放入渔许可证等约定。①

我国与他国签订的双边协定大多依据《公约》制定，是规制中国远洋渔业捕捞的重要国际性规范。数量众多且彼此之间差异极大的双边渔业协定是我国渔民进入他国 EEZ 进行过洋性渔业捕捞的主要根据。

（三）过洋性渔业国内法规制

我国过洋性渔业管理法规主要以《中华人民共和国渔业法》（以下简称《渔业法》）及其实施细则为基础，《远洋渔业管理规定》是主要规定过洋性渔业的部门规章，再辅之以其他法律法规、规章、规范性政策文件，我国在国内法上初步形成了过洋性渔业的规范体系。

《渔业法》自1986年7月1日起施行，并经2000年、2004年、2013年3次修正。在《渔业法》中已经确立了过洋捕捞的基本制度，设立了捕捞许可证制度，明确了捕捞限额制度，并对相关的违法行为规定了处罚措施。1987年颁布的《中华人民共和国渔业法实施细则》（以下简称《实施细则》）对《渔业法》中的相关制度及处罚做了更加详尽的规定，明确了在远洋捕捞项下捕捞许可证制度中的批准单位及捕捞范围。

《远洋渔业管理规定》最早在2003年发布，经2004年、2016年部分修改，2020年4月1日新版《远洋渔业管理规定》颁布实施，并对2003年

① 农业部渔业渔政管理局编制：《2015年远洋渔业发展报告》，自行刊印，第63–66页。

的《远洋渔业管理规定》进行了全面修订：以适应国际规则、加强监督管理与强化法律责任为原则，进一步完善了远洋渔业项目、远洋渔业企业以及远洋渔业船舶和船员的规定；规范了远洋渔业船舶许可证、渔船船位监测、政府观察员等制度，将从事非法、不报告、不受管制（以下简称IUU）捕捞活动增加到违法行为中，强化监管措施；促进了我国远洋渔业规定接轨国际规则，为我国远洋渔业活动提供制度保障。过洋性渔业捕捞的发展与国家发布的法律法规与政策密不可分，除了上述提及的法律规定，国务院、农业农村部也制定了许多规范性文件，对于促进远洋渔业有序发展鼎力相助。

目前来看，我国已颁布涉外案件、企业资质、渔船监督管理、项目管理、工作安全管理、远洋渔业观察员制度等方面的专项法规[①]，但远未达到体系完善、结构完整的程度。在国际新形势下，我国过洋性渔业捕捞活动还需建立结构完善且可适用的过洋性渔业捕捞法律制度。唯有如此，才能达到与国际接轨、规范远洋渔业捕捞行为等目标，使过洋性渔业活动有法可依、以法为盾。

三、过洋性渔业管理中的问题

上述讨论揭示了过洋性渔业规范供给不足的问题。不仅如此，我国过洋性渔业的管理还存在诸多问题。需要从多个方面进行综合考量，将问题充分地讨论与分析，才能在此基础上获得破题思路与完善路径。

（一）国际环境演化的挑战

过洋性渔业发展的国际环境主要从三个层面显现，首先是不断发展的全球海洋局势。从《公约》规定中可以看出，目前对于渔业资源的国际法规制态度趋向于重保护、缓开发。保护渔业资源的目的是实现生物资源的科学、可持续发展。具体而言，就是开发的同时要顾及生态环境保护。捕

① Huang, S., and Y. He., 'Management of China's capture fisheries: Review and prospect', Aquaculture and Fisheries. 2019, 4 (5): 179.

捞自由向捕捞限制收紧的国际法规制、取之无禁向取之有度转变的生态环保思维又衍生出中国责任的对接与履约问题，新时代背景下出现的新问题昭示着完善中国过洋性渔业的法律制度、改进管理体系的重要性。

1. 国际海洋形势日益严峻

首先，据《公约》规定，中国仅可就鱼源国 EEZ 内渔业资源剩余量进行捕捞，且该剩余量份额日益限缩。随着渔业资源衰退，海洋生态环境与可持续利用等问题持续热议，传统渔业捕捞强国皆从政治、海洋战略考虑，通过借助国际和区域渔业管理组织等手段来压制新兴远洋渔业国家的发展，为保护本国利益、争夺发展空间竭尽所能。此外，作为鱼源国的诸多沿海国家的海洋保护意识也与日俱增，逐步聚焦于监督限制外国渔船到本国捕鱼的一系列活动，甚至不惜动用海军和海警与外来捕捞船只发生军事冲突，以达到其保护渔业资源和维护海洋主权的目的。① 远洋船队在其他国家沿岸水域进行捕捞生产，很容易与一些当地渔民或渔业产生摩擦和冲突。另外，中国广泛的拖网捕捞行为，特别是在非洲沿海，以及南美沿海密集的鱿钓，都意味着与其他国家的渔民存在潜在而激烈的竞争关系。在西北太平洋地区，中国活动的船只数量与来自越南、菲律宾和柬埔寨的渔民所报告的冲突频率就进一步说明了这一点。②

其次，各国对其 EEZ 的管理和对外国渔船捕鱼的监督限制，呈现出越来越严格的趋势，增加了合作难度。正是因为重要渔业资源的捕捞配额业已阶段性分配完毕，加之国际社会对过洋性渔业的管理日趋严格，考虑到合作国家的利益和渔业资源的可持续发展，各国间的国际渔业合作变得更

① Goldstein, L. J., 2013. Chinese fisheries enforcement: environmental and strategic implications. Marine Policy 40, 191-192.

② Fache, E. and Pauwels, S. Fisheries in the Pacific: the challenges of governance and sustainability. Pacific-Credo Publications, (2016), http://publications.pacific-credo.fr/. and see Meick, E., Ker, M. and Chan, H. M. 'China's engagement in the Pacific islands: implications for the United States'. US-China Economic and Security Review Commission, (2018), www.uscc.gov/sites/default/files/Research/China-Pacific%20Islands%20Staff%20Report.pdf. and see Wesley-Smith, T. and Porter, E. A. China in Oceania: reshaping the Pacific? New York: Berghahn Books, 2010.

加困难。[①] 随着各国之间的海洋利益冲突加剧，中国在制定相应的法律法规和参与全球渔业治理方面都面临着巨大的挑战。[②]

2. 生态和环保问题要求过洋性船队具备更高的技术标准

首先，中国过洋性渔业捕鱼方式亟待改进。中国过洋性渔业船队使用拖网渔船(采用一种有极强生态破坏力的捕捞方式)的比例较高。就拖网渔船的使用而言，国内渔业和远洋渔业的法规导向呈现不同政策导向。在国内方面，2018 年新修订的《渔业捕捞许可管理规定》体现的方向是收紧拖网指标(减少拖网)，相关条款为："有下列情形之一的，不予受理海洋渔船的渔业船网工具指标申请；已经受理的，不予批准：(三)制造拖网、单锚张纲张网、单船大型深水有囊围网(三角虎网)作业渔船的。"但在远洋渔业上，却放开了拖网渔船的限制。2020 年农业农村部对《渔业捕捞许可管理规定》进行了修订，把相关条款进行了修改，允许新造远洋拖网渔船："有下列情形之一的，不予受理海洋渔船的渔业船网工具指标申请；已经受理的，不予批准：(三)除他国政府许可或到特殊渔区作业有特别需求的专业远洋渔船外，制造拖网作业渔船的。"[③]尽管鱼源国不断加强监管并限制拖网捕捞的方式，但像加纳和毛里塔尼亚等发展中国家由于渔业发展落后，很难对本国水域进行监控，抑制拖网捕鱼带来的生态破坏风险。[④] 因此，中国过洋性

---

① Bjørndal, T., Kaitala, V., Lindroos, M., Munro, G. R., 2000. The management of high seas fisheries. Ann. Oper. Res. 94, 194-195; Lin, K., Jhan, H., Ting, K., Lin, C., Liu, W., 2014. Using indicators to evaluate the Taiwanese distant-water fishery-policy performance. Ocean & Costal Reanagement. 96, 40.

② Yu, J. and Q. Han, 'Exploring the management policy of distant water fisheries in China: Evolution, challenges and prospects', Fisheries Research, 2021, 236.

③ http://www.yyj.moa.gov.cn/gzdt/202101/t20210104_6359366.htm，访问时间：2022 年 1 月 15 日。

④ Republic of Ghana (2002) Fisheries Act. And see Tavares, A., 'Common features and trends of fisheries legislation in Africa'. Environment & Policy Book Series, vol. 36 2003, International Environmental Law and Policy in Africa. available at Dordrecht: Springer https://link.springer.com/chapter/10.1007/978-94-017-0135-8_9，访问时间：2022 年 1 月 15 日。And see McConnaughey, R. A., Hiddink, J. G., Jennings, S., et al.,' Choosing best practices for managing impacts of trawl fishing on seabed habitats and biota', Fish and Fisheries, 2019, available at https://doi.org/10.1111/faf.12431，访问时间：2022 年 1 月 15 日。

渔业的捕捞方式需要升级革新，限制拖网捕鱼措施和过洋性渔船监管效力等具体执行情况也需要进一步落实。

其次，中国过洋性船队对环境造成的污染同样是一个不容忽视的问题。大部分中国船队在西北太平洋地区、东南太平洋和西南大西洋都存在高强度的捕鱼活动。这可能使得中国过洋性渔业活动产生温室气体排放和其他不利的环境影响(如废物、漏油和污染)。

最后，迫于对接国际标准，中国需要提高过洋性船队的环保标准。国际社会海洋生态保护意识的提高，使得我国政府不得不开始重视国内、国际与过洋性渔业相关的环境争议。尤其是有关我国导致全球鱼类资源衰退的指责，让我国开始聚焦于限制过洋性船队的规模和运营、提高渔业船队的环保标准等方案。

3. 国家责任的国际对接与履约能力问题

如前所述，中国过洋性渔业是在国际公约与国内法律的双重管辖下进行的。我国《渔业法》中明确规定采用属地管辖原则，即以我国管辖范围内的海域为管辖对象。而过洋性渔业的法律规定并不明确、具体，与国际渔业规定不能有效匹配。

中国遵循《公约》已经建立了一套基本制度，但对于诸多事项仅做了原则性规定，且在与国际规定的具体衔接上还存在冲突。其一，在国际渔业管理中，船旗国的责任成为着重强调的问题。国家具有采取措施保护海洋生态环境的义务，应当建立捕捞许可和登记制度，全面改进渔业数据的统计、收集、保存和定期交换制度，并逐步完善渔船船员的教育培训制度。这类制度的建立，在国际上通常都具有一定的公认标准，如根据《公约》，国家需要对进行过洋性渔业捕捞的船只进行渔业数据统计，《国际负责任渔业行为守则》等一些国际公约提出了渔业数据统计的具体要求。在这方面，我国法律还有许多事项需要进一步完善。其二，存在依据国内法合法、却触犯过洋性渔业国际法规的渔业捕捞行为。这一情况使我国过洋性渔业违法事件的发生频率提高，极大地损害了中国的国际形象。此外，依据国际标准完善和执行这些制度，还需大量的人力、物力、技术和行政领导的配套支持，均非一日之功可以完成。

（二）非法、不报告及不受管制渔业活动的打击力度不足

非法（Illegal）、不报告（Unreported）和不受管制（Unregulated）的捕捞活动（以下简称 IUU 捕捞）对鱼类种群和海洋生态系统造成了极大的威胁，对海洋资源养护管理、粮食安全和国家经济（尤其是发展中国家）产生严重影响，是《渔业法》重点防范和规制的违法捕捞活动。世界各国都对其进行了严格的限制。

中国过洋性渔业船队管理的特殊性和规模的广泛性使中国打击 IUU 捕捞产生了巨大的障碍。一方面，过洋性渔业的性质使得海外管理相对困难。另一方面，过洋性渔业的管理还受到中央和地方矛盾的影响。这主要体现在一些地方政府不愿失去过洋性渔业带来的经济效益，因此反对强化对过洋性渔业船队的管控力度的决定。不仅如此，理论界也有观点认为应将渔业部门的责任从中央移交给省政府。这将使缩减船只数量、抑制船队扩张、削减补贴等措施更加难以施行。中国加强渔业管理的长期目标是在全球范围内有效打击过度捕捞和 IUU 捕捞，并妥善管理我国庞大的过洋性渔业船队。根据 Godfrey 的研究数据显示，迄今为止，中国更多注重抑制境内非法水产养殖和捕捞问题，而非处理过洋性渔业船队引发的问题。①

毋庸置疑，IUU 捕捞将成为我国未来规制过洋性渔业捕捞活动的主要内容。有效防止 IUU 捕捞船队滋生、规范捕捞网具、识别三无船舶、全面检查入渔手续等问题，都依赖建立完善合理的配套法律制度。

（三）过洋性渔业行为监督和管理问题

过洋性渔业活动的监督和管理问题主要分为管理主体、管理制度和管理中存在的问题三个层面。目前，我国过洋性渔业体系以《渔业法》及其实施细则为基础，法律管理的核心以《远洋渔业管理规定》为主，辅以其他相

① Godfrey，M.，‘Massive shift underway in China's aquaculture，fisheries sectors’，Seafood Source，2019，available at www.seafoodsource.com/news/supply-trade/massive-shift-underway-in-china-s-aquaculturefisheries-sectors。访问时间：2022 年 1 月 15 日。

关法律规范。从中可以看出，涉及过洋性渔业的多为原则性规定，具体法律规定较少且没有专门法对此进行规制。为找到完善法律体系的对策，对于当前过洋性渔业法律管理问题进行分析是有必要的。

1. 缺乏管理主体统筹过洋性渔业活动

中国过洋性渔业船队规模和运营存在一系列问题的限制。首先是船队管理制度缺乏透明度。中国船只在其他国家水域的双边捕鱼协议很少公开，发布的船只地理信息也十分有限，例如，根据 Pauly 和 Mallory 的研究数据，二人对于中国在亚洲运行的有关船只数据记录差距悬殊(前者统计为 2745，后者统计为 732)[①]。数据信息不全将导致难以对中国过洋性渔业活动进行整体评估。中国目前还没有公开过完整的远洋渔船名单，如果管理部门可以定期公布远洋渔船名单及相关信息(如渔船信息及被允许捕捞的海域)，这样不仅有利于渔业部门的管理，对国际合作也有帮助。例如，入渔国可以查询和确认某渔船的捕鱼许可情况等。

其次，中国过洋性渔业船队的所有权复杂且不透明。中国大多数过洋性渔业船只属于中小型企业(SME)而非大型国有公司，这使我国很难监测和控制船队的运营活动。此外，在西非只有包括次区域渔业委员会(简称 SRFC)和东部中大西洋渔业委员会(简称 CECAF)在内的一些区域渔业组织为其提供不具有强制拘束力的管理建议，因此每次中国渔船更换鱼源国入渔，当地的管理就转移到另一个国家的渔业主管部门，加大了管理难度。[②]

综上所述，中国过洋性渔业面临着庞大的治理规模和复杂的治理事项。船队信息不透明、渔业部门数据不完整、合资经营下的船只数据更新滞后、分散的船舶所有权等都将挑战中国收集处理渔业数据信息、管理渔业船队各船只位置和活动的能力。即使在克服这些问题上取得成效，监测和执法

① Pauly, D., Belhabib, D., Blomeyer, R., et al., 'China's distant-water fisheries in the 21st century', Fish and Fisheries. No. 3 (2014), 482. & Mallory, T. G., 'China's distant water fishing industry: evolving policies and implications', Marine Policy, No. 38 (2013), 102.

② Mallory, T. G., 'China's distant water fishing industry: evolving policies and implications', Marine Policy, No. 38 (2013), 103-104.

也是下一步需要考虑的问题。

2. 管理制度亟待完善

作为主要规制过洋性渔业活动的《远洋渔业管理规定》仅仅是部门规章，法律位阶较低，国际法到国内法的转化也不够全面，因此经常导致缺乏执法依据、执法困难等问题。一方面，根据《渔业法》逐步建立的远洋渔业管理法律法规较早制定，没有及时修订，导致规范过洋性渔业方面的法律与国际标准不匹配。另一方面，我国国内不同地区之间的监管仍然不足。例如，《渔业法》自 1986 年实施以来已经四次修订，但是由于政府监管不足，中国远洋渔船频繁发生违规行为，不仅造成了外海资源的不合理捕捞，而且严重地损害了中国的国际形象。

过洋性渔业活动所属的渔业管理体制存在一定的协调困境，也增加了企业的生产成本和政府的执法成本。最新规定的《远洋渔业管理规定》明确：农业农村部主管全国远洋渔业工作，负责全国远洋渔业的规划、组织和管理，会同国务院其他有关部门对远洋渔业企业执行国家有关法规和政策的情况进行监督。省级人民政府渔业行政主管部门负责本行政区域内远洋渔业的规划、组织和监督管理。市、县级人民政府渔业行政主管部门协助省级渔业行政主管部门做好远洋渔业相关工作。而渔船相关港务事宜则属海事局的职责范畴，随着行政部门分工细化，政出多门，各个部门之间沟通不畅的问题日渐突出。

此外，中国海洋渔业管理措施存在许多漏洞。例如，为了增加捕鱼能力，在他国 EEZ 水域，很多渔民倾向于采取违反法律规定的捕捞方式，而非严格遵守国内立法、国际法与他国协定。近年来，我国建立了将违反法律法规的渔业船员、企业和管理人员列入黑名单，吊销其资格证书的制度。然而，上述问题仍未得到根本性缓解。

3. 过洋性渔业生产结构存在内在矛盾

中国过洋性渔业主要是消耗资源的产业，捕鱼方式以拖网捕捞为主，极易造成海底生态环境破坏，渔业资源减少。2019 年，拖网捕鱼占远洋渔业总产量的一半以上。仅就生产规模而言，中国拥有数量众多的过洋性渔业渔船与渔民，远洋渔业的生产能力排名第一。[①] 但是，高生产能力主要归因于数目众多的捕捞船队而非捕捞质量。因为中国过洋性渔业渔船规模小、数量多、规模和组织水平低[②]，所以远洋渔业企业往往把注意力放在低附加值产品上并采取低利润的单一捕捞方式，做鱼类产品深加工等高附加值产业的企业很少。

由此产生的问题是，渔民和从事渔业的企业过剩，大大增加了远洋渔业管理与结构转型的难度。中国的过洋性渔业企业很少对深海鱼类资源进行调查和评价，因此对鱼类资源的中长期预测技术缺乏，并不利于渔业资源的可持续发展。

4. 船舶与船员存在管理问题

过洋性渔业船舶的问题主要是由于行业结构引起的。如前所述，中国过洋性渔业渔船规模小，往往难以满足国际航海标准的要求，如撰写航海和捕捞日志、按规定涂写渔船标识的规定。而过洋性渔业船只数量多、规模和组织水平低、加上设备技术限制，使得渔船造价成本很高，因此导致中国的船龄老化问题严重，更新旧渔船的工作也庞大而艰巨。[③] 想要严格控制新船建造，以汰旧建新作为渔船改造项目的重点，就需要明确制定一套标准，如多少年船龄为汰，多少年为旧需更新改造，审批期限与频率如何等。

至于过洋性渔业船员的问题则更加复杂。自 1985 年起，中国过洋性渔业发展迅速，吸引了大量的从业者。由于过洋性渔业对体力劳动的需求很大，多数从业者来自中国农村，文化和技能水平较低。过洋性渔业具有高

① Chesnokova, T., McWhinnie, S., 2019. International fisheries access agreements and trade. Environ. Resour. Econ. 74 (3), 1028.

② See Xue, G., 'China's distant water fisheries and its response to flag state responsibilities', Marine Policy, No. 6 2006, 651-658. and see Yang, Z., Li, S., Chen, B., Kang, H., Huang, M., China's aquatic product processing industry: policy evolution and economic performance. Trends Food Sci. Tech. 58, 2016. 149-154.

③ Yu, J. and Q. Han, 'Exploring the management policy of distant water fisheries in China: Evolution, challenges and prospects'. Fisheries Research, 2021, 236.

风险、作业时间长等特点，却需要从业者掌握不同国家的相关法规和语言交流，以便进行合法捕鱼和安全生产。员工素质不能有效满足职业需求，冲突因此产生：低素质的渔船员工往往缺乏安全知识和法律意识，极易导致暴力和违法行为。船员素质不达标也可能导致在可捕捞渔业资源数量减少的情况下，渔民在利益驱使下到他国 EEZ 内非法捕鱼，增加远洋渔业的风险和管理困难。①

由于中国和鱼源国保护和管理的不足，过洋性渔业船员也存在操作技能和水平不达标、无证上岗等问题，过洋性渔业活动安全性与合法性难以保证。近年来，无证就业和船员专业能力不足等问题已成为管理过洋性渔业的重要阻力。首先，政府仅能通过考试等形式来考察渔业经理和生产人员，并未建立长期培训机制。其次，高职院校的培训规模无法满足当前的行业需求。此外，政府和渔业协会没有在国内外远洋渔业基地建立任何专业咨询或教育服务机构，因此很难提高海员的素质和企业处理紧急事件的能力。提高中国远洋渔业从业人员的素质能力仍然是未来中国远洋渔业管理的重要方向。

四、过洋性渔业管理的法律优化

过洋性渔业公司基本依赖于企业的自我监管。部分企业利用法律漏洞，在一些监管薄弱、治理结构不健全的地区（尤其是发展中国家）进行非法捕捞活动，以攫取利益。相形之下，域外国家拥有着更为完善的制度。例如，欧盟就通过控制渔业船队数量等手段对过洋性渔业业务进行管理。因此，强化监管水平、充足规则供给、构建系统性的发展框架是当前过洋性渔业发展的首要任务。

（一）建立国际合作机制

1. 强化国际协作

为了缓解国际环境对于中国在他国 EEZ 捕捞渔业资源的限制，必须加

① 何妤如，黄硕琳，等：《欧美 IUU 捕捞管理体系对中国渔业政策制定的启示》，载《上海海洋大学学报》，2021 年第 1 期，第 176-177 页。

强与中国过洋性渔业船只捕鱼国的双边合作。由于过洋性渔业的发展在很大程度上依赖于拥有资源的沿海国(鱼源国)，第一步应首先促进与鱼源国在渔业资源管理上的合作，唯有建立战略合作关系，才得以在此基础上与鱼源国谈判和签署协议，进而取得在鱼源国 EEZ 内捕鱼的权利。例如，斐济和新西兰在分配可捕量剩余部分时，就以是否在渔业资源管理方面进行合作为重要标准。[①] 关于国家间合作的内容和形式可以包括但不限于：对 EEZ 内生物资源开发利用、养护管理上的合作，例如，收集和共享渔业数据；捕鱼国与鱼源国的合作、鱼源国之间的合作；区域性合作与全球性合作；通过双边或多边协定进行合作，以及区域、分区域组织进度合作。

2. 增强与国际规则的对接

就我国而言，首先应当明确与国际规则对接后中国责任的具体内容。立足于我国现阶段国情，得出亟须完善的法律制度清单，填补空白，弥补差距。因此需要及时紧跟国际规则动向，满足当前国际上更高标准的海洋生态环境保护要求，追求本国与鱼源国利益最大化的双赢结果。为实现该目标，应当首先做好过洋性渔业船只的温室气体排放、废物排放、油污损害情况调查，考虑以配套的科学手段提升技术，增强设备的环保能力，更新船舶设施。鉴于中国过洋性渔业数据方面的空白与滞后，为方便管理，需要制定一套信息统计、收集、保存、更新方案，保证本国对于过洋性渔业资讯的及时掌握，并建立信息互换制度。另外，了解各鱼源国捕捞许可和登记制度也十分重要，积极配合各鱼源国的入渔条件，才能长久持续地保证中国过洋性渔业资源供给。

其次，加入更多渔业资源管理组织与协定，并通过使用更高的标准，更好地实现中国与国际社会的规则对接。例如，中国可以考虑批准《港口国措施协定》(针对 IUU 捕捞的首个有约束力的国际协定)等，建立更严格的过洋性渔业操作法规，降低在他国 EEZ 内非法捕捞的过洋性渔船数量，在获取资源的同时注重遵守国际法律规制与鱼源国法律规制，以此来缓解中国

① 戴瑛，裴兆斌：《渔业法新论》，东南大学出版社，2017 年，第 211-212 页。

过洋性渔业面临的国际困境。

最后，还需要考虑如何处理不属于我国国家责任的国际法问题。例如，根据海外发展研究所(ODI)报告，参与非法捕捞活动的悬挂外国国旗的船舶中，有927艘中国籍船舶，这一现象的治理就依赖于国内法与国际法的对接。[①] 根据国际法，这些船只是在中国企业管理下运营的，并不需要承担责任。因为即使这些船只最终属于中国企业，中国也不得在没有东道国合作的情况下在外国水域检查悬挂外国国旗的船只。实际情况中，以上非法捕捞渔船多活跃于发展中国家的EEZ内，这些国家缺乏海上调查和执法所需的设备和基础设施，也没有足够的严密监视能力防止非法捕捞活动。这一国际责任的履行，可以从扩大国家间渔业技术合作活动、弥补执法能力建设的不足入手，对提升管理中国公司海外行为的能力、为海洋治理提供中国方案、扩大影响力等都有帮助。

(二)完善打击IUU捕捞的法律与规范

国家远洋渔业发展第十三个五年规划[②]已经承诺改善对过洋性渔业船队的监管。除了鼓励整合和精简船队所有权的措施，该计划还承诺通过建立黑名单、改进监测、加强公海检查和实施《港口国措施协定》来解决IUU捕捞问题。其他承诺包括要求过洋性渔业船只向当局登记，审查海外捕捞条例，并将支持过洋性渔业作业的燃料补贴削减60%。[③] 由此可以看出，中国对于打击IUU捕捞的态度与立场，下文将从其他方面阐释打击IUU捕捞的对策与方案。

---

① ODI，“China's distant-water fishing fleet：scale，impact and governance”，2020，available at https：//odi. org/en/publications/chinas-distant-water-fishing-fleet-scale-impact-and-governance/，访问时间：2022年1月15日。

② 参见“农业部‘十三五’全国远洋渔业发展规划”，http：//www. yyj. moa. gov. cn/yyyy/201904/t20190428_6248320. htm。访问时间：2022年1月15日。

③ See Jacobs，A.（2017）‘China's appetite pushing fish stocks to the brink’. The New York Times，30 April，available at www. nytimes. com/2017/04/30/world/asia/chinas-appetite-pushes-fisheries-to-the-brink. html，last visited on 15 January，2022. and see Godfrey，M.‘China to revise key law on distant-water fishing’. Seafood Source（2019），available at www. seafoodsource. com/news/supply-trade/china-to-revise-key-law-on-distant-water-fishing，访问时间：2022年1月15日。

1. 加强国家间交流合作

如前文所述，IUU 捕捞通常不只涉及一国，从运营主体、违法活动发生地区到打击主体都可能牵涉诸多国家在内。因此，我国如希望有效预防、管控过洋性渔业船队的非法捕捞活动，就需要构建国际协作机制。比如，中国很难在未经许可的情况下在该国 EEZ 内进行 IUU 捕捞打击活动。在一些不发达区域如西非，则可能面临无人管理的困境。在此情况下，构建高效、稳定的中非共同合作机制尤为重要。我国可以通过为西非国家提供打击 IUU 捕捞的技术和资金援助，甚至可以通过次区域渔业委员会等区域渔业组织，来促进西非沿海国家间的信息交流，强化其执法能力，弥补管理空缺。

此外，借鉴其他发达经济体帮助改善沿海发展中国家海上执法能力以及加强国家之间的执法合作的经验，也是一种解决问题的思路。例如，欧盟法规要求进口鱼类必须附有船旗国签发的捕捞证书。[①] 中国也可以在过洋性渔业渔获物检验中规定采取此措施，作为预防 IUU 捕捞活动的重要举措。

2. 规范过洋性渔业渔船的管理

多数情况下，企业通过与鱼源国签订协议或以合资公司等多种方式入渔，但是缺陷有二：一是管理困难，二是企业逐利，难以确保企业运营下的过洋性船只满足入渔标准。因此，应致力于把两国合作协议当作前提条件，严格规范入渔条件和捕捞方式等。另外，对于规范远洋渔业船只，可以先从大规模的过洋性渔业公司入手。大规模的渔业捕捞公司的影响力相对巨大，更应该成为执法机构关注的目标。重点处理这些公司在船只规范与捕捞行为方面的问题，更有针对性和成效性，解决问题将事半功倍，也是建立我国执法机构良好信誉的机会，可以借此展现中国的承诺兑现力与领导能力。

---

① ODI，“China's distant-water fishing fleet：scale，impact and governance”，2020，p31 available at https：//odi. org/en/publications/chinas-distant-water-fishing-fleet-scale-impact-and-governance/，访问时间：2022 年 1 月 5 日。

3. 强化打击IUU捕捞作业的立法

除了遵守入渔国的法律法规、严格遵循国际呼吁的预防性措施，中国还需要加强立法、严惩违法行为。目前，我国在《渔业法》《远洋渔业管理规定》中关于过洋性渔业的监管措施仍然较为落后并有众多不足之处，只有不断加强过洋性渔业监管的各项要求和规范，尤其是对不遵守中国和鱼源国法律法规的各项行为进行严格的惩处，才能加强过洋性渔业企业或者过洋性渔业从业人员对法律的敬畏，以达到有效地遏制企图通过违法违规获利，或对于触犯法律规定抱有侥幸心理等现象和行为。

（三）加强过洋性渔业的管控与监督

根据前文关于问题的分析，中国在过洋性渔业整体制度上的不足表现在管理主体、管理制度、管理中问题的预防与应对三个方面，因此解决措施也将从三个方面提出。

1. 统筹规划管理主体

在过洋性渔业发展中暴露出来的船队信息不透明、渔业部门数据不完整、信息更新滞后、分散的船舶所有权等问题都说明中国的管理主体需要统筹协作，着力于规划一个集中的、公开的、可在国际上查阅的登记册，包括控股公司和直接附属船东的详细信息。将监测、遵守和执行工作的目标锁定在规模较大，特别是国有的、具有广泛远洋渔业业务的公司。加入适当的区域渔业管理组织并遵守其义务。农业农村部渔业渔政管理局作为中国远洋渔业唯一的主管部门，有义务承担起责任。

2. 完善过洋性渔业的管理体系

目前，我国针对过洋性渔业的规制仅有《渔业法》和《远洋渔业管理规定》，在规则供给上存在严重不足。一方面，在数量上，《远洋渔业管理规定》仅有少数条款与过洋性渔业相关，距离全面、系统的规制体系尚有差距。另一方面，过洋性渔业与远洋渔业之间存在不容忽略的差异。远洋渔业的规定并不能完全适用于过洋性渔业。鉴于管理制度上的不足，中国可考虑建立国家间渔业主管部门信息交流机制，定期交换、更新法律法规、渔船名单等在内的相关管理资料和信息，提高渔船船员的培训制度的效率。另外，改善过洋性渔业经营公司的注册信息透明度也是很重要的问题。中国可以通过提高渔船注册信息的透明度，如列出船舶最终所有者的名称，而不是只注明直接管理公司(通常是船舶最终所有者的子公司)来帮助过洋性渔业执法工作的进行。

引导产业结构优化也是完善过洋性渔业的管理体系的一项解决办法。基于对水产品口味、营养和健康需求的增加，我国过洋性渔业管理也应重视引导产业优化布局，合理分配鱼类种群配额，促进“生产、加工、销售”一体化。① 在法律法规方面可以从如下角度入手。首先，进一步探索过洋性渔业水产品的属性，设计完善合理的征税规则，积极引导产业协作；其次，在海关方面简化相关产品报关手续，提高过关效率；最后，强化对非法捕捞的打击力度，营造良性竞争的捕捞环境。

3. 加强对过洋性渔船的执法力度

确保过洋性渔业的合法、健康发展，预防违法行为的发生，首先要对相关人员进行普法培训。渔业主管部门首先应当对渔业企业进行境外法律法规培训。不仅要加强对国内法与国际法的普及，还需要针对在不同区域进行捕捞活动的过洋性捕捞船队，专门进行该国渔业捕捞相关的法律法规培训。特别是针对曾多次出现违法违规行为的渔业企业，需要增强法律法规的宣传和督导力度。

过洋性渔业船舶的管理还应针对具体问题做出配套的法律规定。旧船更新也是保证过洋性渔业法律执行的一个关键，需要制定一套可行标准，对更新、改造、淘汰、审批等事宜进行详细规定。针对船员素质水平不达标这一问题，应增强对渔船负责人员(船长、大副等)法律法规的教育及培训。渔船负责人员中的船长和大副等，是约束船员、规范渔船捕捞作业行为的最重要的环节和关键人物，只有过洋性渔船负责人员较为全面地掌握

---

① Li, J., Lu, H., Zhu, J., Wang, Y., Li, X., Aquatic products processing industry in China: challenges and outlook. Trends Food Sci. Tech. 2009. 20 (2), 76-77.

当地法律法规以及执法程序，才能有效地避免违法行为的发生。此外，目前电子监控技术快速发展，如能将电子监控技术逐步应用于过洋性渔船，也有助于加强监督。

五、结语

过洋性渔业管理的法律规制的研究，对保护渔业资源、实现渔业产业稳定和可持续发展、满足国民需求、保障粮食安全、增加渔民收入、发展渔业经济、凝聚国际共识都具有重要意义。就其本质而言，过洋性渔业是一种跨境生产的国际活动，因此，从国际法的视角，对其存在的问题进行分析，提出解决方案，至关重要。对中国过洋性渔业进行深入系统的研究，可以完善中国的国内法规则，有助于达成国际合作，实现国内法与国际法的良性衔接，实现渔业资源的可持续发展。

The Legal regulation of distant water fishing: systems, problems and optimization

CHEN Pengyu

Abstract: Distant water fishing is becoming an important part of the marine fisheries production system. In international law, the United Nations Convention on the Law of the Sea, international treaties and bilateral agreements are the main legal basis for regulating trans-oceanic fisheries, while in domestic law, the Fisheries Law of the People's Republic of China and the Regulations on the Management of Offshore Fisheries are the main ones. The established normative supply has faced many challenges when dealing with the evolution of the international environment, illegal fishing, surveillance and management. The optimization of management laws for trans-oceanic fisheries should start with the establishment of international cooperation mechanisms, improvement of the fight against illegal fishing, and strengthening of control and supervision. The aim of this paper is to examine how to harmonize China's domestic regulations with international law, so as to establish a more comprehensive and systematic legal regulatory framework and provide institutional support for the sustainable development of fisheries resources and marine living resources.

Key words: distant water fishing; United Nations Convention on the Law of the Sea; IUU Fishing

智慧警务在海上执法中的运用
——以美国海岸警卫队的职责为例

荆　鸣[①]

摘　要：海上警务工作受一些特殊风险影响，相比陆上警务工作面临更为严峻复杂的挑战。智慧警务有利于从整体上加强警务工作的精确度，提升执法的质量和效率。美国海岸警卫队（USCG）具备军、警双重属性，其防卫国土安全、维护海上安全等各项执法职责的履行在相当程度上体现了智慧警务的运用。警务工作具有完整性和一体性，海上执法主体因其执法行为陷入纠纷时，智慧警务在必要的追责程序中也扮演着重要角色。当下，可从完善陆上、海上警务工作的衔接，探索尚有空间的新技术两个方面推行智慧警务在海上执法中的运用。

关键词：智慧警务；海上执法；美国海岸警卫队

一、问题的提出

长期以来，警务工作在提供警务产品、履行执法职责、维护社会公共治安等方面发挥着不可替代的作用。“大智移云”时代的到来不仅推动信息技术领域的革新，更将引发社会多个侧面的巨大变革。[②] 一些具备科技知识的法人、自然人将诸多新型技术运用于反侦破、抗拒执法中，为案件的侦

---

① 荆鸣（1994—　），女，汉族，辽宁辽阳人，大连海事大学法学院博士生，联合国粮农组织（FAO）渔业与水产司实习研究人员，主要研究方向：海洋法、国际经济法。基金项目：国家社会科学基金重大项目“大数据、人工智能背景下的公安法治建设研究”（19ZDA165）。

② 中国工程院院士、互联网专家邬贺铨将之概括为“大智移云”时代，将大数据、人工智能、移动互联网、云计算技术简称为“大智移云”。参见《“大智移云”时代的到来》，沧州日报，2018 年 11 月 29 日，http：//zwgk. cangzhou. gov. cn/cangzhou/botoushi/article5_new. jsp? infoId = 551826，访问时间：2022 年 1 月 15 日。

破和执法工作增加了明显困难，案件侦破率低又容易导致警察队伍的公信力整体降低，从而极大地增加社会的维稳成本。以其人之道，并更胜一筹才能有力还治这一社会现象，各类新技术的跨越式运用不仅应该对公安机关的警务理念、行政方式产生启发性影响，更应为公安机关警务机制的更新和执法体制变革提供直接的技术支持与现实路径。因此，“大智移云”时代呼唤智慧警务在警务工作中的出现和推广。本文所谓智慧警务，是以公安信息化建设为基础，以云计算、大数据为核心，在充分集合人的智慧和现代网络、数据、信息和技术基础上，以提升警务工作效能为整体目标，能实现警务工作智能化分析和处理，促进警务工作在理念、内容、机制和方法等方面转变的新型警务形态。[①]

海上天然、复杂、特殊的风险为警务工作平添了更多挑战：比之于陆上警务工作，海上警务工作涉及的证据更易灭失，执法程序难以严格遵照陆上相应规定逐一落实，执法场所也相对较为隐蔽，警务工作的瑕疵不易暴露。[②] 基于这些在取证、执法方面的困难，海上警务对信息技术变革的呼唤和对警务机制更新的需求比陆上警务更为迫切。履行各项海上执法职责的主体承担着海上警务技术运用和工作模式革新的重大使命，因此急需强劲的立法、执法理论的支撑。基于大数据、人工智能等技术的运用在世界范围内的海上执法工作尚不完备，实践中诸多问题亟待解决，鲜有立足法学领域的有针对性的研究。各国的海上执法实际虽不尽相同，但对这一特定领域的规则供给的需求有相当程度的相似。[③] 本文从美国海岸警卫队的具体职责出发，探索各项海上执法职责中智慧警务的用武之地，同时就特定技术的运用可能引起的法律难题展开思考，以求为解决海上执法带来的“后技术时代”困境尽些绵力。

---

① 刘金波：《加快推进大数据智能化建设步伐，不断提升警务工作效能和核心战斗力》，腾讯新闻，2019 年 7 月 12 日，https：//new. qq. com/omn/20190712/20190712A0N9YC00. html？ pc。访问时间：2022 年 1 月 15 日。

② 赵晋：《论海洋执法》，中国政法大学博士学位论文，2009 年。

③ 《各国海上执法力量一瞥》，载《解放军报》，2013 年 7 月 23 日，http：//world. people. com. cn/n/2013/0723/c14549-22287442. html。访问时间：2022 年 1 月 15 日。

二、美国海岸警卫队海上执法职责中智慧警务的运用

根据2002年美国《国土安全法》，海岸警卫队肩负着维护海上人员与财产安全、搜索救护、管理导航设施、保护海洋生物资源、保护海洋生态环境、破冰作业、维护港口、水道与海洋安全、打击毒品走私、防范人员偷渡、海洋防务、其他重要任务等10余项职能。[①] 如根据执法的对象进行分类，美国海岸警卫队的执法职责可大体概括为国土防卫、海上治安、海上安全、海上交通、海洋资源与环境保护五大类。这一部分将简单梳理这五类海上执法职责，从中分析何种新技术可用于其中，并发挥效能。

（一）国土防卫职责中的技术运用

海岸警卫队一向具备“军警双帽”的复合型属性特征[②]，保护美国领土完整、维护陆地和海洋权益这一偏军队性的职责是其一项重要的传统职责。海岸警卫队对其负责保护的美国领土、领海、港口、海岸线可能遭受的各种安全威胁需保持高度警惕。其具体安全任务主要包括：保护港口及海上贸易、海上交通系统免受恐怖分子的袭击；禁毒、防止外国人非法在海上入境、防止武器和大规模杀伤性武器从海上边界入境；保持战备状态，防范和减少来自海上的威胁，保护美国的海上军事、商业等利益；禁止非法捕鱼和破坏海洋生物资源，防止有意或无意的石油和危险物质的渗漏；与联邦、各州政府协作和交换情报。[③] 大数据及定点技术在海岸警卫队这项职责中的运用较为重要。由于防卫国土安全这项职责具备亦攻亦守的特征，要求实现突发事件应对的常态化，对大数据和定点技术的双向运用提出极高的要求。海岸警卫队不仅要在危机状态来临前极短时间内快速获取信息，锁定可能对国土安全带来不利影响的各类细小因素的具体位置，以及时应

---

① 李景光：《国外海洋管理与执法体制》，海洋出版社，2014年，第19页。

② 参见《海岸警卫队的历史回顾》，2016年12月19日更新，2016USCG_Overview. pdfpage8。访问时间：2022年1月15日。

③ 同②。

对危机状态，还要随时做好防御，任何一个时刻都对大数据中的可能变动了如指掌。海岸警卫队发展至今，其执法任务的体系化程度较高，有明确的本土作业和海外作业两个大区。其海外作业又存在两个地理区域——大西洋和太平洋区域；两大区域进一步划分为9个命令指挥部。大西洋区域包括5个命令指挥部，覆盖美国东部、大西洋、大湖和墨西哥湾。太平洋区域包括4个指挥部，覆盖美国西部和太平洋。海岸警卫队还配备8个国防作战司令部，通过破冰船、高耐力切割机、航空器和可部署的专业部队来保卫国家主权。[①] 其司令部做出的指令对防御的精准度要求极高，上述机构的特殊工作也催生了大数据和定点技术在海岸警卫队保卫国土安全职责中的运用。

(二)海上治安职责中的技术运用

海岸警卫队是美国海上唯一综合执法部门，负责在美国管辖海域内执行相关法律和国际公约、条约，拥有禁毒、禁止非法移民、保护海洋资源和渔业等广泛的执法权。[②] 海岸警卫队无须批准便有权实施登船、安全检查、打击走私等行动。[③] 其有权对任何一艘进入美国水域的船只进行安全检查；执行海上环境及海洋生物资源保护等相关法规，并对违反海上环境保护和破坏海洋生物资源者给予惩罚；还有权执行美国关于拦截和遣返非法移民的各项规章；执行美国渔业法规以及与其他国家签订的渔业协定；执法人员还有执行具有管辖权的法院发出的任何逮捕令或其他程序的职责。[④]

进行空中和海上巡逻是海岸警卫队执法的主要途径，飞机作为多职能的海上巡逻工具，凭借其先进的监控设备和广阔的搜寻面积优势，配合水面船艇在禁毒和打击偷渡活动中确定可疑目标位置、监视可疑目标的活动，

① 参见《海岸警卫队的历史回顾》，2016年12月19日更新，2016USCG_Overview. pdfpage8。访问时间：2022年1月15日。

② 李响：《我国海上行政执法体制的构建》，载《苏州大学学报》，2012年第3版，第79页。

③ 许浩：《论南海渔业执法模式的构建——美国海岸警备队的经验借鉴》，载《中国渔业经济》，2013年第4版，第7页。

④ 参见《海岸警卫队的职能简介》，2016年12月19日更新，2016USCG_Overview. pdfpage8。访问时间：2022年1月15日。

还负责船舶的问话、调整执法对象的位置、震慑非法行动。维护治安职责最为依赖的技术手段仍然是大数据和定点技术，在飞机确定基本位置后，登临船作为海岸警卫队的直接载体奔赴目标并完成执法。美国政府还使用卫星监视外国渔船的活动[①]，但这一技术成本畸高，且对实施条件要求苛刻，难以在海上治安职责中广泛推行。

海岸警卫队还是海上禁毒的主要机构，其主要任务是阻止走私分子将毒品从加勒比海、墨西哥湾和东太平洋大约600平方英里（约1553平方千米）海域的空中或海上携至美国。为有效打击海上毒品走私，海岸警卫队十分重视海上毒品情报工作，并注重禁毒的国际协作，不仅能有效打击美国领海、领空的毒品犯罪，还能一定程度上达到防止嫌疑船舶逃往邻近国家领海的效果。[②] 有关毒品的蛛丝马迹的探测需要对该类物质的各种形态具有极高的敏感程度，这一工作在陆上往往通过警犬等嗅觉灵敏的动物完成。迄今还没有发现可在水上警务环境中工作、在海上能够有效探测出毒品痕迹的动物。因此，这一领域的未来发展与人工智能的推广具有密切联系。美国麻省理工学院研究的缉毒机器人利用超声波在水下搜寻毒品，让走私毒品的船只无处遁形。这种水下机器人的形状很像保龄球，能够在船体之间自由穿梭并利用超声波探测船体内的异常空腔和螺旋桨轴，这些位置恰是不法船只藏匿毒品的重要位置。[③] 由于其体积较小，不易被发觉，且采用3D打印技术，制造成本可低至600美元/只，有可能大规模地推广和使用。

保卫边界，阻止非法移民的职责需符合人道主义原则，首先考虑非法移民的生命安全，再考虑禁止非法移民入境或将非法移民遣返回国。因此这一职责不适合贸然使用武器，仍然保持较为传统的行使方式，技术的运用并不充分。

---

① 周放：《美国海洋管理体制介绍》，载《全球科技经济瞭望》，2001年第11版，第10页。

② 参见《海上缉毒的艰辛》，2011年9月4日，http：//www.qc99.com/shop/renwensheke/junshitushu/20110904/41643.html。访问时间：2022年1月15日。

③ 该项目的两名设计人员 Sampriti Bhattacharyya 和 Harry Asada 谈到，水下机器人被分为防水和透水的两部分，防水部分内置有锂电池和各种电子元器件，而透水部分则安装了由6个泵所组成的动力系统，能够提供0.5m/s行进速度，而其充电时间仅为40分钟。

渔业执法是海岸警卫队海上治安职责的又一重要内容，其目标是确保《渔业保护和管理法》及相关国际渔业公约、协定的执行，包括执行联邦有关捕鱼限制、网眼限制、封闭水域、禁渔期等规定以及其他由地区渔业管理委员会和渔业管理组织实施的联邦规章。《渔业法》赋予海岸警卫队充分的权力，在有充分理由时逮捕任何违反渔业法规的人员；登临任何渔船进行检查或搜查；扣留违规渔船、渔具；扣留违法船上的渔获物。[①] 海岸警卫队进行渔业执法的主要手段是空中和海面巡逻，并在岸上进行渔获物和渔具检查。[②] 海岸警卫队与各渔业管理部门在渔业执法中存在良好合作关系。由于渔业执法的较强专业性，实际操作中由海岸警卫队完成的具体任务并不多，大多数实际工作由渔业专门负责部门完成。故在一般情况下，巡逻及常规渔获物、渔具检查工作的技术要求并不高，传统的执法科技供给即可满足。在需要监视外国渔船的活动时，才需要运用卫星等技术。

（三）海上安全职责中的技术运用

海上安全是海岸警卫队的一项综合职责，包括救捞、航海安全、信息安全、航道安全、港口安全等多个维度。救捞以减少海上人员的生命、财产损失为目的。美国海上搜救涉及的部门较多，海岸警卫队既是搜救行动的执行者，也是协调者。海岸警卫队不仅进行实际搜救工作，还通过技术推广、教育培训、研究与开发、制定规章和严格执法为搜救行动奠定基础。出于生命的无价，救捞工作大多情况下刻不容缓，而且也存在较高程度的国际合作。海岸警卫队的搜救活动采用诸多现代化系统性技术，将其搜救活动纳入世界搜救体系，将其辖区内的每一艘救捞船纳入其船舶安全管理体系。这些系统主要有 VHF. FM 灾难应急网络系统、COSPAS/SARSAT 系统、自动双向帮助船只搜救(AMVER)系统。

对商业船舶的安全检查是海岸警卫队确保航行安全的例行工作。一艘商船从设计、建造，到使用、维护阶段始终都在海岸警卫队监管之下。海

① 参见《海岸警卫队的职能简介》，2016 年 12 月 19 日更新，2016USCG_Overview. pdfpage8。访问时间：2022 年 1 月 15 日。

② 周放：《美国海洋管理体制介绍》，载《全球科技经济瞭望》，2001 年第 11 版，第 10 页。

岸警卫队海上安全中心负责审批船舶设计是否符合安全污染预防法和相关规则。美国船舶档案资料中心是美国船舶档案管理的负责部门，负责颁发和管理船舶档案资料执照、船舶所有权执照等。突出的不良记录如抵押、先期抵押、抵押通告及不利于船舶的正在处理的涉案信息资料也由该中心保存。除严格把控船舶档案外，海岸警卫队还负责颁发海员执照和管理商业海员档案资料。这一职责要求信息的全方位存储和管理。大数据平台和近年崛起的区块链技术在档案资料的管理中具有重要地位，对于系统化分类及快速对应到具体的船舶或船员有重要意义。区块链在未来具有更大的探索空间，但当下其运用范围有限，成本仍然较高。

海岸警卫队港口当局负责行使港口管理职权，查验进出港船只是否符合相应标准。对于经证实不遵守相关法律或规章的船舶，海岸警卫队有权采取必要措施使其遵守。这一职责也赋予海岸警卫队核实在美国水域内航行的外国籍船舶是否遵守相关国际协议和美国法律及规章的权力。① 海岸警卫队对外国船舶进行随机检查。这种检查包括一般检查与年度检查，由海岸警卫队港口当局官员具体负责，主要检查甲板和船体、机械和电子器械、救生装备、消防装备、舰桥、船舶综合安全情况、货船安全无线电导航系统、安全和污染处理装备、废物处理设备。② 这一职责的履行往往在港口区域内进行，其可能运用的技术既是智慧警务工作的体现，也是美国智慧港口建设的体现。港口当局整合相应技术，为进出港船只提供系统化服务，除了需要上述大数据平台和区块链技术，还很大程度上依赖通信系统，5G技术可能在这一领域率先得到推广。

安全管理职责具备与维护国土安全类似的双向性，其行使既具有主动性，也具有防御性。为预防大型事故发生，尽可能减少在美国港口内船舶上乘客或船员的人身伤亡，海岸警卫队从预防和应急反应两个方面采取措施。在预防方面，其制定客轮事故预防计划，强调船员合格、船舶物资和

---

① 参见《海岸警卫队的职能简介》，2016 年 12 月 19 日更新，2016USCG_Overview. pdfpage8。访问时间：2022 年 1 月 15 日。

② 同①。

装备安全、确保足够的救生设施，以最大限度地降低事故发生率和事故发生后的伤亡率。在应急方面，海岸警卫队制定专门的应急反应计划，经常组织各种搜救应急队伍进行演习。该职能的高效行使同样依赖大数据平台和定点技术的高水平运用。

（四）海上交通管理职责中的技术运用

海上交通管理职责意在保障美国海上和内陆航行船舶、人员、物资安全流动，其具体任务包括引航、冰上作业、航线管理、桥梁管理和海上交通管制等。引航是海岸警卫队最早承担的任务，引航部门也是海岸警卫队各部门中最早组建的，海岸警卫队至今仍是美国负责引航事务的专门机构。海岸警卫队的导航任务主要包括短程导航、无线电导航、发布海上信息、提供船舶交通服务等。[①] 冰上作业的技术难度较大，为保证美国在极地进行考察活动时各类物资需求得到充分补给，必须确保航道在任何时候都畅通无阻，必要时还需进行定点破冰，这一职责需要精准定位技术及大数据平台的支持。

海上交通职责还包括对运输系统的管理。美国有 18 个联邦政府机构拥有管理海上运输的职责，但官方从未指定任一主导机构。[②] 在美国海上运输系统的管理和协调中，海岸警卫队事实上扮演着主导角色。这一职责主要通过维护电子导航设备和可见导航设备，加强对拥挤港口内船舶的疏导，加强对运输量较大的水路上桥梁的管理实现。系统性流量控制的主要技术支撑仍然是某一时间段内的动态精准定位。

（五）海洋资源与环境保护职责中的技术运用

海洋资源和环境保护是海岸警卫队的又一重要职责。为保护海洋生态资源和环境免遭污染与破坏，海岸警卫队制定相应规则减少海上运输、商业捕鱼、休闲划艇等商业行为对环境和资源的可能污染和破坏。海洋环境

---

① 参见《海岸警卫队的职能简介》，2016 年 12 月 19 日更新，2016USCG_Overview. pdfpage8。访问时间：2022 年 1 月 15 日。

② 同①。

污染具备一定程度的突发性和不可预估性，海岸警卫队长期保持完备的事前应急机制，其中针对石油泄漏的应急反应规划最为著名。海岸警卫队专门针对石油泄漏进行应急反应演习，以求迅速、有效地应对污染事故，并反思、回顾应急反应的全过程。[①] 其保护海洋资源的活动包括：海上有害物种监管、渔业资源保护、濒危物种保护等。[②] 这一职责具有高度的专业性，需要完备的数字化监管系统对海洋环境和资源进行实时的、动态的监管。

三、执法引起的责任追究程序中智慧警务的运用

警务工作是政府执法工作的重要组成部分，具有完整性和一体性，其各环节都能引起社会的高度重视，从事警务工作的执法主体可能因为履行职责中的瑕疵成为被追责对象。美国海岸警卫队在执法中的瑕疵可被诉至普通法院，在既有实践中被作为有行政执法资格的主体对待。追责诉讼中的程序问题处理也在一定程度上依赖新技术的运用。这一部分将结合海岸警卫队的发证实践，分析这一职责履行瑕疵的追究程序依赖何种新技术，这些技术的发展如何辅助诉讼中的争议处理。

（一）美国海岸警卫队发证实践的争议处理

本文选取2002年史密斯等诉美国海岸警卫队（Smith v. USCG）案，观察海岸警卫队因执法行为的合规性被诉时美国普通法院的处理方式，判断诉讼中需要技术提供何种支持，并分析发证检验中的疏漏能否通过技术手段弥补。

本案的争议焦点是海岸警卫队对船只进行检验和授予证书的行为是否存在履职疏忽。船东约瑟夫·米特罗夫（Joseph Mitlof）1998年7月1日从诺沃克海事公司（Norwalk Maritime）购买“保守”号（Conservator）船，该船具有由海岸警卫队颁发的检验合格证书[③]，限主要用于诺沃克河流域的商业观

---

① 参见《海岸警卫队的职能简介》，2016年12月19日更新，2016USCG_Overview. pdfpage8。访问时间：2022年1月15日。

② 同①。

③ Certificate of inspection，检验合格证书，在本文使用英文缩写COI代指该证书。

光。在诺沃克出售该船前，“保守”号的最新检验合格证书于 1997 年 5 月 21 日取得(以下简称“1997 COI”)，有效期至 2000 年 5 月 21 日。根据这一证书，“保守”号可载 20 名乘客和 1 名船员，其操作范围为距离海岸不超过 1 英里(合 1.6093 千米)、航程不超过 30 分钟的康涅狄格州诺沃克港口地区。米特罗夫没有变更 COI，也没有申请重新检验该船。同年 8 月 23 日，丹尼尔·希恩(Daniel Sheehan)在哈德逊河驾驶“保守”号时，违反 1997 COI 规定，搭载 27 名乘客和 2 名船员，该船倾覆。

该事故中的受伤者随即采取行动，将发证的海岸警卫队及联邦政府诉至纽约南区联邦地区法院，认为海岸警卫队允许“保守”号在不适航情况下作业，构成履职疏忽(negligence)。根据国会美国联邦成文法大全补编，第 46 部分第 3306 条，为保护待检查船只上人员和财产的安全，通常海岸警卫队的检查范围应包括：(1)具有适用于该船相应用途的结构；(2)配备适当的救生、防火和灭火设备；(3)如果被授权运载乘客，为船员和乘客提供适当的住宿条件；(4)能保证乘客和船员生命和财产处于安全状态；(5)符合相关法律法规。[①] 联邦法律汇编(C.F.R.)第一章 T 子章规定了小型客船的检验和发证要求，在发证前，海岸警卫队必须对船舶进行检查，没有有效 COI 的小型客运船只不得作业。[②] 原告认为海岸警卫队执法人员应在颁发 COI 之前确定待检验船只是否遵守这些规定，且“保守”号明显不合规定。被告辩称原告引用的条文没有明确要求海岸警卫队在签发 COI 之前要进行何种特定测试，条文内容中“应根据 T 子章要求检查船舶”并未指定海岸警卫队执法人员确定合规与否的具体方式，故对于检验的方法和细节，海岸警卫队在执法中具有自由裁量的权力。在近似问题存在先例时，普通法院

① 根据美国国会成文法大全的编目排列，具有一般性的，永久适用性的所有联邦法。United States Code Service, 46 USCS § 3306 Regulations, (a) To carry out this part [46 USCS 3101 et seq.] and to secure the safety of individuals and property on board vessels subject to inspection, the Secretary shall prescribe necessary regulations to ensure the proper execution of, and to carry out, this part [46 USCS § 3101 et seq.] in the most effective manner for—(1)(2)(3)(4)(5)……来源：archive. org/details/unitedstatescode0000unit_m8e1。访问时间：2022 年 1 月 15 日。

② Code of Federal Regulations，联邦法律汇编是由美国联邦政府执行部门的联邦公报发布的一般性和永久法律法规的汇编，通过不同的主题把联邦规则分为 50 个主题。

大多会遵循先例。1995 年的卡森斯诉圣路易斯邮轮公司案中，经海岸警卫队检查认证取得证书的船只没有安全扶手，乘客在楼梯上跌倒，起诉海岸警卫队在检查中存在失职。[①] 第七巡回法院认为，46 U. S. C. 第 3305 条仅为检验过程设定了标准，没有规定执法人员必须进行哪些具体步骤，如何进行检查由具体从事该工作的执法人员自行决定。但法院还指出，这一裁量并非没有边界，海岸警卫队执法人员在履行职责时仍应注意"平衡考虑因素"，即安全性和经济性，需考虑待检查的特定船舶的需求和用途。[②]

本案的原告还称，即使法规条文没有为海岸警卫队的检验行为规定具体方法(Smith v. USCG)，海岸警卫队的裁量权也不能大到允许其向明显不合格的船签发 COI，"保守"号船缺乏安全设备，明显不适航，这已经超出自由裁量的边界。法院认为，本案的情形属于伯克维茨(Berkovitz)案中的自由裁量功能例外(discretionary function exception)情形。海岸警卫队执法人员可以根据船舶的预期作业情况酌情判断(甚至变更)检验标准，在判断检验标准时，适当考虑船舶检验证书许可的操作涉及的危险是合理且必要的，具体标准可能会根据船舶的操作区域等限制有所不同。"保守"号的许可仅限在诺沃克港口区域内，距离海岸不超过 1 英里，航行持续时间不超过 30 分钟。海岸警卫队在不知悉"保守"号具体瑕疵的情况下，向"保守"号发出用途如此局限的 COI 并不失职。基于自由裁量功能例外原则，纽约南区联邦地区法院认为自身对本案原告的诉求不具有事项管辖权(subject matter jurisdiction)。[③]

(二)技术革新对执法工作的可能影响

本案中海岸警卫队的发证以确定的海域为范围，一个狭窄受限的范围是导致法院认定海岸警卫队的发证行为不失职的关键因素。法院的逻辑在于，该船如果始终在特定的海域内作业，即使船舶存在一定瑕疵，也不会导致事故发生。适合船舶作业的特定海域如何判断，是一个专业的技术性

---

① Cassens v. St. Louis River Cruise Lines, Inc., 44 F. 3d 508 (7th Cir. 1995).

② 自由裁量功能例外原则(Discretionary function exception)是《联邦侵权法》中最重要的例外原则，政府的侵权责任主要通过这一原则得到免除。

③ Smith v. U. S. Coast Guard, 220 F. Supp. 2d 175 (2002).

问题，从本案结论看，海岸警卫队仍然有较大的裁量权，普通法院的判例对于判断特定海域的技术手段没有提出明确具体的要求。本案发生于20余年前，美国海岸警卫队掌握的判定海域适航程度的技术在世界范围内已较为先进。但新定位技术如能发挥作用，对适合瑕疵船舶航行的特定海域的判断就能更为精准化和动态化。当时不依赖新技术，发证行为作出之前，海岸警卫队只有特定时间段内的静态资料——地图和指南为其作出发证与否的决定提供信息基础。但发证后，水域可能因为天气等自然因素发生变化。如新技术能预测一定的时间段内水域的可能变化，对发证的水域范围作出一个动态评估，则能极大地降低事故的发生率。评估的大体公式为：在正常天气下，风力在A—B，水上能见度在A1—B1时，该船的作业水域为A2—B2。在天气向+极端情形靠近时，风力的极限是C，水上能见度极限是D，该船作业区域为C1—D1；达到H+(极端情况)时，可安全作业范围达到极致。在天气向-极端情形靠近时，风力极限是E，水上能见度极限是F，该船作业区域为E1—F1(较为受限)；达到H-(另一种特别极端情况)时，不能再作业。

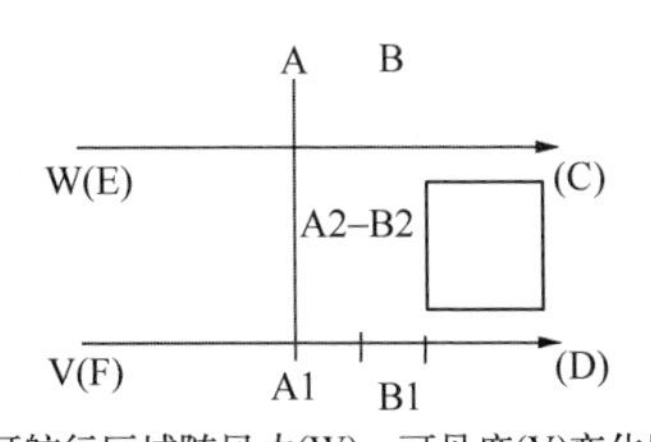

可航行区域随风力(W)、可见度(V)变化图

从本案的审理逻辑来看，法院没有对海岸警卫队的技术条件作较高要求。海岸警卫队的发证许可水域范围是静态的，而发证后非人为因素引起的水域变化不在海岸警卫队的追责范围之内。法院对海岸警卫队作出是否有执法瑕疵的判断只根据发证这一行为当时的情况，海岸警卫队是否尽到职责，对于其可能执法瑕疵的后续追责不是动态的，而是静态的。如今，海上形势复杂程度极大地增加，在发证等问题上静态的执法已经无法满足海岸警卫队执法工作的要求，大数据平台下的海上精确定点技术，海上安全风险的系统化评估等技术亟待开发和运用。

以管窥豹，本案不仅可以反映海岸警卫队在美国司法实践中的地位，也可传达出美国司法诉讼制度以实用主义为代表的诸多特征。美国法律体系中并不存在行政主体这一概念，但海岸警卫队的执法资格在实践中近乎没有争议。有关行政主体的基本理论是源自大陆法系的，其产生和适用的前提是公法、私法泾渭分明。英美法系中没有行政主体的专门概念，原因除其深远的判例法传统的影响外，还与其公法、私法界限长期不明密切相关。就其法院体系划分，美国不设专门行政法院，与行政行为相关的诉讼和民事诉讼都可由普通法院管辖。就其法律适用，二者也适用类似的法律规则。普通法的理论和实践不强调行政主体概念的特殊性及对其进行深入研究的必要性，省去了颇多理论争议。从实践中海岸警卫队作为被告应诉的资格来看，它基本符合大陆法系中行政主体的特征。[①] 在行政主体的各项特征中，对海岸警卫队执法主体属性的认定明显偏重参与诉讼的能力和资格，即能够独立承担执法行为引起的法律后果这一要素。因此，我们可将海岸警卫队在美国司法实践中的地位概括为具备独立的行政执法资格，并能够就其执法行为引起的争议参与诉讼的执法主体。

海岸警卫队的执法行为在引起争议时，具备参与诉讼的资格，但能否在某一具体案件中充当被告，还是要看特定案件的争议焦点是什么，即它处于何种性质的法律关系中。在有行政主体概念的法域，行政机关如在履职中存在不当行为，相对人就其履职中的不当行为提起的诉讼是行政诉讼。但如行政机关在与自然人或法人的民事交往中发生违法行为，相对人的诉求只能通过提出民事诉讼解决。美国普通法院既能受理行政诉讼，也能受理民事诉讼。海岸警卫队如被诉，无论最初的诉因是民事侵权还是执法失职，都必须达到受诉法院的管辖权标准。本案最终被驳回，原因在于自由裁量功能例外原则的适用排除了受诉法院的事项管辖权。

---

① 有关行政主体的探讨汗牛充栋，主要成果见罗豪才：《行政法学》，北京大学出版社，1996年，第76页；许崇德，皮纯协：《新中国行政法学研究综述》，法律出版社，1991年，第166页；薛刚凌：《行政授权与行政委托之探讨》，载《法学杂志》，2002年第3期；叶必丰：《行政法学》，武汉大学出版社，2003年，第136页。

四、智慧警务在海上执法中运用的建议

智慧警务是伴随传统警务模式弊端日趋凸显，社会管理逐渐复杂，治理难度逐渐加大，以及信息技术开始在公安系统中运用，近10年才被提及的新兴概念。在当前世界上许多国家推行智慧城市建设的新形势下，智慧警务也成为适应社会变革的警务改革与发展的必然趋势。在“大智移云”背景下，把握千载难逢的机遇，积极运用大数据、云计算、物联网、人工智能等技术手段，打造新型警务机制与模式，实现警务工作的智慧化、智能化、协作化、服务化。本文在分析美国海岸警卫队的执法职责的基础上，从加强完善陆上、海上警务工作的衔接，探索尚有空间的新技术的开发运用两个方面为在海上执法工作中智慧警务的推行提出建议。

(一)加强完善警务工作的陆海衔接

人工智能迅速发展给公安信息化工作创造了前所未有的机遇，公安大数据的推广和日趋成熟成为世界上一些国家公安信息化工作的趋势和重点。就陆上警务而言，大数据平台是智慧警务建设最重要的组成部分。各地公安工作之间的衔接配合均以大数据为依托，深入了解大数据规律及运用方法为时下急需，将大数据手段广泛运用于警务工作领域以及警务实战化应用领域，才能最大限度地释放警力，全方位提升公安工作的智能化水平。新近的视频图像识别技术以提取视频中人、车、行为等结构化数据为核心，融合物联网数据、业务数据、社会数据等多维度数据资源，打通系统之间的数据壁垒，可为公安实战应用提供更丰富的数据支撑，助力于“汗水警务”到“智慧警务”的转变。[①] 就海上执法而言，大数据的应用程度远不及陆上警务工作，这一定程度上给警务工作的陆海衔接带来障碍。应对突发事件时，特定海上执法工作的质量和效率可能基于木桶效应，拉低国家整体社会治理能力。

世界上许多国家的执法体系都是陆海两分，陆上警务的具体工作和执

① 郑辉：《基于视频大数据的智慧警务建设》，2019年全国公共安全学术研讨会。

法模式与海上都存在较为明显的差别。一些具体工作可能存在联系，如缉毒工作的打击对象可能经常需要在陆海频繁移动。[①] 但这类交集并不多，整体上陆海警务处于长期割裂的状态。当海上执法需要多个部门配合时，比陆上执法部门间的配合更难实现高效通力。海上执法与陆上执法配合不力，一定程度上成为新技术运用推广的瓶颈。新技术越是得不到运用，海陆执法配合不力的局面越是得不到缓解。本次新冠肺炎疫情对口岸卫生防御体系提出重大挑战，海港口岸的警务工作成为陆海衔接的一个标志节点，其衔接的效果如何，直接影响一国控制境外输入病例的严格程度。目前，世界各国防疫形势仍然严峻，故加强警务工作的陆海衔接，探索打造陆海双向的智慧警务模式，功在当代，利在千秋。

（二）探索尚有开发空间的新技术

一些新技术、新模式已在陆上警务中投入运用，且有较广阔的前景，但碍于成本过高、难以取得政策支持等原因，当下的运用程度不高，尚有较大开发空间。笔者认为，这些技术如在海上执法中也能有较大运用空间，则值得更多的资金、时间等方面资源的投入。如5G通信技术当下在智慧警务中的运用尚不普遍，在立体化指挥防控、下一代移动警务、公安综合治理一体化场景中仍大有可为，而这些工作是陆海皆需的。大数据背景下，借鉴“互联网+”“智慧+”发展模式已成为推动公安工作转型升级的时代潮流，故探索建设“5G+智慧警务”的管理服务模式也是未来智慧警务发展的重要内容。[②]

社区警务曾在一段时间内充当推进我国公安基层工作的重要战略部署，但其传统的业务模式和工作方法如今已明显活力不足。[③] 如将智慧警务发展理念注入社区警务建设中，为社区警务的防控与维稳作用注入新动能，符

① 参见《海上缉毒的艰辛》，2011年9月4日，http：//www.qc99.com/shop/renwensheke/junshitushu/20110904/41643.html。访问时间：2022年1月15日。

② 徐孟强：《5G与智慧警务的应用创新探索》，2019年5G网络创新研讨会。

③ 朱颂泽：《浅析智慧警务视角下社区警务建设新路径》，载《湖北警官学院学报》，2018年第3期，第26页。

合其转型升级和改革创新的新发展构想。社区警务建设依托大数据平台及可能进行数据化管理的社会组织，与智慧港口建设具备一定联系，可作为陆海皆宜的发展模式投入开发和运用。①

在突发事件应对模式方面，陆上、海上警务工作也面临同样紧迫的转型升级需要，并承担类似的高压力、高风险。陆上交通是智慧城市建设的重要一环，地铁交通是城市交通系统的重要组成部分，因其空间的封闭性、影响的连带性、运行的全线性以及运营的开放性等特点成为暴恐团伙或个人极具吸引力的袭击目标。海上公共交通同样具备这些特征，巨型客轮的载客量甚至高于地铁的平均客流，且任何事故一旦发生在海上，其危险级别远高于同等情况下发生于陆上，经本次新冠肺炎疫情放大的“邮轮效应”便是铁证。积极将智慧警务建设与地铁反暴恐工作，以及海上应对紧急状态工作建设有机结合起来，以智慧警务统领应对各类突发事件的预案，既符合当下的形势需要，也有助于实现“共享、协同、服务、实时”的应对警务模式。②

智慧警务具有极其深远的时代内涵，当前陆上智慧警务建设在我国已经取得一些成效，但仍有明显不足，更新警务理念、加强顶层设计、推动警务体制机制创新、创造新型警民关系、构建现代化保障体系是走出智慧警务建设误区、提升智慧警务建设水平的必然路径选择。③ 在前所未有的时代机遇面前，我国的各级公安机关，组建不久的海警执法部门应顺势而为，以建设整体社会治安防控体系为契机，立足自身实际，加强技术引领、深化社会参与、健全大数据侦查机制④，为人民群众提供优质的公共服务产

---

① 港口具备公私双重属性，笔者倾向于将港口界定为具备双重属性的特殊主体，也有学者认为港口具备社会法属性，这与社会组织具备一定的关联性，港口协会等组织的出现和发挥作用也一定程度上证明这一点。

② 徐申：《智慧警务视角下地铁暴恐事件的应对策略研究》，载《贵州警官职业学院学报》，2019 年第 5 期，第 79 页。

③ 肖振涛：《我国智慧警务建设的实践与思考——以“大智移云”技术为背景》，载《中国刑警学院学报》，2018 年第 6 期，第 71 页。

④ 郑海，陈嘉鑫：《公安机关智慧警务的实践问题研究》，载《贵州警官职业学院学报》，2018 年第 4 期，第 113 页。

品，着力完善智慧警务建设，推动信息化、立体化，海陆恰当衔接的治安防控体系的建立。

Wise Policing in Maritime Law Enforcement
— from the main tasks of USCG

JING Ming

Abstract: Maritime policing is facing more severe challenges than the policing on land, and it needs the support of wise policing. Wise policing contributes to a better accuracy in policing, and thus may help the quality and efficiency of law enforcement. The U. S. Coast Guard has the dual attributes of military and police, and its various law enforcement responsibilities, such as defending homeland security and maintaining maritime security, highly reflect the use of new technologies. At the same time, police work is complete and integrated. When maritime law enforcement entities with law enforcement qualifications are involved in disputes due to law enforcement actions, new technologies also play an important role in accountability. The application of wise policing in maritime law enforcement can be promoted from two aspects: strengthening the connection between maritime policing and that on land, and exploring the potential application of new technologies with some open space.

Key words: wise policing; maritime law enforcement; United States Coast Guard